国家自然科学基金重点项目(61533009)研究成果
——结构不确定非线性系统的功能自愈合理论及其高超声速飞行器控制研究

飞行控制系统的自愈合控制

Resilient Control of Flight Control System

陈复扬 王 瑾 著

電子工業出版社
Publishing House of Electronics Industry
北京 • BEIJING

内 容 简 介

本书为2015年国家自然科学基金重点项目（61533009）“结构不确定非线性系统的功能自愈合理论及其高超声速飞行器控制研究”的最新研究成果，主要介绍了双旋翼直升机、四旋翼直升机、高超声速飞行器的故障诊断方法及自愈合控制方法。第1章作为绪论简单介绍了自愈合控制技术的发展概况，第2、3章研究了基于观测器设计的双旋翼直升机故障诊断方法及多故障下的自愈合控制方法，第4~9章针对四旋翼直升机介绍了基于前馈补偿、鲁棒反步滑模、故障观测器、组合多模型等自愈合控制方法，第10章讨论了高超声速飞行器的多故障鲁棒自适应控制方法。

本书可供高等院校从事飞行控制、故障诊断与容错控制等相关领域理论研究的教师与研究生阅读；亦可供各研究所与国防企业从事控制相关类工程实践的各专业技术人员，以及对自愈合控制感兴趣的读者参考。

图书在版编目（CIP）数据

飞行控制系统的自愈合控制 / 陈复扬，王瑾著. —北京：电子工业出版社，2017.11
ISBN 978-7-121-33171-8

Ⅰ. ①飞… Ⅱ. ①陈… ②王… Ⅲ. ①飞行控制系统—研究 Ⅳ. ①V249

中国版本图书馆CIP数据核字（2017）第295721号

责任编辑：杨秋奎
印　　刷：北京虎彩文化传播有限公司
装　　订：北京虎彩文化传播有限公司
出版发行：电子工业出版社
　　　　　北京市海淀区万寿路173信箱　邮编 100036
开　　本：787×1 092　1/16　印张：12.75　字数：285千字
版　　次：2017年11月第1版
印　　次：2022年4月第3次印刷
定　　价：79.00元

凡所购买电子工业出版社图书有缺损问题，请向购买书店调换。若书店售缺，请与本社发行部联系，联系及邮购电话：（010）88254888，88258888。

质量投诉请发邮件至 zlts@phei.com.cn，盗版侵权举报请发邮件至 dbqq@phei.com.cn。

本书咨询联系方式：（010）88254694。

前言

功能自愈合是指系统在出现由多重故障和结构损伤导致的大幅度参数变化和结构不确定的情况下，通过自身的自动调节而恢复并保持理想的系统特性。功能自愈合的实现需要更高效的故障诊断和容错控制技术。

美国国家航空航天局（NASA）统计数据显示，在 126 起飞机失控事故中，94%事故由不利机载条件引起；其中，由系统故障、损伤和错误引起的事故占 45%。2007 年，NASA 开启了名为“Integrated Resilient Aircraft Control”（综合自愈合飞行控制）的研究计划，以增强飞控系统的自愈合能力。2009 年，美国爱达荷国家实验室的 Rieger 等人首次提出了自愈合控制的概念。NASA 兰利研究中心考虑航空器中的失控事故，解决了非正常飞行条件下安全关键自愈合飞行控制系统的设计问题；麻省理工学院与 NASA 兰利研究中心合作，针对通用运输机模型，研究其模型重心不确定和时延故障情况下的自愈合控制技术；NASA 德莱顿飞行研究中心将有关测试飞机（改进的 F/A-18A）用于自愈合控制技术研究的飞行测试。

2012 年，美国国家科学基金会开启了名为“Failure-Resistant Systems”（故障自愈合系统）的研究计划，旨在把自愈合控制系统的概念进一步推广。我国“十二五”“十三五”规划明确把这个航空航天重大科学问题列入有关科学技术发展部分，以推动故障诊断和容错控制技术的研究。本书是沿着这一重要战略研究方向完成的。

本书主要内容包括高超声速飞行器、双旋翼直升机、四旋翼直升机的故障诊断方法及自愈合控制方法。主要介绍了多故障鲁棒自适应控制、融合前馈补偿和直接自适应控制、组合多模型、H^{∞}故障观测器、反步控制和干扰观测器结合、鲁棒反步滑模控制等在自愈合控制研究中的尝试。本书可为读者研究探索自愈合控制提供参考，希望本书的研究结果能为促进自愈合控制技术的发展，起到抛砖引玉的作用。

本书由南京航空航天大学陈复扬教授与南京邮电大学王瑾博士共同完成，陈复扬、王瑾负责内容设计、组织安排编写。前言、第 1~5 章由陈复扬编写，第 6~10 章由王瑾编写，全书由陈复扬、王瑾共同统稿及排版。研究生张世俊、吴庆波、王正、张康康等也为本书的出版贡献了自己的聪明才智，在此一并表示诚挚的谢意。

由于著者水平和经验所限，书中难免存在错误和不足之处，恳请广大读者不吝指正。

著者 E-mail：chenfuyang@nuaa.edu.cn

著　者
中国南京
2017 年 7 月

目 录

第 1 章

绪 论

1.1 自愈合控制的研究背景

随着科学技术的发展，出现了一些具有大数目执行器和传感器网络、大规模系统动态性能关键的新型应用系统，如航空航天器、核反应堆、微电子机械系统以及智能电网系统。这些新型系统的主要特点是：工作变化范围大、系统动态范围复杂、元部件较多，因此具有很强的非线性特性，存在大幅度的参数和结构的不确定性，且可能遭受结构损伤，多个元部件故障会同时发生。例如，我国正在研究的新型飞行器：高超声速飞行器、智能变体飞机和倾转旋翼机等。这些系统的出现和发展对控制系统的安全性和可靠性带来了挑战，美国国家航空航天局（NASA）统计数据[1]显示，在 126 起飞机失控事故中，94%事故由不利机载条件引起；其中，由系统故障、损伤和错误引起的事故占 45%。例如，1989 年美联航 232 航班的飞机事故涉及执行器（方向舵、升降舵等）的液压系统故障，1994 年美联航 427 航班在匹兹堡的事故和方向舵故障有关，2000 年阿拉斯加航空 261 航班的事故中水平稳定器出现了故障。此外，因系统故障引起的事故也出现在工业过程和高速铁路系统中，如 2005 年发生的 BP 炼油厂爆炸事故就是由系统部件失灵造成的。另外，在事后对这些事故的研究中发现，故障后的系统实际上还具有足以用来实施安全控制的冗余驱动能力，如果能够有效地加以利用，可以避免事故的发生，这为新型应用系统容错控制的研究提供了依据和动力。

功能自愈合是指系统在出现由多重故障和结构损伤导致的大幅度参数变化和结构不

确定的情况下，通过自身的自动调节而恢复并保持理想的系统特性。功能自愈合的实现需要更高效的故障诊断和容错控制技术。

2009 年，美国爱达荷国家实验室的研究员在第二届人类系统交互会议上发表论文，并在会议中报告他们的工作，提出了“自愈合控制系统”的概念，并指出自愈合控制系统本质上是指系统具备自愈合功能，保障工业控制系统在遭受到任何可能降低系统性能有害行为的情况下仍然恢复理想系统性能。

与此同时，2007 年 NASA 开启了名为“综合自愈合飞行控制”的研究计划，以增强飞控系统的自愈合能力。2012 年，美国国家基金委开启了名为“故障自愈合系统”的研究计划，旨在把自愈合系统的概念进一步推广。

我国有关“十二五”科学技术发展规划也确定了该航空航天重大科学问题，并推动故障诊断和容错控制技术的研究。本书的研究沿着这一重要的战略研究方向，以飞行器为主要应用对象，针对可能导致性能关键系统出现结构不确定性的执行器故障、结构损伤和函数不确定性，探索自愈合控制新方法。

1.2 国内外研究现状

1. 国外研究现状分析

NASA 围绕航空安全计划创建了融合自愈合航天控制项目，项目主要负责人 Joseph Totah 指出航空安全计划是国家航空研究和发展政策中的首要任务，航空安全计划的最终目标之一是发展有效的技术、工具和方法来提高新一代飞行器的内在安全属性。融合了自愈合的航天控制项目主要目标是发展有效的、多学科融合的航天控制设计工具和技术，来实现飞行器在不利条件（故障、损伤和紊乱）下的安全飞行。并且强调指出：自适应控制具有不断地改变自身来适应被控系统和环境变化的特点，从而维护系统安全和获得令人满意的控制性能。因此自适应控制可以和鲁棒控制或智能控制相结合，是用途最广泛的一种控制技术。

NASA 兰利研究中心的 Christine M. Belcastro 考虑航空器中的失控事故，解决非正常飞行条件下安全关键自愈合飞行系统研究的基本问题。“失控”是指飞行器飞行过程中可能发生的不利机载条件（如飞行器损伤、系统软件故障和执行器故障等）、外部风险和障碍以及不利飞行环境（如能见度差、湍流、恶劣天气等）。

麻省理工学院的 Travis E. Gibson 等与 NASA 兰利研究中心的 Sean P. Kenny 合作，针对 NASA 兰利研究中心提供的通用运输机模型，研究其模型故障（重心不确定和时延）情况下的自适应控制技术。不同于麻省理工学院和 NASA 兰利研究中心（两者主要集中于当前和下一代运输机），NASA 德莱顿飞行研究中心将改进的 F/A-18A 飞机用于项目飞行测试。

近年来国外与自愈合控制相关的学术活动也频繁出现。在 2012 年国际原子能机构技术会议上，自愈合工程协会会长 Jean Pariès 提出了题为“航空自愈合：意想不到的挑战”的报告。2015 年，自愈合工程协会在葡萄牙里斯本举办第六届关于自愈合工程的专题讨论会，该讨论会的主题为“管理自愈合：提高在不可预测世界中的适应能力和主动性”，通过 2011 年航空器失控事故“澳航 A380 飞机因引擎故障在新加坡迫降”来深入讨论航空系统的自愈合性。2013 年 1 月，美国国防部在华盛顿召开小组报告会，该报告的题目为“自愈合的军事系统和先进的网络威胁”，主题是“探讨国防科学委员会自愈合军事系统工作组的最终报告”。

飞控系统的自愈合控制主要是基于主动容错控制技术，对发生的故障进行实时检测和辨识，并充分利用飞行控制系统的冗余有效控制机能来进行控制律的重构设计，使飞行器能够补偿故障带来的影响。重构控制技术可以降低飞行器对硬件冗余的要求，允许在出现较严重故障或者外部干扰的情况下，仍能保证飞行器的相关有效性能，使得飞行员能够继续完成任务或者安全返航。早在 1984 年，NASA 就已经实施自修复飞行控制系统研究计划，在自修复飞控系统设计的一些关键技术上取得了突破性的进展，这些研究成果正在逐步应用到现今以及未来的战斗机上，为先进飞行控制系统自愈合控制的研究提供了技术支持。目前，对于飞行器（如直升机、固定翼飞机、近空间飞行器、卫星等）的重构控制技术的研究已经取得了很多的研究成果，研究学者们也提出了很多解决飞行器控制问题的重构控制方法。这些方法主要可分为两大类：一类是基于故障检测和隔离环节提供的故障诊断信息，针对不同的故障模式所设计的控制方法，如伪逆法、定量反馈控制方法等；另一类是不需要故障检测和隔离环节来获得故障信息，而是直接对飞控系统进行在线参数辨识，动态地设计控制器。

从国外研究现状分析可知，飞控系统自愈合控制的研究有以下亟待解决的问题：

（1）复合故障、多故障问题。目前，对于飞控系统重构控制技术的研究大多只针对执行器或传感器发生单一故障的情形；而飞行器的飞行任务和飞行环境越来越复杂，执行器或传感器发生多故障以及执行器和传感器发生复合故障都是常出现的情况。如何解决复合故障、多故障情况下的自愈合控制问题，原有的重构控制系统能否再适用，是需要进一步研究的。

（2）鲁棒性设计问题。自愈合控制律的设计不仅考虑到被控对象的特性，还需要考虑到故障检测环节、参数辨识环节、重构控制器的鲁棒性，而这些机构又是相互作用的，因此整个闭环系统的鲁棒性是受诸多因素影响的，需要进行综合分析和设计。

（3）非线性问题。大多数飞控系统本身是一个非线性、强耦合的系统，又加之极易受到外部干扰的影响，因此设计有效的控制算法必须考虑到模型的非线性影响和干扰影响。在某些特定的条件下，系统的非线性因素不能够被忽略，这将给自愈合控制器的设计带来更大的挑战。

2．国内研究现状分析

我国在 2011 年发起名为“智能配电网自愈控制技术研究与开发”的国家高技术研究发展计划（863 计划），并于 2015 年 1 月 27 日在广州佛山成功验收。智能配电网自愈控制可以描述为，在含分布式电源的配电网不同层次和区域内实施充分协调且技术经济优化的控制手段与策略，使其具有自我感知、自我诊断、自我决策、自我恢复的能力，实现配电网在不同状态下的安全、可靠与经济运行。但关于航空系统中研究自愈合控制的报道很少。

虽然专门开展自愈合控制研究的时间不长，但故障诊断和容错控制技术已得到了深入、广泛的研究，各国学者提出了众多可行的方法，并已经在飞机自动驾驶、人造卫星、航天飞机等领域得到了广泛的应用，取得了大量的应用成果，创造了巨大的经济效益，也发表了大量的专著[2-4]。目前，国内外有关飞行控制系统的故障诊断及容错控制的研究已有一些结果。

任章等针对高超声速飞行器飞行过程系统参数大范围剧烈变化以及存在严重不确定性的特点，同时考虑外界环境干扰复杂，内部干扰严重的特殊问题，提出了一种新型强鲁棒自适应控制器构型[5]；宗群等综合考虑密度变化、声速变化、发动机推力变化及地球引力等因素对飞行轨迹的影响，研究临近空间飞行器上升段轨迹优化问题，并对相关气动参数进行高精度拟合[6]；陶钢等针对具有未知扰动和不确定执行器故障的临近空间飞行器，设计一种自适应的补偿控制方案，以实现临近空间飞行器的姿态跟踪控制[7]；宋超等针对高超声速飞行器再入过程中可能出现的执行器部分失效或卡死故障，设计了一种飞行器自适应容错控制器[8]；王青等针对高超声速飞行器执行机构饱和的控制器设计问题，提出一种多回路抗饱和鲁棒自适应切换控制方法[9]；姜斌等针对发生时变横偏差故障和时变控制增益故障的高超声速飞行器姿态控制系统，通过设计一个滑模观测器来提供故障诊断信息，并利用李雅普诺夫稳定性理论证明了故障估计误差系统的一致有界性[10]；孙长银等针对含有外部扰动和执行器故障的高超声速飞行器纵向飞行动力学模型设计了一个容错跟踪控制器，可以保证飞行器的高度和速度指数收敛速度快速的趋近于参考轨迹[11]；通过对飞行器的国内外研究现状进行梳理，可看出，目前飞行器的容错控制理论正由线性控制理论向非线性理论过渡，而目前的非线性控制方法研究对模型准确性的依赖较大，而系统故障容易造成系统模型发生大的不确定性变化，因此，需要发展新的自愈合控制理论提高飞行器的安全性和可靠性。

近年来，容错的思想与现代控制理论的经典方法相结合，形成了针对执行器故障的大量的容错控制算法，如基于观测器的方法[12-14]、基于线性二次型调节器的方法[15]、基于特征结构配置的方法[16]、基于自适应的方法等[17-22]。其中，自适应控制因其能有效地处理系统参数、结构和环境的不确定性，被广泛地用于故障补偿；文献[17]基于间接自适应控制方法设计控制器补偿飞行器的舵面损伤。文献[18]采用自适应控制算法对已知系统的未知执行器故障进行了补偿。文献[19]对一类具有二阶执行器动态的飞行器的线性化模型设计了可重构自适应控制器，使其在多个执行器同时发生故障时仍能保证闭环信号有界和实现渐近跟踪。文献[20]针对一类具有执行器故障的多输入多输出随机系统，设计了实时故障估计算法，通过重构控制器实现了执行器故障的补偿。文献[21]设计了直接自适应控制器，使系统在发生执行器损伤或饱和后，仍能达到期望的系统性能。文献[22]研究了一类具有不确定性的多输入单输出（MISO）非线性系统的执行器故障补偿问题，通过对系统和故障的参数化，设计了自适应 backstepping 控制器，保证了闭环信号的有界性和渐近跟踪性能。近年来，方华京等总结了其在网络控制系统的故障诊断方向取得的一些主要思想和成果[23]；杨光红等针对具有不确定执行器故障和外部扰动的不确定非线性系统，采用模糊逼近理论和反步技术，提出一种新的自适应模糊控制方法[24]；陶钢等针对具有未知执行器故障的线性系统，进行直接自适应的状态反馈设计，以保证系统稳定性和实现状态跟踪[25]，研究了基于输出反馈的自适应控制设计，以保证系统的输出跟踪性能[26]；近来，部分学者将基于多模型的自适应方法用于飞行器的容错控制设计[27-30]。该方法针对不同故障情况下的系统模型分别设计能实现期望控制目标的控制器组成控制器集合，并设计切换机制选择最接近故障后系统模型的控制器作为当前控制器，补偿因执行器故障造成的不确定性。此外，国内外学者对欠驱动系统的控制问题也进行了大量的研究，如水面船舶[31-32]、直升机[33-34]、航天飞机[35]和航空器。但大部分欠驱动的故障问题都是假设欠驱动的执行器故障是已知，这些方法很难应用于执行器故障未知的情况。

在处理结构损伤方面，国内外学者也进行了大量的研究，其成果主要集中在飞行器的结构损伤上。Krishnakumar K.针对飞行器的左翼、垂直和水平尾翼发生部分损伤的问题，采用基于自适应的神经网络算法实现了对存在不对称结构损伤的结构不确定性飞行器的控制[36]；Bacon B. J.研究了具有非对称质量损失的飞行器的控制问题[37]；Lombaerts 研究了损伤后模型的辨识问题[38]；Nguyen N. T.采用基于神经网络的估计策略设计了混合自适应控制方法以实现具有结构损伤的飞行器的控制[39]、用基于直接自适应律的神经网络参数估计设计控制器对具有未知结构损伤的飞行器进行了控制[40]；陶钢等基于高频增益矩阵的 LDS 分解设计了模型参考自适应控制系统对出现多处机翼损伤的飞行器进行了控制[41]、研究了出现结构损伤后，非线性飞行器模型的线性化，并对其进行模型参考自适应控制设计[42]、针对 NASA 通用运输机出现执行故障和结构损伤的问题，设计自适应的补偿控制方案，以保证系统的跟踪性能[43]。虽然，对于飞行器的损伤补偿已经取得了不少的研究成果，但仍有很多开放性的问题尚未解决，如损伤引起系统相对阶结构、驱动方向和匹配条件等关键性能的变化。

从 20 世纪 80 年代开始，具有不确定参数的非线性系统自适应控制问题已经被广泛研究，并已取得很多重要成果。系统参数的不确定分为线性化参数不确定和非线性化参数不确定两种类型。目前，针对线性参数化不确定非线性系统的自适应控制问题已经取得了丰富的研究成果[44-45]，并且理论发展的也较为成熟。从 20 世纪 90 年代中期开始到现在，众多学者针对未知参数以非线性形式出现的更广泛的非线性系统的自适应控制问题进行了广泛深入的研究，并且该领域仍然是自适应控制学界研究的热点和难点之一，很多重要问题仍然没有完全解决，如现有的很多结果在未知参数上施加了限制条件，常见的如未知参数边界已知[46]等，不附加参数条件的非线性参数化系统的全局自适应调节和自适应输出跟踪一直被认为是一个富有挑战性的问题。

1.3 最新研究成果

本书主要内容包括双旋翼直升机、四旋翼直升机、高超声速飞行器的故障诊断方法及自愈合控制方法。主要介绍了多故障鲁棒自适应控制、融合前馈补偿和直接自适应控制、组合多模型、H^∞ 故障观测器、反步控制和干扰观测器结合、鲁棒反步滑模控制等在自愈合控制研究中的尝试。本书共分 10 章，作者的主要研究工作及成果安排如下：

第 1 章绪论。本章主要介绍飞行控制系统自愈合控制的研究背景，分析自愈合控制、故障诊断与容错控制的国内外发展概况及研究进展。

第 2 章基于观测器设计的双旋翼直升机故障诊断方法。本章主要研究三自由度双旋翼直升机控制系统的执行器故障诊断问题，主要从理论方面采用了基于数学模型的观测器设计方法，对三自由度双旋翼直升机飞行控制系统在发生执行器故障情况下的故障诊断问题进行了较为深入的分析和研究，同时基于三自由度双旋翼直升机仿真平台对算法在实际中的应用尝试做了部分实现工作。

第 3 章基于自适应控制的双旋翼直升机多故障自愈合控制。本章修正了三自由度直升机的线性模型，提出了基于模型参考自适应方法的故障自愈合算法。在分析非线性模型时准确考虑了力矩作用，改进了非线性模型；控制方法仿真比较表明，提出的自愈合控制方法可有效补偿系统故障、外界干扰及建模不确定性，保证了良好的跟踪精度和自愈合性能。

第 4 章含有未知参数的四旋翼直升机多故障自愈合控制。本章为实现四旋翼直升机良好的位置跟踪和姿态的调整能力，在具有参数不确定性、外部干扰和多执行器故障下，提出了基于时间尺度分析的多回路结构，设计了基于滑模故障观测器和自适应估计方法的自愈合控制器。仿真结果表明，提出的控制方法可实现良好的跟踪精度和自愈合性能。

第 5 章基于前馈补偿和直接自适应的四旋翼直升机自愈合控制。本章提出了一种基于前馈补偿和直接自适应控制的自愈合控制算法。同时考虑了系统具有建模不确定性、外部干扰和驱动器 LOE 故障的情况，即系统的鲁棒控制问题和容错控制问题。针对系统建模的不确定性和外部干扰，保证系统能够在正常状态下能有效运行，设计了线性二次型控制来作为内环反馈控制器。设计了前馈补偿器以满足系统几乎严格正实性的要求，该补偿器是根据每一个发生故障的子系统来综合设计，可使得所有的故障子系统稳定。在仿真中，针对系统在不同的情况下，包括有参数不确定性和外部干扰以及发生不同程度的故障等一系列情况进行数值仿真，验证了所提方法的有效性。

第 6 章基于组合多模型的四旋翼直升机自愈合控制。本章针对具有驱动器卡死故障和外部干扰的四旋翼直升机线性化模型，设计了基于自适应控制和组合多模型方法的自愈合控制方案。基于最优控制以及最小值原则，将原始系统依据最优性能指标进行优化，进而得到了可以使得系统实现渐近跟踪的参考模型。对自适应重构控制律以及自适应参数调整律的设计进行了稳定性的证明，用来确保系统的跟踪误差收敛。在传统的多模型方法的基础上，将固定模型与自适应模型的结合进行了扩充，加入了重新初始化的自适应模型，可根据当前系统的状态，将自适应模型重置为距离对象真实模型最近的固定模型，以达到提高收敛速度的目的。最后的仿真结果证明了所提出的自愈合控制方案的优越控制性能。

第 7 章基于 H^{∞} 故障观测器的四旋翼直升机自愈合控制。本章针对发生驱动器故障的四旋翼直升机，设计了基于 H^{∞} 故障观测器和自适应控制的自愈合控制方法。针对执行器 LIP 故障，设计带有故障补偿项的自适应重构控制律；设计引入 H^{∞} 性能指标的故障观测器，获取准确的故障估计信息来实现控制系统重构，以减轻自适应重构控制律的控制负担。采用这样的故障辨识算法，可使估计误差按指数收敛，提高整个系统的鲁棒性和自愈合能力，在仿真中验证了其有效性。

第 8 章基于反步控制与干扰观测器的四旋翼无人机自愈合控制。本章为四旋翼无人机设计了具有一定容错能力的轨迹跟踪控制器，在构建控制器的过程中，设计了干扰观测器，用来估计模型中建模的干扰块，所得到的扰动估计项继而在反步控制器的设计中被加以利用，实现了对系统扰动的补偿。针对执行器失效故障，对控制器进行了容错能力的设计，从而使得所设计的控制器能够在干扰和故障的情况下保证系统一定程度的性能要求。仿真结果表明了所设计的控制器能够较好地实现轨迹跟踪的控制目标，并且对干扰和故障具有一定的容错能力，达到较好的自愈合控制效果。

第 9 章四旋翼无人机的鲁棒反步滑模控制设计。本章为四旋翼无人机设计了基于滑模控制的反步控制器，实现了系统对干扰和模型不确定性的鲁棒能力。针对姿态角所设计的常规滑模控制器能够实现角度的快速跟踪，利用反步控制技术和滑模控制技术为四旋翼无人机的位置子系统设计了虚拟控制器和对应的滑模面，实现位置的轨迹跟踪控制。基于李雅普诺夫稳定性定理的分析保证了系统的稳定性。针对模型不确定性以及干扰的仿真实验表明了所提出的控制方法具有良好的跟踪精度和容错能力，达到较好的自愈合控制效果。

第 10 章高超声速飞行器的多故障鲁棒自适应控制。本章设计了高超声速飞行器的多故障自适应容错控制控制器。介绍了具有不确定性的纵向动力学模型，利用动态逆控制器作为其基础控制器，应用自适应控制和支持向量机控制理论，设计其自愈合控制方案。考虑到突变故障和缓变故障的不同特点，分别设计了自适应控制器和支持向量机自适应补偿器。基于李雅普诺夫稳定性理论证明了系统的稳定性。仿真结果表明，提出的控制方法可以达到良好的跟踪精度和容错性能。

第 2 章

基于观测器设计的双旋翼直升机故障诊断方法

2.1 引 言

本章以三自由度双旋翼直升机为研究对象，以状态观测器技术为基础研究了三自由度双旋翼直升机在发生执行器故障时的故障诊断方法。

首先，简单介绍了纵列式双旋翼直升机的结构特点和操纵原理，描述了三自由度双旋翼直升机仿真平台软硬件组成，建立了它的线性和非线性数学模型，然后分析其线性模型的开环特性，为基于观测器的故障诊断方法提供数学模型。

其次，基于自适应观测器设计了一种针对线性系统多执行器卡死故障的诊断方案，提出了一种基于鲁棒 H^{∞} 性能指标设计的鲁棒快速自适应故障估计算法，并在此故障估计算法基础上引入多模型故障检测方法使得系统发生多执行器卡死故障时能够达到故障估计和定位的目的。

针对满足 Lipschitz 条件的仿射非线性系统设计了一个基于自适应滑模观测器的故障诊断方法，该方法在系统执行器发生时变故障时，依然能保证误差系统的稳定和故障估计误差趋于一个很小的范围；进而考虑当非线性系统不满足观测器匹配条件时，基于微分几何的知识通过构造辅助输出的方法来设计故障诊断方法。

最后，将本章提出的故障诊断方法应用于三自由度双旋翼直升机半物理仿真平台，针对三自由度双旋翼直升机控制系统模型，设计故障诊断模块，数字仿真和半物理仿真都表明提出的方法是可行有效的。

2.2 双旋翼直升机控制系统建模及半物理仿真平台

2.2.1 纵列式双旋翼直升机

1. 纵列式双旋翼直升机结构特点

纵列式双旋翼直升机如图 2.1 所示，机身前后各有一个突起的用于安装旋翼的塔座，两副完全相同但旋转方向相反的旋翼分别安装在机身前后的两个塔座上，因此它们在直升机正常飞行时对直升机机身的反作用旋转扭矩可以互相抵消，保持直升机在航向上的稳定。与单旋翼带尾桨的直升机相比，由于纵列式双旋翼直升机具有两个可以提供升力的旋翼，所以在提供相同升力的情况下单个旋翼的尺寸可以设计得比较小，这不仅能够改善旋翼桨叶的受力情况而且设计制造方面也容易很多。纵列式双旋翼直升机的另一个优点是不像单旋翼直升机一样需要一根细长的尾桨来平衡主旋翼的旋转力矩，故机身结构相对紧凑，可以设计得比较大，节省了尾桨的功率消耗，且尾桨是单旋翼直升机上特别容易发生故障的部件之一，对飞行安全的影响非常大。纵列式双旋翼直升机的旋翼折叠后飞机的尺寸较小，作为舰载机大量使用在航空母舰上，纵列式双旋翼直升机抗侧风能力也较强，在海上有大风的情况下有较大的操纵余量[47]。

图 2.1　纵列式双旋翼直升机

纵列式双旋翼直升机的缺点比较明显。因为有前后两个主旋翼，所以需要两套旋翼传动控制机构，无论是结构还是操纵控制都相对复杂。而且一般情况下两副旋翼的桨盘都会有一部分相互重叠，从气动力学的角度分析，飞机正常飞行时前旋翼尾涡总会对后旋翼固定地产生气动干扰，这使得后旋翼总是处于非常不利的气动环境中。因此，设计机身结构时，通常会把后旋翼的安装塔座设计得稍高于前旋翼的安装塔座，这样可以减少前旋翼对后旋翼的影响。由于旋翼与旋翼间的气动干扰会损失一部分功率，从实际情况来看，这部分功率和单旋翼直升机用于尾桨的功率差不多[48]。

2．纵列式双旋翼直升机操作原理

常见的纵列式双旋翼直升机飞行控制系统有八个控制量，前后旋翼各有三个（总距、横向周期变距、纵向周期变距），另外两个为前后旋翼的两台发动机油门[49]。一般为简化分析和设计，前旋翼总距与后旋翼总距总是保持相等，且总距与发动机油门总是联动。纵列式双旋翼直升机的操纵和单旋翼带尾桨直升机一样，可分为垂向、纵向、航向和横向四种操纵方式，包括直升机的上升和下降、前飞和倒飞、俯仰、偏航、滚转等运动，纵列式双旋翼直升机完成上述运动主要依靠前后两个自动倾斜器和总距油门的协调工作。自动倾斜器是将驾驶员或飞行控制系统发出的操作指令转换为直升机旋翼桨叶受控运动的一种装置，它能使旋翼桨叶的桨距角作周期性变化，从而改变空气动力的方向，如图 2.2 所示[50]。

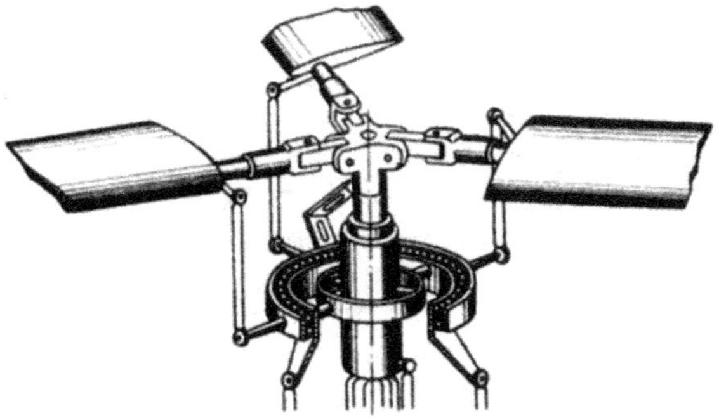

图 2.2　自动倾斜器结构

下面分别讨论纵列式双旋翼直升机各种运动的操纵原理[51-52]:

1）上升和下降的操纵原理

和单旋翼带尾桨直升机一样，纵列式双旋翼直升机也是通过操纵总距-油门杆来实现垂向运动的。操纵总距-油门杆时，不仅改变前后旋翼产生的拉力，也要求发动机的功率相应改变，使旋翼转速近于常数。当总距增大时，前旋翼产生的升力(T_{fm})和后旋翼产生的升力(T_{rm})同时增大，保证前后旋翼在机身纵轴上对飞机重心的力矩相等，即 $T_{fm} \cdot I_f = T_{rm} \cdot I_r$（$I_f$ 和 I_r 分别为前后旋翼旋转轴到直升机机身重心的距离），此时直升机在垂直方向做上升或下降运动。纵列式双旋翼直升机垂向操纵示意如图 2.3 所示。

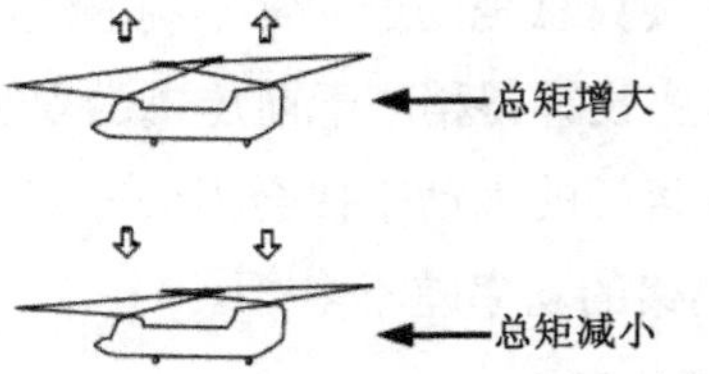

图 2.3　纵列式双旋翼直升机垂向操纵示意

2）前飞、倒飞和俯仰的操纵原理

飞行员操纵驾驶杆的前后位移可以实现纵列式双旋翼直升机的纵向运动，当驾驶杆向前推时，通过前后两个旋翼的自动倾斜器产生纵向周期变距，使前后旋翼桨盘同时前倾，引起一个低头力矩的同时旋翼升力产生一个水平向前的分力，从而使得纵列式双旋翼直升机产生一个低头运动并向前飞行；反之则使纵列式双旋翼直升机机头上仰并向后倒飞。纵列式双旋翼直升机驾驶杆的纵向移动还可以通过前后旋翼总距的差动操纵提高飞机的俯仰操纵力矩，纵列式双旋翼直升机纵向操纵示意如图 2.4 所示。

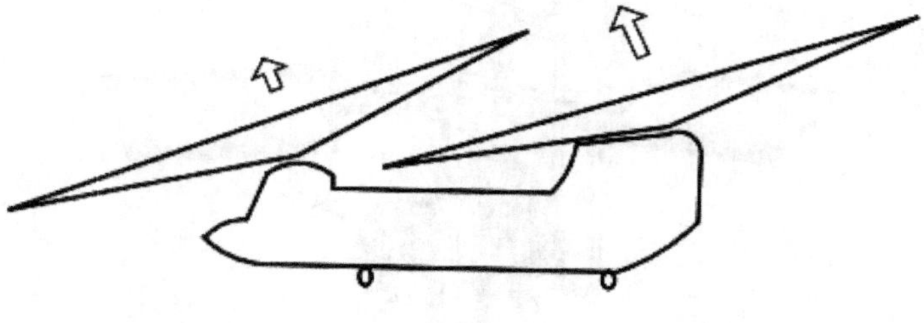

图 2.4　纵列式双旋翼直升机纵向操纵示意

3）侧飞和滚转的操纵原理

飞行员操纵驾驶杆的左右倾斜可以实现纵列式双旋翼直升机的横向运动，当驾驶杆向左倾时，通过前后两个旋翼的自动倾斜器产生横向周期变距，控制两个旋翼桨盘同时向左倾斜，引起一个向左的滚转力矩，同时旋翼升力产生一个向左的侧向力使纵列式双旋翼直升机向左侧飞行。同理，当驾驶杆向右倾斜时，直升机将向右滚转并向右侧飞行。纵列式双旋翼直升机横向操纵示意如图 2.5 所示。

图 2.5　纵列式双旋翼直升机横向操纵示意

4）偏航的操纵原理

纵列式双旋翼直升机与单旋翼直升机操纵控制上区别最大的就是航向运动。单旋翼带尾桨直升机的飞行员通过脚蹬的动作改变的是尾桨的桨距，即尾桨产生的拉力的大小，从而导致尾桨拉力绕机身中心轴的力矩与因主旋翼旋转对机身产生的反扭矩大小不相等，使直升机机头方向发生偏转完成航向操纵。而对于纵列式双旋翼直升机，飞行员通过脚蹬的动作使得前后两副旋翼的自动倾斜器产生相反的横向周期变距，前后旋翼桨盘分别向左侧和右侧倾斜，从而产生绕机身中心轴的偏航力矩，完成偏航的操纵。当前旋翼桨盘向右倾斜而后旋翼桨盘向左倾斜时，它们对机身中心轴产生一个力偶矩，若前后旋翼产生的绕机身纵轴的滚转力矩正好相互抵消，则机身只会绕机身中心顺时针方向（从机身上方向下看）转动，即直升机机头向右转动实现向右的偏航运动。纵列式双旋翼直升机航向操纵示意如图 2.6 所示。

图 2.6　纵列式双旋翼直升机航向操纵示意

2.2.2　双旋翼直升机半物理仿真平台

三自由度双旋翼直升机半物理仿真平台如图 2.7 所示，该平台是由加拿大 Quanser 公司设计生产的安装在地面上的可绕三个轴旋转的具有三自由度的直升机控制系统。该平台可以实现众多功能，包括实时仿真（通过 Wincon 软件）、快速控制原型（Rapid Control Prototype，RCP）、硬件在环（Hardware In the Loop，HIL）测试和原理样机全实物仿真等。该平台设计用于模拟纵列式双旋翼直升机，如目前应用比较广泛的波音 CH-47“支奴干”，

图 2.7　三自由度双旋翼直升机半物理仿真平台

虽然它不能完整地描述纵列式双旋翼直升机的实际结构和气动特性，但它在一定程度上能模拟实际纵列式双旋翼直升机的俯仰运动、上升下降和前飞倒飞等纵向与垂向运动。而且就其本身来说也是一个比较综合复杂的被控对象，具有欠驱动、非线性、多变量、强耦合等特点，具有很强的工程控制应用背景，因此被很多院校用于控制理论教学、科研和实验室建设。

1．双旋翼直升机半物理仿真平台软、硬件组成

三自由度双旋翼直升机半物理仿真平台硬件主要由基座（包括安装在基座上的编码器和传感器等）、直升机本体（包括前后两个旋翼）、机架臂和平衡块等部件组成[53]。三自由度双旋翼直升机半物理仿真平台硬件组成如图 2.8 和表 2.1 所示。

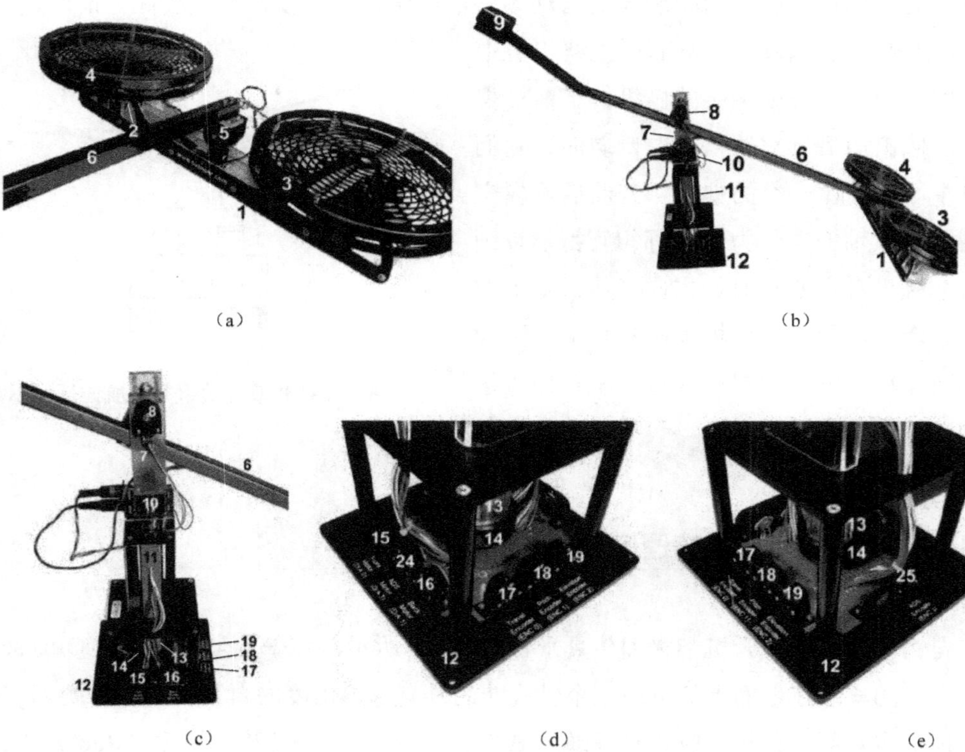

图 2.8　三自由度双旋翼直升机半物理仿真平台硬件组成

表 2.1　三自由度双旋翼直升机半物理仿真平台硬件组成

编号	部件名称	编号	部件名称
1	直升机本体	11	集电环
2	电机	12	基座
3	机身前推进器	13	滚珠轴承
4	机身后推进器	14	偏航角度编码器
5	俯仰角度编码器	15	前推进器电机接口
6	机架臂	16	后推进器电机接口
7	直升机本体	17	航向角编码器接口
8	升降角度编码器	18	俯仰角编码器接口
9	平衡块	19	升降角编码器接口
10	编码器/电机电路		

在三自由度双旋翼直升机半物理仿真平台的硬件系统中，基座与机架臂相连处安有万向节，它使得机架臂可以自由地绕升降轴和绕航向轴运动。机架臂一端是直升机本体，它是由悬挂于机架臂前端的横梁和安装在横梁上的两个推进器组成，用来模拟实际纵列式双旋翼直升机机体，而安装在横梁两端的两个推进器用于模拟实际纵列式直升机的前后两个旋翼。机架臂的另一端则装有一个平衡块，它的作用是减少直升机本体悬停时所需要的电机的能量，这样电机在较小的电压驱动下直升机本体就可以升起。

（1）电机。三自由度双旋翼直升机半物理仿真平台有两个电机，分别用于驱动前后推进器，电机采用的是直流无刷电机。

（2）推进器。前后推进器分别由螺旋桨和铝制保护罩组成，推力常数数值为 0.119N/V，它是出厂时由多次试验确定的。

（3）编码器。三自由度双旋翼直升机半物理仿真平台有三个编码器，分别为用于测量俯仰角的俯仰角度编码器、测量航向角的航向角度编码器和测量升降角的升降角度编码器，航向角度编码器每转包括 8192 个计数，航向角度分辨率能够达到 0.0439°；俯仰角编码器和升降角编码器每转包括 4096 个计数，角度分辨率能够达到 0.0879°。

（4）电源模块。三自由度双旋翼直升机半物理仿真平台采用数字板卡来代替实际的控制器。因此直升机模型中每一个推进器中的电机都需要一个电源放大器来驱动，这里选用的是 Quanser 公司提供的 VoltPAQ-X2 电源模块，如图 2.9 所示。

（5）数据采集卡。数据采集卡包含了一系列模拟信号与数字信号的 I/O 接口，用于传输传感器测得的状态信息和控制器输出到电源放大器用于驱动电机的控制信号，这里采用的是 Quanser 公司提供的 PCI MultiQ 数据采集卡，如图 2.10 所示。

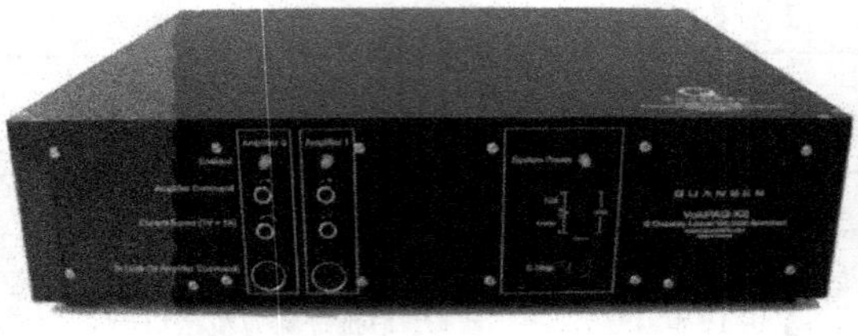

图 2.9　电源模块

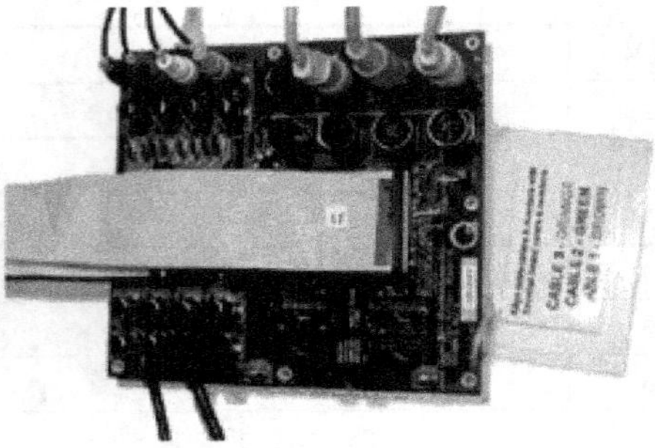

图 2.10　数据采集卡

三自由度双旋翼直升机半物理仿真平台的软件采用的是Quanser公司开发的实时数字控制软件 Wincon，它是一个高性能的用于快速控制原型和硬件在环仿真的工具包，是在硬实时环境运行 Simulink 模型的 Windows 应用程序。WinCon 通过 Matlab /RTW 快速自动地产生实时代码。在线调节参数快速、方便，使反复设计更加迅速。WinCon 设计灵活，不仅可以通过 Simulink，也可以直接使用 Wincom 控制面板来创建和控制实时系统。WinCon 与 MathWorks 产品无缝集成，整个闭环控制系统的控制频率可以达到精确的10kHz，能够满足半物理仿真的需要，因此可在实际的硬件平台上验证控制系统中的算法。在 MATLAB 的 Simulink 中搭建具有需要验证的控制算法和故障诊断算法的系统框图，包括三自由双旋翼直升机模型、I/O 通道、控制模块、检测模块、待验证控制系统算法等；然后设置仿真参数，加载模型的所有参数，包括系统参数、增益放大器大小及限幅值等；之后 Wincon 软件可以自动对 Simulink 程序框图完成编译、链接和下载；最后就可以开始半物理实时仿真。

该仿真平台设计用于模拟纵列式双旋翼直升机，在一定程度上能模拟实际纵列式双旋翼直升机的俯仰运动、上升下降和前飞倒飞等纵向与垂向运动：

（1）同时给前后推进器的电机施加正电压，但前推进器电机的电压值小于后推进器电机电压值时，直升机本体将产生一个低头力矩，发生正向倾斜；而当前推进器电机的电压值大于后推进器电机电压值时，直升机将产生一个抬头力矩，发生反向倾斜。穿过直升机本体中点且垂直于俯仰运动平面的轴称为俯仰轴。直升机本体在此运动平面内偏离水平位置的角度称为俯仰角。很容易知道，俯仰角绝对值越大，表明直升机本体绕俯仰轴倾斜得越厉害。此时，模拟的是纵列式双旋翼直升机的俯仰运动。

（2）同时在两个推进器的电机输入大小相等的正电压，直升机机体将做升降运动或保持悬停。穿过基座与机架臂相连的支点且垂直于此升降运动平面的轴称为升降轴。机架臂在此运动平面内与水平位置之间的角度称为升降角。易知，当直升机飞行高度越高时升降角越大。此时，模拟的是纵列式双旋翼直升机的垂直起降和悬停。

（3）直升机本体做俯仰运动时，会带动固连在直升机本体上的推进器倾斜一定角度，这时推进器的升力将在水平方向产生一个分力推动直升机本体做旋转运动。穿过基座与机架臂相连的支点且垂直于此旋转运动平面的轴称为航向轴。机架臂在此运动平面内与其初始位置之间的角度称为航向角。易知，航向角绝对值越大，直升机水平前后飞行的距离就越大。此时，模拟的是纵列式双旋翼直升机的前飞与倒飞。

2．双旋翼直升机控制系统建模

针对三自由度双旋翼直升机控制系统的建模过程中采用地面坐标系来分析系统的受力和力矩情况[50]，图 2.11 为三自由度双旋翼直升机半物理仿真平台简化模型。

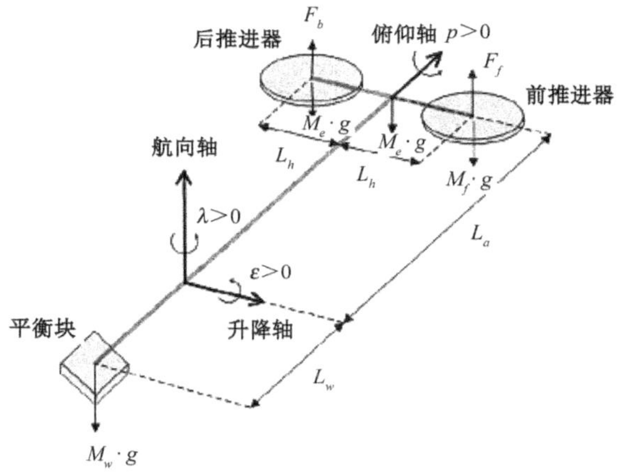

图 2.11　三自由度双旋翼直升机半物理仿真平台简化模型

为了简化建模过程和建模结果，在建立其控制系统数学模型的过程中，需要忽略一些次要因素，并添加一些限制和假设：

（1）直升机系统的机械部分是不会发生弹性形变的刚体。

（2）不考虑各数字信号和模拟信号在系统传输中的延迟，即该直升机控制系统为无延时系统。

（3）忽略电机惯性，直流无刷电机的电压和力矩之间保持线性比例关系。

（4）忽略低速飞行时的空气阻力、三个旋转轴的运动摩擦以及旋翼旋转产生的陀螺效应。

根据简化模型图 2.11，在建立好的地面坐标系中，可分别建立三个旋转轴上的动力学方程：

1）升降轴

如图 2.12 所示，假设直升机悬停在空中，直升机本体保持水平，前后两个推进器产

生的升力分别为 F_f 和 F_b，当两个推进器产生的升力之和 F_m（$F_m = F_f + F_b$）提供的绕升降轴力矩大于直升机机体的等效重力 F_g 产生的绕升降轴力矩时，直升机本体绕升降轴上升，反之直升机本体将下降。则升降轴的微分运动方程为：

$$J_e\ddot{\varepsilon} = K_f(V_f + V_b)L_a - T_g$$

式中，ε 是升降角；J_e 是升降轴的转动惯量，$J_e = M_hL_a^2 + M_wL_w^2$；$L_a$ 是航向轴到直升机本体的距离；L_w 是航向轴到平衡块的距离；M_h 是直升机本体的质量；M_w 是平衡块的质量；V_f 和 V_b 分别为前后两个推进器电机的电压；K_f 是推进器电机的推力常数；T_g 是俯仰轴等效重力矩，$T_g = M_hgL_a - M_wgL_w$。

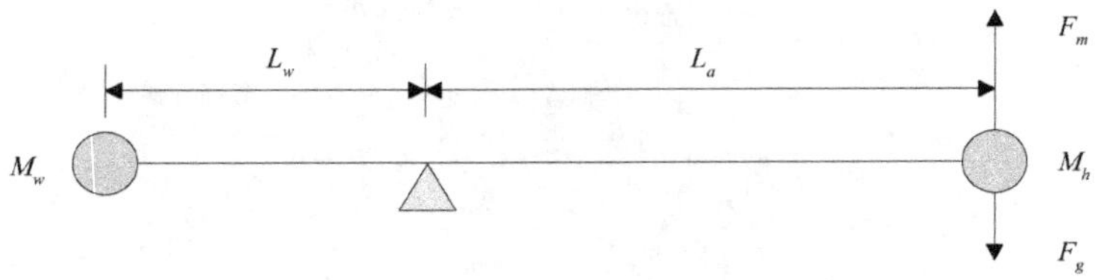

图 2.12　升降轴模型

2）俯仰轴

由图 2.13 可知，若前推进器产生的升力和后推进器产生的升力大小不等，直升机本体就会绕俯仰轴发生倾斜。则俯仰轴的微分运动方程为：

$$J_p\ddot{p} = K_f(V_f - V_b)L_h$$

式中，p 是俯仰角；L_h 是前后推进器之间的距离；J_p 是俯仰轴的转动惯量，$J_p = 2M_fL_h^2$。

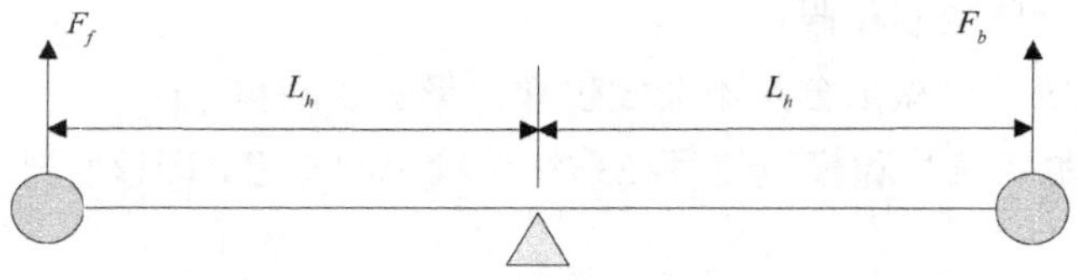

图 2.13　俯仰轴模型

3）航向轴

由图 2.14 可知，当直升机本体绕俯仰轴旋转时，会带动固连在直升机本体上的推进器倾斜一定角度，这时推进器的升力将在水平方向产生一个分力推动直升机本体做旋转运动。当直升机本体俯仰角比较小时，前后两个推进器产生的升力约等于为保证直升机本体在空中保持悬停所需要提供的力。这时升力的水平分量对直升机产生一个绕航向轴的力矩，导致直升机本体做绕航向轴的旋转运动。则航向轴的微分运动方程为：

$$J_t\ddot{\lambda} = T_g \sin(p) \tag{2.1}$$

式中，λ 是航向角；J_t 是航向轴的转动惯量，$J_t = 2M_f L_a^2 + 2M_f L_h^2 + M_w L_w^2$。

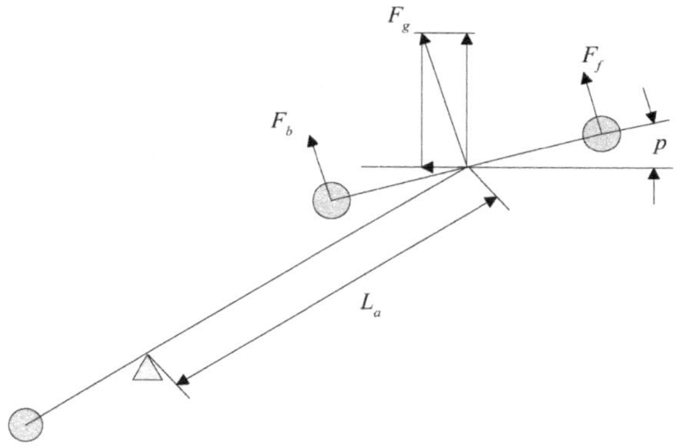

图 2.14　航向轴模型

根据上面分析，接下来可得出该三自由度双旋翼直升机飞行控制系统的非线性状态空间表达式为

$$\begin{aligned} \dot{\boldsymbol{x}}(t) &= \boldsymbol{A}_N \boldsymbol{x}(t) + \boldsymbol{g}(\boldsymbol{x},t) + \boldsymbol{B}\boldsymbol{u}(t) \\ \boldsymbol{y}(t) &= \boldsymbol{C}\boldsymbol{x}(t) \end{aligned} \tag{2.2}$$

式中，状态向量为 $\boldsymbol{x}^{\mathrm{T}} = [\varepsilon, p, \lambda, \dot{\varepsilon}, \dot{p}, \dot{\lambda}]$，输入向量为 $\boldsymbol{u}^{\mathrm{T}} = [V_f, V_b]$，输出向量为 $\boldsymbol{y}^{\mathrm{T}} = [\varepsilon, p, \lambda, \dot{\varepsilon}, \dot{p}, \dot{\lambda}]$，状态方程中的各个矩阵可以从前面分析的三个微分方程中推导出：

$$\boldsymbol{A}_N = \begin{bmatrix} 0 & 0 & 0 & 1 & 0 & 0 \\ 0 & 0 & 0 & 0 & 1 & 0 \\ 0 & 0 & 0 & 0 & 0 & 1 \\ 0 & 0 & 0 & 0 & 0 & 0 \\ 0 & 0 & 0 & 0 & 0 & 0 \\ 0 & 0 & 0 & 0 & 0 & 0 \end{bmatrix} \quad \boldsymbol{B} = \begin{bmatrix} 0 & 0 \\ 0 & 0 \\ 0 & 0 \\ \dfrac{L_a K_f}{2m_f L_a^2 + m_w L_w^2} & \dfrac{L_a K_f}{2m_f L_a^2 + m_w L_w^2} \\ \dfrac{K_f}{2m_f L_h} & -\dfrac{K_f}{2m_f L_h} \\ 0 & 0 \end{bmatrix}$$

$$\boldsymbol{C} = \begin{bmatrix} 1 & 0 & 0 & 0 & 0 & 0 \\ 0 & 1 & 0 & 0 & 0 & 0 \\ 0 & 0 & 1 & 0 & 0 & 0 \\ 0 & 0 & 0 & 1 & 0 & 0 \\ 0 & 0 & 0 & 0 & 1 & 0 \\ 0 & 0 & 0 & 0 & 0 & 1 \end{bmatrix} \quad \boldsymbol{g}(x,t) = \begin{bmatrix} 0 \\ 0 \\ 0 \\ 0 \\ 0 \\ -\dfrac{(L_w m_w - 2L_a m_f)g}{2m_f L_a^2 + 2m_f L_h^2 + m_w L_w^2}\sin(x_2) \end{bmatrix}$$

矩阵中的各个参数的数值在 Quanser 公司提供的用户手册[53]中都有注明，带入后得到：

$$A_N = \begin{bmatrix} 0 & 0 & 0 & 1 & 0 & 0 \\ 0 & 0 & 0 & 0 & 1 & 0 \\ 0 & 0 & 0 & 0 & 0 & 1 \\ 0 & 0 & 0 & 0 & 0 & 0 \\ 0 & 0 & 0 & 0 & 0 & 0 \\ 0 & 0 & 0 & 0 & 0 & 0 \end{bmatrix} B = \begin{bmatrix} 0 & 0 \\ 0 & 0 \\ 0 & 0 \\ 0.0858 & 0.0858 \\ 0.5810 & -0.5810 \\ 0 & 0 \end{bmatrix}$$

$$C = \begin{bmatrix} 1 & 0 & 0 & 0 & 0 & 0 \\ 0 & 1 & 0 & 0 & 0 & 0 \\ 0 & 0 & 1 & 0 & 0 & 0 \\ 0 & 0 & 0 & 1 & 0 & 0 \\ 0 & 0 & 0 & 0 & 1 & 0 \\ 0 & 0 & 0 & 0 & 0 & 1 \end{bmatrix} g(x,t) = \begin{bmatrix} 0 \\ 0 \\ 0 \\ 0 \\ 0 \\ -1.23\sin(x_2) \end{bmatrix}$$

以上建立了三自由度双旋翼直升机系统的非线性模型，有时为了简化设计过程需要得到系统的线性模型。如果再假设直升机运行时俯仰角很小，此时有 $\sin(p) \approx p$，则上述非线性系统可以简化为一个线性系统，简化后的线性系统的状态空间表达式为

$$\dot{x}(t) = A_L x(t) + Bu(t)$$

$$y(t) = Cx(t) \tag{2.3}$$

其中的状态向量、输入向量、输入矩阵、输出向量和输出矩阵都与前面的定义一样，状态矩阵为：

$$A_L = \begin{bmatrix} 0 & 0 & 0 & 1 & 0 & 0 \\ 0 & 0 & 0 & 0 & 1 & 0 \\ 0 & 0 & 0 & 0 & 0 & 1 \\ 0 & 0 & 0 & 0 & 0 & 0 \\ 0 & 0 & 0 & 0 & 0 & 0 \\ 0 & -1.23 & 0 & 0 & 0 & 0 \end{bmatrix}$$

3. 双旋翼直升机线性模型分析

1）稳定性

控制系统的稳定性是控制系统能够安全运行的首要条件。对线性定常系统而言，其稳定性由系统矩阵 $\boldsymbol{A}$ 确定，若系统矩阵 $\boldsymbol{A}$ 的所有特征值的实部都小于零，则系统稳定。根据之前建立的三自由度双旋翼直升机控制系统的线性模型，经过计算发现，该系统的所有

的极点均在 S 复平面的原点，因此系统状态在开环情况下是不稳定的，必须加入控制器来保证系统稳定。根据 Quanser 公司提供的用户手册[53]中的内容，设计一个线性二次型调节器以保证系统的稳定性。加入设计状态反馈控制器后，三自由度双旋翼直升机控制系统期望的角度曲线和实际角度曲线如图 2.15 所示，图中虚线代表期望的角度实线代表实际的角度，从仿真结果可以看出该三自由度双旋翼直升机控制系统加入控制器后能够很好地跟踪给定的角度值。

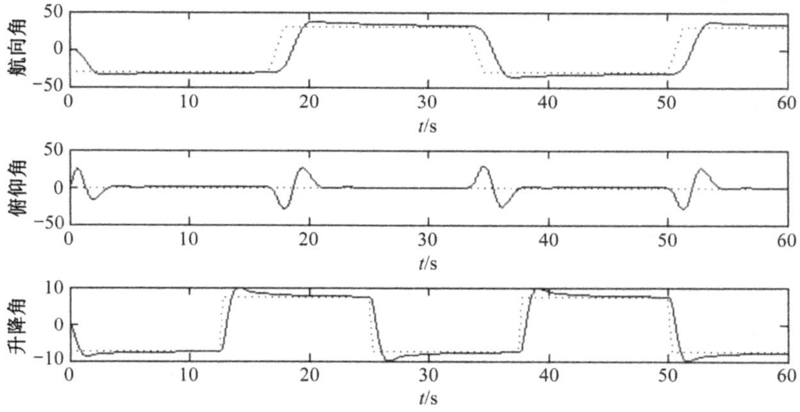

图 2.15　期望角度和实际角度曲线

2）可控可观性

对于一个控制系统，特别是多变量系统，在研究和分析之前，必须首先知道系统是否可控以及是否可观，这是因为系统的可控性和可观性往往是很多设计方法的先决条件。为了确定系统的可控性和可观性，通常使用下面的等价条件。

下面的条件只要有一个成立，则说明系统是完全可控的：

（1）若将可控制矩阵定义为 $\boldsymbol{V}=\left[\boldsymbol{B},\boldsymbol{AB},\boldsymbol{A}^2\boldsymbol{B},\cdots,\boldsymbol{A}^{n-1}\boldsymbol{B}\right]$，则秩数 $rank(\boldsymbol{V})=n$ 。

（2）对于所有 $\boldsymbol{A}$ 的特征值 $S=\lambda_i$，其秩数 $rank\left[s\boldsymbol{I}-\boldsymbol{A},\boldsymbol{B}\right]=n$ 。

对于完全可观，只要下列条件中有一个成立即可：

（1）若将可观测矩阵定义为 $\boldsymbol{N}=\left[\boldsymbol{C}^{\mathrm{T}},\boldsymbol{A}^{\mathrm{T}}\boldsymbol{C}^{\mathrm{T}},(\boldsymbol{A}^{\mathrm{T}})^2\boldsymbol{C}^{\mathrm{T}},\cdots,(\boldsymbol{A}^{\mathrm{T}})^{n-1}\boldsymbol{C}^{\mathrm{T}}\right]$，则秩数 $rank(\boldsymbol{N})=n$ 。

（2）对于所有 $\boldsymbol{A}$ 的特征值 $S=\lambda_i$，其秩数 $rank\left[s\boldsymbol{I}-\boldsymbol{A}^{\mathrm{T}},\boldsymbol{C}^{\mathrm{T}}\right]=n$ 。

根据上述可控可观判断条件，通过 MATLAB 的计算可知，该三自由度双旋翼直升机控制系统完全可控可观。

2.3 基于自适应观测器的多执行器卡死故障诊断

本节主要研究基于线性定常系统发生多执行器卡死故障时的故障检测和估计的方法。首先根据一个一般的线性定常系统，设计并提出一个基于自适应故障诊断观测器的故障诊断方法，该方法可用于检测线性系统发生的多执行器卡死故障并快速地估计出故障的大小。在绝大多数实际控制系统的运行过程中总是伴随着一定程度的建模误差、外部扰动等不确定性因素，故本节在考虑到控制系统存在不确定的外部扰动的情况下，在设计自适应故障估计算法的过程中引入鲁棒 H^{∞} 性能指标，使得提出的新型故障估计算法不仅具有很好的故障估计性能，而且对于系统的外部扰动也具有很好的鲁棒性。一个复杂的控制系统普遍具有多个执行器，因此当系统的多个执行器发生故障时，不仅需要检测出故障的发生，还需要定位出具体是哪一个或哪几个执行器发生了故障。考虑到不同执行器发生卡死故障时会使系统模型跳变成不同的故障模型，本节通过引入基于多模型的故障检测方法实现了故障隔离的目的。最后将该方法应用到三自由度双旋翼直升机的线性模型上，仿真结果证明了该方法的有效性。

近些年随着线性矩阵不等式（Linear Maxtrix Inequality，LMI）这一数学工具的发展以及 MATLAB 中 LMI 控制工具箱的推广，在控制理论的研究中，越来越多的学者将控制问题转化为一个可用 LMI 工具处理的可行性问题或凸优化问题，然后再利用 MATLAB 中的 LMI 工具箱求解。

2.3.1 执行器卡死故障系统描述

根据 2.2 节所建立的三自由度双旋翼直升机的线性模型，先研究一个一般的线性定常控制系统。考虑到系统受到的干扰，选取研究模型如下：

$$\dot{\boldsymbol{x}}(t)=\boldsymbol{A}\boldsymbol{x}(t)+\boldsymbol{B}\boldsymbol{u}(t)+\boldsymbol{E}_d\boldsymbol{d}(t) \tag{2.4}$$

$$\boldsymbol{y}(t)=\boldsymbol{C}\boldsymbol{x}(t) \tag{2.5}$$

式中， $\boldsymbol{x}(t)\in\boldsymbol{R}^n$ 为状态向量； $\boldsymbol{u}(t)\in\boldsymbol{R}^m$ 为输入向量； $\boldsymbol{y}(t)\in\boldsymbol{R}^p$ 为输出向量； $\boldsymbol{d}(t)\in\boldsymbol{R}^q$ 为

系统未知的有界干扰向量；$\boldsymbol{A}$、$\boldsymbol{B}$、$\boldsymbol{C}$、$\boldsymbol{E}_d$ 为相应维数的已知矩阵。

当系统的第 i 个执行器发生卡死故障时，这时无论执行器的输入信号是多少，第 i 个执行器的输出都为一未知恒定的值，系统的故障模型可以表示为：

$$\dot{\boldsymbol{x}}(t) = \boldsymbol{A}\boldsymbol{x}(t) + \boldsymbol{B}_i\boldsymbol{u}(t) + \boldsymbol{b}_i\bar{\boldsymbol{u}}_i(t) + \boldsymbol{E}_d\boldsymbol{d}(t) \tag{2.6}$$

$$\boldsymbol{y}(t) = \boldsymbol{C}\boldsymbol{x}(t) \tag{2.7}$$

式中，$\boldsymbol{B}_i = \{\boldsymbol{b}_1, \boldsymbol{b}_2, \cdots, \boldsymbol{b}_{i-1}, \boldsymbol{0}, \boldsymbol{b}_{i+1}, \cdots, \boldsymbol{b}_m\}$，$i = 1, 2, \cdots, m$；$\boldsymbol{b}_i$ 表示输入矩阵 $\boldsymbol{B}$ 的第 i 列列向量；$\bar{\boldsymbol{u}}_i(t)$ 表示第 i 个执行器发生卡死故障时卡死位置所对应的对故障系统造成的输入作用。由于控制系统设计时无法预知执行器发生卡死故障时的卡死位置，故 $\bar{\boldsymbol{u}}_i(t)$ 是未知的。本章的研究任务为如何检测并估计出执行器的卡死故障，并且能够准确快速地定位出是哪个执行器发生了卡死故障，即故障隔离。

2.3.2　鲁棒快速自适应故障估计方法

这里根据一个一般的线性定常系统设计一个基于自适应观测器的鲁棒快速自适应故障估计算法，该方法可以用于估计系统发生执行器加性故障时的故障大小，并且考虑到系统运行时可能存在的外部扰动，在设计一种新型的自适应故障估计算法的过程中引入鲁棒 H^∞ 性能指标，使得提出的新型故障估计算法不仅具有很好的故障估计性能，而且对于系统的外部扰动也具有很好的鲁棒性。

1. 系统描述

假设一个一般的线性定常控制系统，当该系统发生执行器加性故障后的模型如下：

$$\dot{\boldsymbol{x}}(t) = \boldsymbol{A}\boldsymbol{x}(t) + \boldsymbol{B}\boldsymbol{u}(t) + \boldsymbol{E}_f\boldsymbol{f}(t) + \boldsymbol{E}_d\boldsymbol{d}(t) \tag{2.8}$$

$$\boldsymbol{y}(t) = \boldsymbol{C}\boldsymbol{x}(t) \tag{2.9}$$

式中，$\boldsymbol{x}(t) \in \boldsymbol{R}^n$ 为状态向量；$\boldsymbol{u}(t) \in \boldsymbol{R}^m$ 为输入向量；$\boldsymbol{y}(t) \in \boldsymbol{R}^p$ 为输出向量；$\boldsymbol{d}(t) \in \boldsymbol{R}^q$ 为系统未知的有界干扰向量；$\boldsymbol{f}(t) \in \boldsymbol{R}^r$ 为系统执行器故障；$\boldsymbol{A}$、$\boldsymbol{B}$、$\boldsymbol{C}$、$\boldsymbol{E}_d$、$\boldsymbol{E}_f$ 为相应维数的已知矩阵。在提出该定理之前，需要给出以下几个假设条件：

（1）系统完全可观测。

（2）$rank\left(\boldsymbol{C}\boldsymbol{E}_f\right) = r$。

（3）$\left(\boldsymbol{A}, \boldsymbol{E}_f, \boldsymbol{C}\right)$ 的不变零点全部在 S 复平面的左半平面内。

（4）$\boldsymbol{f}(t)$ 为常值或随时间变化缓慢，即 $\dot{\boldsymbol{f}}(t) = 0$。

2．故障估计算法设计

针对控制系统的故障模型［式（2.5）～式（2.6）］设计具有如下结构的自适应观测器：

$$\dot{\hat{\boldsymbol{x}}}(t)=\boldsymbol{A}\hat{\boldsymbol{x}}(t)+\boldsymbol{B}\boldsymbol{u}(t)+\boldsymbol{E}_f\hat{\boldsymbol{f}}(t)-\boldsymbol{L}\left(\hat{\boldsymbol{y}}(t)-\boldsymbol{y}(t)\right) \tag{2.10}$$

$$\hat{\boldsymbol{y}}(t)=\boldsymbol{C}\hat{\boldsymbol{x}}(t) \tag{2.11}$$

式中，$\hat{\boldsymbol{x}}\in\boldsymbol{R}^n$ 表示观测器的状态向量；$\hat{\boldsymbol{y}}(t)\in\boldsymbol{R}^p$ 表示观测器的输出向量；$\hat{\boldsymbol{f}}(t)\in\boldsymbol{R}^r$ 表示故障 $\boldsymbol{f}(t)$ 的估计值；由于控制系统完全可观测，所以一定可以选取合适的观测器增益矩阵 $\boldsymbol{L}$ 保证 $(\boldsymbol{A}-\boldsymbol{LC})$ 为稳定矩阵。

为了讨论观测器的稳定性，定义状态估计误差向量、输出估计误差向量、故障估计误差向量分别为如下形式：

$$\boldsymbol{e}_x(t)=\hat{\boldsymbol{x}}(t)-\boldsymbol{x}(t) \tag{2.12}$$

$$\boldsymbol{e}_y(t)=\hat{\boldsymbol{y}}(t)-\boldsymbol{y}(t) \tag{2.13}$$

$$\boldsymbol{e}_f(t)=\hat{\boldsymbol{f}}(t)-\boldsymbol{f}(t) \tag{2.14}$$

则由式（2.8）~式（2.11）可得误差动态系统的状态方程和输出方程为：

$$\dot{\boldsymbol{e}}_x(t)=\left(\boldsymbol{A}-\boldsymbol{LC}\right)\boldsymbol{e}_x(t)+\boldsymbol{E}_f\boldsymbol{e}_f(t)-\boldsymbol{E}_d\boldsymbol{d}(t) \tag{2.15}$$

$$\boldsymbol{e}_y(t)=\boldsymbol{C}\boldsymbol{e}_x(t) \tag{2.16}$$

定理 2.1：假设存在正常数 $\gamma>0$，对称正定矩阵 $\boldsymbol{P}\in\boldsymbol{R}^{n\times n}$ 和矩阵 $\boldsymbol{Y}\in\boldsymbol{R}^{n\times p}$，$\boldsymbol{F}\in\boldsymbol{R}^{r\times p}$ 满足以下条件：

$$\boldsymbol{E}_f^{\mathrm{T}}\boldsymbol{P}=\boldsymbol{FC} \tag{2.17}$$

$$\boldsymbol{\Phi}=\begin{bmatrix}\boldsymbol{PA}+\boldsymbol{A}^{\mathrm{T}}\boldsymbol{P}-\boldsymbol{YC}-\boldsymbol{C}^{\mathrm{T}}\boldsymbol{Y}^{\mathrm{T}}+\boldsymbol{CC}^{\mathrm{T}} & -\left(\boldsymbol{A}^{\mathrm{T}}\boldsymbol{PE}_f-\boldsymbol{C}^{\mathrm{T}}\boldsymbol{Y}^{\mathrm{T}}\boldsymbol{E}_f\right) & -\boldsymbol{PE}_d\\ * & -2\boldsymbol{E}_f{}^{\mathrm{T}}\boldsymbol{PE}_f & \boldsymbol{E}_f{}^{\mathrm{T}}\boldsymbol{PE}_d\\ * & * & -\gamma^2\boldsymbol{I}\end{bmatrix}<0 \tag{2.18}$$

则采用如下的鲁棒快速自适应故障估计算法：

$$\dot{\hat{\boldsymbol{f}}}(t)=-\boldsymbol{\Gamma}\boldsymbol{F}\left(\dot{\boldsymbol{e}}_y(t)+\boldsymbol{e}_y(t)\right) \tag{2.19}$$

可使得误差动态系统在零初始条件下满足，并且状态估计误差和故障估计误差渐进收敛，其中，$\boldsymbol{L}=\boldsymbol{P}^{-1}\boldsymbol{Y}$，*代表在对称矩阵中对称位置的元素，$\boldsymbol{\Gamma}\in\boldsymbol{R}^{r\times r}$ 为自适应学习率且满足 $\boldsymbol{\Gamma}>0$。

3. 稳定性证明

新型自适应故障估计算法以定理 2.1 的形式给出了，这里将证明该定理的正确性，选取如下形式的李雅普诺夫函数：

$$V(t) = \boldsymbol{e}_x^{\mathrm{T}}(t)\boldsymbol{P}\boldsymbol{e}_x(t) + \boldsymbol{e}_f^{\mathrm{T}}(t)\boldsymbol{\Gamma}^{-1}\boldsymbol{e}_f(t) \tag{2.20}$$

取 $V(t)$ 的导数并考虑式（2.16）和式（2.19），可得：

$$\begin{aligned}\dot{V}(t) &= \dot{\boldsymbol{e}}_x^{\mathrm{T}}(t)\boldsymbol{P}\boldsymbol{e}_x(t) + \boldsymbol{e}_x^{\mathrm{T}}(t)\boldsymbol{P}\dot{\boldsymbol{e}}_x(t) + 2\boldsymbol{e}_f^{\mathrm{T}}(t)\boldsymbol{\Gamma}^{-1}\dot{\boldsymbol{e}}_f(t)\\ &= \boldsymbol{e}_x^{\mathrm{T}}(t)\left[\boldsymbol{P}\left(\boldsymbol{A}-\boldsymbol{L}\boldsymbol{C}\right)+\left(\boldsymbol{A}-\boldsymbol{L}\boldsymbol{C}\right)^{\mathrm{T}}\boldsymbol{P}\right]\boldsymbol{e}_x(t) + 2\boldsymbol{e}_x^{\mathrm{T}}(t)\boldsymbol{P}\boldsymbol{E}_f\boldsymbol{e}_f(t)\\ &\quad - 2\boldsymbol{e}_f^{\mathrm{T}}(t)\boldsymbol{F}\left(\dot{\boldsymbol{e}}_y(t)+\boldsymbol{e}_y(t)\right) - 2\boldsymbol{e}_x^{\mathrm{T}}(t)\boldsymbol{P}\boldsymbol{E}_d\boldsymbol{d}(t)\end{aligned} \tag{2.21}$$

由式（2.17），即 $\boldsymbol{E}^{\mathrm{T}}\boldsymbol{P} = \boldsymbol{F}\boldsymbol{C}$，则

$$-2\boldsymbol{e}_f^{\mathrm{T}}(t)\boldsymbol{F}\left(\dot{\boldsymbol{e}}_y(t)+\boldsymbol{e}_y(t)\right) = -2\boldsymbol{e}_f^{\mathrm{T}}(t)\boldsymbol{E}_f^{\mathrm{T}}\boldsymbol{P}\left(\dot{\boldsymbol{e}}_x(t)+\boldsymbol{e}_x(t)\right) \tag{2.22}$$

将式（2.15）和式（2.22）代入式（2.21），则可得：

$$\begin{aligned}\dot{V}(t) &\leqslant \boldsymbol{e}_x^{\mathrm{T}}(t)\left[\boldsymbol{P}\left(\boldsymbol{A}-\boldsymbol{L}\boldsymbol{C}\right)+\left(\boldsymbol{A}-\boldsymbol{L}\boldsymbol{C}\right)^{\mathrm{T}}\boldsymbol{P}\right]\boldsymbol{e}_x(t) - 2\boldsymbol{e}_f^{\mathrm{T}}(t)\boldsymbol{E}_f^{\mathrm{T}}\boldsymbol{P}\left(\boldsymbol{A}-\boldsymbol{L}\boldsymbol{C}\right)\boldsymbol{e}_x(t)\\ &\quad -2\boldsymbol{e}_f^{\mathrm{T}}(t)\boldsymbol{E}_f^{\mathrm{T}}\boldsymbol{P}\boldsymbol{E}_f\boldsymbol{e}_f(t) - 2\boldsymbol{e}_x^{\mathrm{T}}(t)\boldsymbol{P}\boldsymbol{E}_d\boldsymbol{d}(t) + 2\boldsymbol{e}_f^{\mathrm{T}}(t)\boldsymbol{E}_f^{\mathrm{T}}\boldsymbol{P}\boldsymbol{E}_d\boldsymbol{d}(t)\end{aligned} \tag{2.23}$$

根据式（2.18）可知：

$$\dot{V}(t) + \boldsymbol{e}_y^{\mathrm{T}}(t)\boldsymbol{e}_y(t) - \gamma^2\boldsymbol{d}^{\mathrm{T}}(t)\boldsymbol{d}(t) \leqslant \xi^{\mathrm{T}}(t)\boldsymbol{\Phi}\,\xi(t) < 0 \tag{2.24}$$

式中，$\boldsymbol{\xi}(t) = [\boldsymbol{e}_x^{\mathrm{T}}(t) \quad \boldsymbol{e}_f^{\mathrm{T}}(t) \quad \boldsymbol{d}^{\mathrm{T}}(t)]^{\mathrm{T}}$。

给定零初始条件，对上式从 0 到 T 积分，可得：

$$V(t) + \int_0^T (\boldsymbol{e}_y^{\mathrm{T}}(t)\boldsymbol{e}_y(t) - \gamma^2\boldsymbol{d}^{\mathrm{T}}(t)\boldsymbol{d}(t))\mathrm{d}t < 0 \tag{2.25}$$

又由于 $\dot{V}(t) > 0$，进一步可得 $\left\|\boldsymbol{e}_y(t)\right\|^2 \leqslant \gamma\left\|\boldsymbol{d}(t)\right\|^2$，即误差系统的 $\boldsymbol{L}_2$ 增益小于一确定正数 γ。再当系统满足鲁棒性能指标时，$\dot{V}(t) < 0$，可得误差动态系统渐进稳定，即状态估计误差和故障估计渐进收敛。定理证明完毕。

注释 2.1： 定理 2.1 成立的条件关键是：能否存在满足条件式（2.17）和式（2.18）的常数和矩阵。由文献[54]可知，假设（2）和假设（3）与式（2.17）成立和存在矩阵 $\boldsymbol{L}$ 使得 $\boldsymbol{P}\left(\boldsymbol{A}-\boldsymbol{L}\boldsymbol{C}\right)+\left(\boldsymbol{A}-\boldsymbol{L}\boldsymbol{C}\right)^{\mathrm{T}}\boldsymbol{P} < 0$ 是等价的。这样前面给出的假设条件也成为了验证该算法是否能应用于一个控制系统的判断条件，满足假设条件的系统一定能找到满足定理条件的常数和矩阵。

注释 2.2：定理 2.1 的求解条件中，如何解得满足条件式（2.17）和式（2.18）的常数和矩阵是个难题。这里采用最优逼近思想，将这个带有等式约束的矩阵不等式求解问题转换成下面的最优问题，这样处理之后定理中的等式条件和不等式条件可以利用 MATLAB 中的 LMI 工具箱求解。

Minimize η subject to

$$\begin{bmatrix} \eta \boldsymbol{I} & \boldsymbol{E}_f^{\mathrm{T}}\boldsymbol{P} - \boldsymbol{F}\boldsymbol{C} \\ * & \eta \boldsymbol{I} \end{bmatrix} > 0 \tag{2.26}$$

式中，标量$\eta > 0$为满足式（2.26）的最优极小值，该最优问题表示当η足够小时，可认为$\boldsymbol{E}_f{}^{\mathrm{T}}\boldsymbol{P}$近似等于$\boldsymbol{F}\boldsymbol{C}$。

注释 2.3：与经典的自适应估计算法相比，定理 2.1 的鲁棒快速自适应故障估计算法增加了输出估计误差$\boldsymbol{e}_y(t)$的导数项，通过引入输出估计误差的导数项可提高故障估计算法的收敛速度，显著提升故障估计性能。由式（2.19）可知故障估计算法为：

$$\hat{\boldsymbol{f}}(t) = -\boldsymbol{\Gamma}\boldsymbol{F}\left(\boldsymbol{e}_y(t) + \int_{t_f}^{t} \boldsymbol{e}_y(\tau)\mathrm{d}\tau\right) \tag{2.27}$$

2.3.3 多模型故障诊断方法

上面针对一个一般的线性定常系统，设计了一种鲁棒快速自适应故障估计方法，可用于估计线性系统的执行器加性故障。然而一个复杂控制系统普遍具有多个执行器，当控制系统的多个执行器发生故障时，需要定位出具体是哪一个或者哪几个执行器发生了故障。根据先前建立的执行器卡死故障系统模型，这里通过引入基于多模型的故障检测方法将鲁棒快速自适应故障估计算法应用于多执行器卡死故障诊断问题中。

1. 多模型问题描述

多模型系统主要由以下三部分组成：

（1）根据控制系统数学模型结构的不确定和参数的不同，对控制系统建立多个固定的数学模型，构成多模型集合：

$$\boldsymbol{\Omega} = \{M_i \mid i = 1,2,\cdots,n\} \tag{2.28}$$

式中，$\boldsymbol{\Omega}$是以模型M_i为元素的一个模型集；M_i是模型集中的每一个固定的系统模型。

（2）根据模型集$\boldsymbol{\Omega}$中的每一个模型来创建多个控制器，并集中构成控制器集合：

$$\boldsymbol{C} = \{U_i \mid i = 1,2,\cdots,n\} \tag{2.29}$$

式中，$\boldsymbol{C}$ 是基于模型集 $\boldsymbol{\Omega}$ 设计的控制器集合；U_i 是基于每一个系统模型 M_i 设计的控制器。

（3）制定切换策略，从设计的模型集中选择最符合当前控制系统所处状态的最优模型，并将基于最优模型设计的那一个控制器以一定的切换策略切换为控制系统当前控制器：

$$U = f\left(U_1, U_2, \cdots, U_n, \theta\right) \tag{2.30}$$

式中，f 是已知的函数代表制定的切换策略；$\boldsymbol{\theta}$ 是一参数向量。不同的控制系统具有不同的特性，因此需要不同的切换函数，所以 f 的表示形式也都不同。

当正常运行的控制系统发生故障时，故障会使得控制系统从标称系统 P_0 突然变为故障系统 P_{fault} 。故障系统可能是系统数学模型的参数与标称系统不同，也可能是系统数学模型的结构都与标称系统不同，无论哪种情况，原来的标称系统数学模型已不再适用于故障系统，而基于数学模型的故障诊断方法都需要实际故障系统较为精确的数学模型。基于以上的考虑，针对控制系统每种可能的故障系统分别建立一个故障模型，所有故障模型构成一个模型集。当控制系统运行时发生故障，可在线基于设计好的指标找到模型集中与实际系统匹配最好的模型，这样发生的故障也就被诊断出来了。基于多模型思想和自适应观测器的故障诊断系统结构如图 2.16 所示，基于控制系统在发生每一种特定故障下的数学模型设计一组自适应观测器来生成残差信号，通过对残差信号的处理分析，判断出与当前实际系统匹配最佳的那一个模型。每个自适应观测器都分别生成一个残差信号 r_i ，$i = 0,1,\cdots,m$ ，当模型集中的第 i 个模型与当前实际系统故障模式相匹配时， $r_i = 0$ ，同时对于所有的 $j \neq 0, r_j \neq 0$ 。为了使系统与模型的匹配更加准确，引入一个目标函数，通过一个目标函数来选择与系统匹配最好的模型，即达到故障隔离的目的。

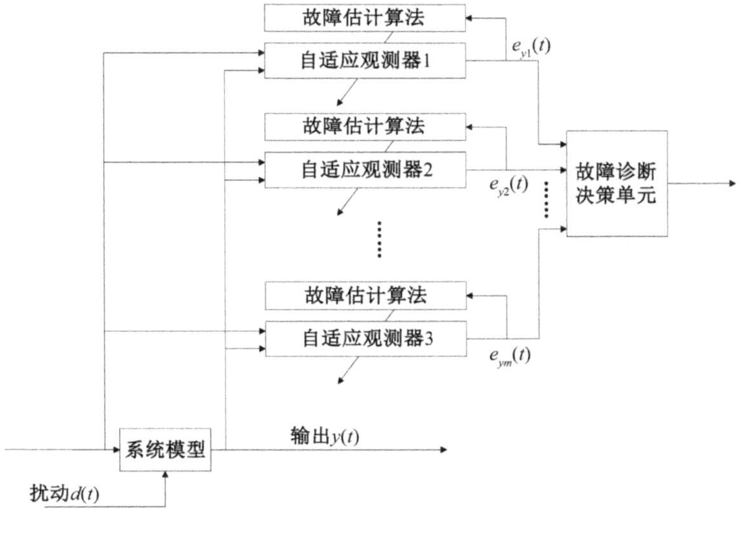

图 2.16　多模型故障诊断结构

2. 多模型故障诊断方法

前面已经分析了控制系统发生执行器卡死故障后的系统数学模型，可将故障模型式（2.6）~式（2.7）描述为如下具有多模型结构的形式：

$$\dot{\boldsymbol{x}}(t)=\boldsymbol{A}\boldsymbol{x}(t)+\bar{\boldsymbol{B}}\boldsymbol{u}(t)+\bar{\boldsymbol{b}}\bar{\boldsymbol{u}}(t)+\boldsymbol{D}\boldsymbol{d}(t) \tag{2.31}$$

$$\boldsymbol{y}(t)=\boldsymbol{C}\boldsymbol{x}(t) \tag{2.32}$$

因无法预知控制系统在实际运行中何时会发生执行器卡死故障，也无法预知哪个执行器会发生卡死故障，更无法预知发生故障后执行器卡死的位置，所以这里的 $\bar{\boldsymbol{B}}$ 、$\bar{\boldsymbol{b}}$ 和 $\bar{\boldsymbol{u}}(t)$ 都是未知的，当系统不同执行器发生卡死故障时 $\bar{\boldsymbol{B}}$ 、$\bar{\boldsymbol{b}}$ 和 $\bar{\boldsymbol{u}}(t)$ 的取值都是不同的。

为了确定哪一个执行器发生卡死故障，设计一组如下自适应观测器产生残差信号来确定哪一个模型与系统当前运行状态的模型相匹配：

$$\dot{\hat{\boldsymbol{x}}}(t)=\boldsymbol{A}\hat{\boldsymbol{x}}(t)+\boldsymbol{B}_i\boldsymbol{u}(t)+\boldsymbol{b}_i\hat{\bar{\boldsymbol{u}}}_i(t)-\boldsymbol{L}_i(\hat{\boldsymbol{y}}(t)-\boldsymbol{y}(t)) \tag{2.33}$$

$$\hat{\boldsymbol{y}}(t)=\boldsymbol{C}\hat{\boldsymbol{x}}(t) \tag{2.34}$$

式中，$\boldsymbol{B}_i=\{\boldsymbol{b}_1,\boldsymbol{b}_2,\cdots,\boldsymbol{b}_{i-1},\boldsymbol{0},\boldsymbol{b}_{i+1},\cdots,\boldsymbol{b}_m\}$，$i=1,2,\cdots,m$，$\boldsymbol{b}_i$ 表示 $\boldsymbol{B}$ 的第 $\boldsymbol{i}$ 列列向量；$\bar{\boldsymbol{u}}_i(t)$ 表示第 i 个执行器发生故障时卡死位置所对应的对故障系统造成的输入作用；$\hat{\bar{\boldsymbol{u}}}_i$ 为故障 $\bar{\boldsymbol{u}}_i$ 的估计值。

由此可得一组误差动态方程为：

$$\dot{\boldsymbol{e}}_x^{(i)}(t)=(\boldsymbol{A}-\boldsymbol{L}_i\boldsymbol{C})\boldsymbol{e}_x^{(i)}(t)+(\boldsymbol{B}_i-\bar{\boldsymbol{B}})\boldsymbol{u}(t)+(\boldsymbol{b}_i\hat{\bar{\boldsymbol{u}}}_i-\bar{\boldsymbol{b}}\bar{\boldsymbol{u}})-\boldsymbol{D}\boldsymbol{d}(t) \tag{2.35}$$

$$\boldsymbol{e}_y^{(i)}(t)=\boldsymbol{C}\boldsymbol{e}_x^{(i)}(t) \tag{2.36}$$

定义残差信号 $\boldsymbol{r}_i=\left\|\boldsymbol{e}_y^{(i)}(t)\right\|$。

当实际系统的第 $\boldsymbol{i}$ 个执行器发生卡死故障时，这时 $\bar{\boldsymbol{B}}=\boldsymbol{B}_i$，$\bar{\boldsymbol{b}}=\boldsymbol{b}_i$，由此可知对应于第 i 个自适应观测器，系统误差动态方程等价为如下的形式：

$$\dot{\boldsymbol{e}}_x^{(i)}(t)=(\boldsymbol{A}-\boldsymbol{L}_i\boldsymbol{C})\boldsymbol{e}_x^{(i)}(t)+\boldsymbol{b}_i\Psi_i-\boldsymbol{D}\boldsymbol{d}(t) \tag{2.37}$$

$$\boldsymbol{e}_y^{(i)}(t)=\boldsymbol{C}\boldsymbol{e}_x^{(i)}(t) \tag{2.38}$$

式中，$\Psi_i=\hat{\bar{\boldsymbol{u}}}_i-\bar{\boldsymbol{u}}$。这里可应用鲁棒快速自适应故障估计算法

$$\dot{\hat{\bar{\boldsymbol{u}}}}_i(t)=-\boldsymbol{\Gamma}\boldsymbol{F}(\dot{\boldsymbol{e}}_y^{(i)}(t)+\boldsymbol{e}_y^{(i)}(t)) \tag{2.39}$$

根据定理 2.1 可知误差动态系统式（2.37）~式（2.38）稳定，故障估计误差 $\Psi_i=\hat{\bar{\boldsymbol{u}}}_i-\bar{\boldsymbol{u}}$

渐进收敛并且在零初始条件下满足$\|\boldsymbol{e}_y(t)\|^2 \leqslant \gamma \|\boldsymbol{d}(t)\|^2$。可知当控制系统第$i$个执行器发生卡死故障时，对于第$i$个观测器生成的残差信号$\boldsymbol{r}_i = \|\boldsymbol{e}_y^{(i)}(t)\|$趋近于零。

而当第i个执行器发生卡死故障时，对于除了第i个自适应观测器以外的其他观测器误差动态方程为：

$$\dot{\boldsymbol{e}}_x^{(j)}(t) = (\boldsymbol{A} - \boldsymbol{L}_j\boldsymbol{C})\boldsymbol{e}_x^{(j)}(t) + (\boldsymbol{B}_j - \bar{\boldsymbol{B}})\boldsymbol{u}(t) + (\boldsymbol{b}_j\hat{\bar{\boldsymbol{u}}}_j - \bar{\boldsymbol{b}}\bar{\boldsymbol{u}}) - \boldsymbol{D}\boldsymbol{d}(t) \tag{2.40}$$

$$\boldsymbol{e}_y(t) = \boldsymbol{C}\boldsymbol{e}_x^j(t) \tag{2.41}$$

这里$\bar{\boldsymbol{B}} \neq \boldsymbol{B}_j$，$\bar{\boldsymbol{b}} \neq \boldsymbol{b}_j$，$i \neq j$。此时残差信号$\boldsymbol{r}_j = \|\boldsymbol{e}_y^{(j)}(t)\|$不趋近于零。

上面已经针对系统的每一个执行器故障设计了一个对应的自适应观测器，这里就可生成一组残差信号，再根据一组残差信号来判断哪一个自适应观测器和当前实际系统模型最为匹配，进而隔离出发生卡死故障的执行器。直接采用残差信号来判断并不是很合理，因此设计一个性能指标，性能指标达到最小的那个模型和系统当前运行的模型最为匹配。

$$J_i(t) = c_1 r_i^2 + c_2 \int_{t_0}^{t} \exp(-\lambda(t-\tau)) r_i^2 \mathrm{d}\tau,\ i = 1,2,\cdots,m \tag{2.42}$$

式中，$\boldsymbol{c}_1, \boldsymbol{c}_2$均为大于零的常数，分别是瞬时残差信号的加权和过去残差信号的加权；常数$\lambda > 0$为遗忘因子。

前面讨论了当系统发生一个执行器卡死故障时应用多模型的方法进行故障诊断，而当系统同时发生多个执行器卡死时，上面提出的方法一样可以适用，只需要向模型集里添加相应的故障模型就行了。为了叙述方便不妨设系统同时有两个故障发生，分别是第i个执行器和第j个执行器（$i < j$），并且这种情况对应于模型集里的第k个模型。这时相应的故障诊断观测器如下，观测器结构与式（2.33）~式（2.34）一样，只是其中部分矩阵不一样：

$$\dot{\hat{\boldsymbol{x}}}(t) = \boldsymbol{A}\hat{\boldsymbol{x}}(t) + \boldsymbol{B}_k\boldsymbol{u}(t) + \boldsymbol{b}_k\hat{\bar{\boldsymbol{u}}}_k(t) - \boldsymbol{L}_k(\hat{\boldsymbol{y}}(t) - \boldsymbol{y}(t)) \tag{2.43}$$

$$\hat{\boldsymbol{y}}(t) = \boldsymbol{C}\hat{\boldsymbol{x}}(t) \tag{2.44}$$

式中，$\boldsymbol{B}_k = \{\boldsymbol{b}_1, \boldsymbol{b}_2, \cdots, \boldsymbol{b}_{i-1}, \boldsymbol{0}, \boldsymbol{b}_{i+1}, \cdots, \boldsymbol{b}_{j-1}, \boldsymbol{0}, \boldsymbol{b}_{j+1}, \cdots, \boldsymbol{b}_m\}$，$\boldsymbol{b}_k = \{\boldsymbol{b}_i, \boldsymbol{b}_j\}$，$\bar{\boldsymbol{u}}_k = \left[\bar{\boldsymbol{u}}_i\ \bar{\boldsymbol{u}}_j\right]^{\mathrm{T}}$，并且$\boldsymbol{b}_i$，$\hat{\bar{\boldsymbol{u}}}_i$与上面定义的一致。采用前面设计的鲁棒快速自适应故障估计方法、残差生成方法和性能指标计算方法就可达到诊断多执行器同时发生卡死的故障。

2.3.4 仿真与分析

这里选取三自由度双旋翼直升机系统作为仿真验证的平台，在 2.1 节中已建立了该直升机的线性模型，考虑到系统存在外部干扰，则系统数学模型如下：

$$\dot{\boldsymbol{x}}(t)=\boldsymbol{A}_L\boldsymbol{x}(t)+\boldsymbol{B}\boldsymbol{u}(t)+\boldsymbol{E}_d\boldsymbol{d}(t) \tag{2.45}$$

$$\boldsymbol{y}(t)=\boldsymbol{C}\boldsymbol{x}(t) \tag{2.46}$$

式中，

$$\boldsymbol{A}_L=\begin{bmatrix}0 & 0 & 0 & 1 & 0 & 0\\ 0 & 0 & 0 & 0 & 1 & 0\\ 0 & 0 & 0 & 0 & 0 & 1\\ 0 & 0 & 0 & 0 & 0 & 0\\ 0 & 0 & 0 & 0 & 0 & 0\\ 0 & -1.23 & 0 & 0 & 0 & 0\end{bmatrix}\quad \boldsymbol{B}=\begin{bmatrix}0 & 0\\ 0 & 0\\ 0 & 0\\ 0.0858 & 0.0858\\ 0.5810 & -0.5810\\ 0 & 0\end{bmatrix}\quad \boldsymbol{C}=\begin{bmatrix}1 & 0 & 0 & 0 & 0 & 0\\ 0 & 1 & 0 & 0 & 0 & 0\\ 0 & 0 & 1 & 0 & 0 & 0\\ 0 & 0 & 0 & 1 & 0 & 0\\ 0 & 0 & 0 & 0 & 1 & 0\\ 0 & 0 & 0 & 0 & 0 & 1\end{bmatrix}\quad \boldsymbol{E}_d=\begin{bmatrix}1\\1\\1\\1\\1\\1\end{bmatrix}$$

1．故障诊断数字仿真

假设故障发生在系统正常运行到第 10s 的时候，三自由度直升机的后推进器发生了卡死故障，卡死在 3V 的位置，这时故障的形式如下：

$$\overline{\boldsymbol{u}}_2(t)=\begin{cases}0 & 0\leqslant t<10\\ 3 & t\geqslant 10\end{cases} \tag{2.47}$$

系统干扰选取为幅值在-1~+1 变化的白噪声，取鲁棒性能指标 $\gamma=1$，利用 MATLAB 中的 LMI 工具箱求解式（2.17）~式（2.18），得到如下设计参数值：

$$\boldsymbol{P}=\begin{bmatrix}1.4245 & 0.0128 & -0.0003 & -0.2321 & -0.0293 & 0.0024\\ 0.0128 & 1.3980 & -0.0217 & -0.0303 & -0.0382 & 0.2756\\ -0.0003 & -0.0217 & 1.4262 & -0.0001 & 0.0001 & -0.2330\\ -0.2321 & -0.0303 & -0.0001 & 1.4620 & 0.0274 & -0.0032\\ -0.0293 & -0.0382 & 0.0001 & 0.0274 & 1.2835 & -0.0028\\ 0.0024 & 0.2756 & -0.2330 & -0.0032 & -0.0028 & 1.4601\end{bmatrix}$$

$$\boldsymbol{F}=\begin{bmatrix}-0.0029 & 0.0196 & -0.0001 & 0.1095 & -0.7434 & 0.0013\end{bmatrix}$$

$$\boldsymbol{L}=\begin{bmatrix}2.6420 & -0.0031 & 0.0000 & 0.5718 & -0.0147 & 0.0023\\ -0.0040 & 2.6191 & -0.0485 & -0.0126 & 0.6585 & -0.7215\\ 0.0003 & -0.0496 & 2.6403 & -0.0004 & 0.0047 & 0.5786\\ 0.5651 & 0.0795 & 0.0004 & 2.4814 & 0.1344 & -0.0043\\ 0.0794 & 0.0373 & -0.0006 & 0.1349 & 1.5883 & -0.0205\\ -0.0009 & -0.6972 & 0.5807 & -0.0040 & -0.0221 & 2.6676\end{bmatrix}$$

对于鲁棒快速自适应故障估计方法选定自适应学习率 $\boldsymbol{\Gamma}=10\boldsymbol{I}^{2\times 2}$，对于性能指标选定

参数 $c_1 = 20$，$c_2 = 1$，$\lambda = 2$，$\tau = 1$。仿真步长设为 0.001s。

下面分别采用本节所提出的故障诊断方法和文献[54]里的故障估计算法对上述情况进行仿真。图 2.17 为用本节所提出方法估计的故障值，图 2.18 为用文献[54]中的方法估计的故障输出。由结果可看出文献[54]中的方法对于卡死故障时失效的，在系统发生执行器卡死故障后，该方法的故障估计值与故障真实值不符，估计值变为执行器的饱和上限值。而本节提出的算法可有效地估计出执行器卡死故障的值，在故障发生后的 1~2s 内故障估计值就稳定在故障的真实值，快速性和准确性都比较高，且在系统加入了白噪声干扰时故障估计曲线基本没有波动，这说明提出的故障估计算法对系统外部干扰的抑制作用也很明显，这也和本节前面的理论分析相吻合。

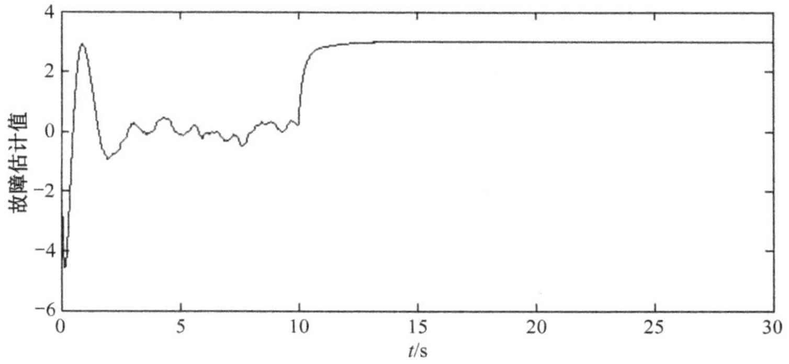

图 2.17　基于本节提出方法的后推进器故障估计

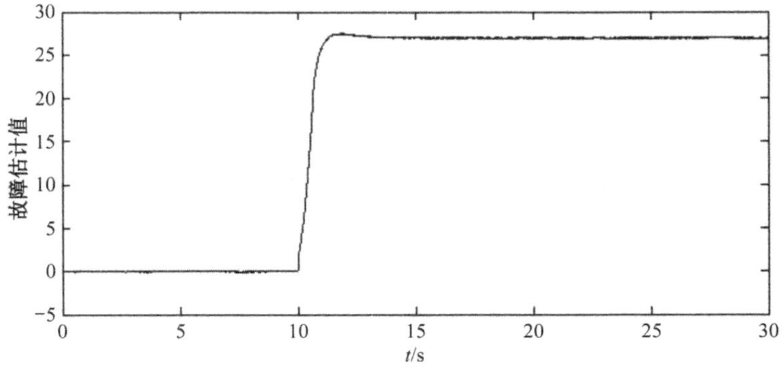

图 2.18　基于文献[54]中方法的后推进器故障估计

上面通过故障估计的仿真曲线验证了本节提出的鲁棒快速自适应故障估计方法的正确性，下面再通过性能指标曲线来验证多模型方案的有效性。图 2.19 为上述故障发生时模型集里各个模型产生的残差的性能指标，J0 对应为系统正常时的情况，J1 对应于前执行器发生卡死故障时的情况，J2 对应于后执行器发生卡死故障时的情况。由仿真图 2.19

可看出当系统发生后执行器卡死故障后，性能指标 J2 最终近乎为 0，而性能指标 J0 与 J1 都不为零且数值很大，这样 J2 所对应的故障模型与实际系统最为匹配，即可判断出系统发生后执行卡死故障。为进一步分析，将 0~10s 时性能曲线放大，图 2.20 为图 2.19 中各曲线在 0~10s 时的值。可看出 0~10s 时直升机系统没发生故障，处于正常运行状态，这时 J0 比另外两个性能指标小很多并近乎为零，即此时模型集中对应于正常系统的模型与当前实际系统模型最为匹配。由数字仿真结果可看出本节提出的故障诊断方法是正确合理的。

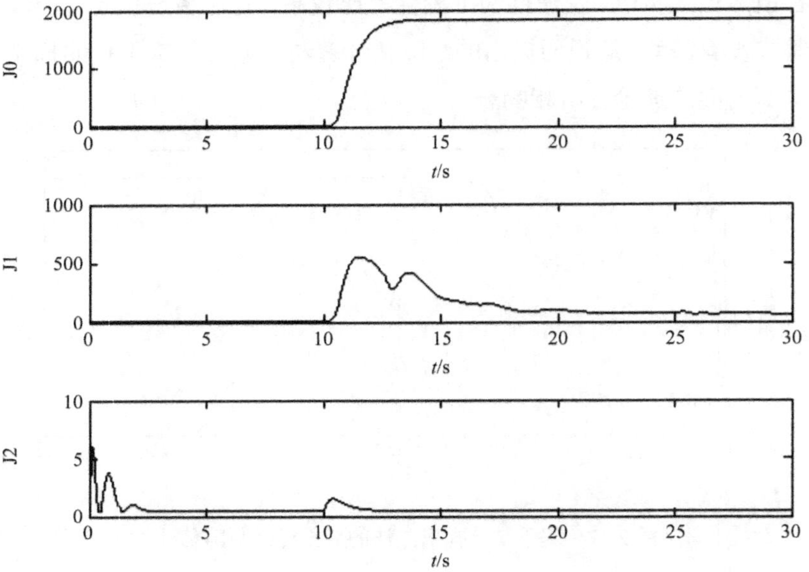

图 2.19　后推进器发生卡死故障时各个模型的性能指标

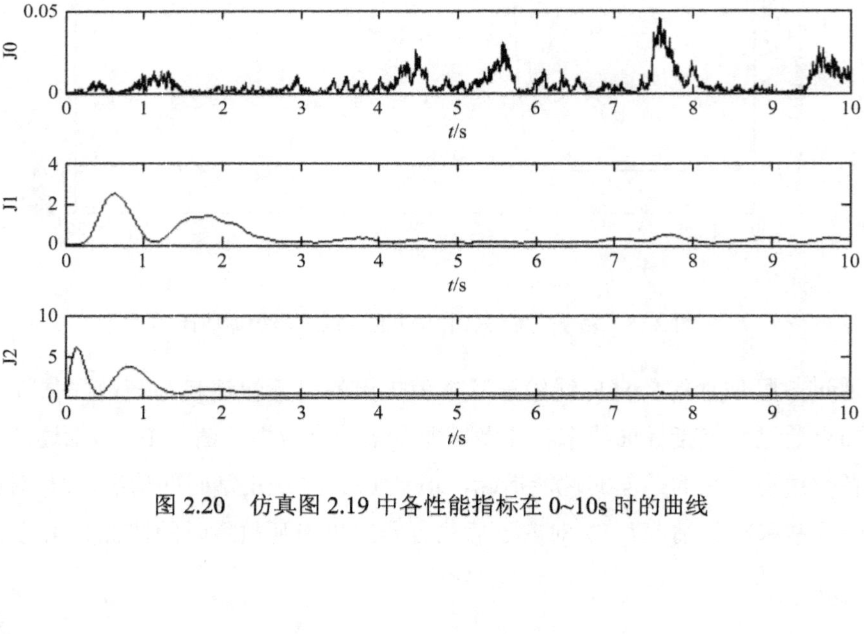

图 2.20　仿真图 2.19 中各性能指标在 0~10s 时的曲线

2. 故障诊断半物理验证

为了验证方法的实用性，仅用上面的数字仿真是不够的，这里将在三自由度双旋翼直升机半物理仿真平台上进行实时验证。

假设三自由度直升机在正常运行到 25s 时执行器发生故障，故障形式为电压损失 3V，令 $\boldsymbol{f}(t)=\begin{bmatrix} f_1(t) & f_2(t)\end{bmatrix}^{\mathrm{T}}$，这时故障模型可表示为：

$$f_1(t)=0\,,\quad f_2(t)=\begin{cases}0 & 0\leqslant t<25\\ -3 & t\geqslant 25\end{cases} \tag{2.48}$$

由于系统发生执行器故障，所以故障分布矩阵可以认为就是系统的输入矩阵即 $\boldsymbol{E}_f=\boldsymbol{B}$，同样取鲁棒性能指标 $\gamma=1$，自适应学习率 $\boldsymbol{\Gamma}=10\boldsymbol{I}^{2\times 2}$，利用 MATLAB 中的 LMI 工具箱求解式（2.17）~式（2.18），得到如下设计参数值：

$$\boldsymbol{P}=\begin{bmatrix} 1.2900 & 0.0000 & -0.0000 & -0.0352 & 0.0000 & 0.0000\\ 0.0000 & 1.3398 & -0.0211 & -0.0000 & -0.0377 & 0.2733\\ -0.0000 & -0.0211 & 1.3775 & -0.0000 & 0.0001 & -0.2329\\ -0.0352 & -0.0000 & -0.0000 & 1.3771 & 0.0000 & 0.0000\\ 0.0000 & -0.0377 & 0.0001 & 0.0000 & 1.3656 & -0.0025\\ 0.0000 & 0.2733 & -0.2329 & 0.0000 & -0.0025 & 1.4102 \end{bmatrix}$$

$$\boldsymbol{F}=\begin{bmatrix} -0.0030 & -0.0219 & 0.0001 & 0.1182 & 0.7934 & -0.0015\\ -0.0030 & 0.0219 & -0.0001 & 0.1181 & -0.7934 & 0.0015 \end{bmatrix}$$

$$\boldsymbol{L}=\begin{bmatrix} 2.9437 & -0.0000 & -0.0000 & 0.7676 & -0.0000 & 0.0000\\ -0.0000 & 2.8951 & -0.0541 & -0.0000 & 0.7785 & -0.8084\\ 0.0000 & -0.0559 & 2.9136 & 0.0000 & 0.0020 & 0.6441\\ 0.0285 & -0.0000 & -0.0000 & 1.6617 & 0.0000 & -0.0000\\ -0.0000 & 0.0278 & -0.0000 & 0.0000 & 1.6568 & -0.0242\\ -0.0000 & -0.7766 & 0.6466 & -0.0000 & -0.0188 & 2.9447 \end{bmatrix}$$

分别采用本节所提出的鲁棒快速自适应故障估计方法和文献[54]里的故障估计算法对上述情况进行半物理实时验证，图 2.21 为用本节所提出的方法估计的故障值，图 2.22 为用文献[54]中的方法估计的故障输出。

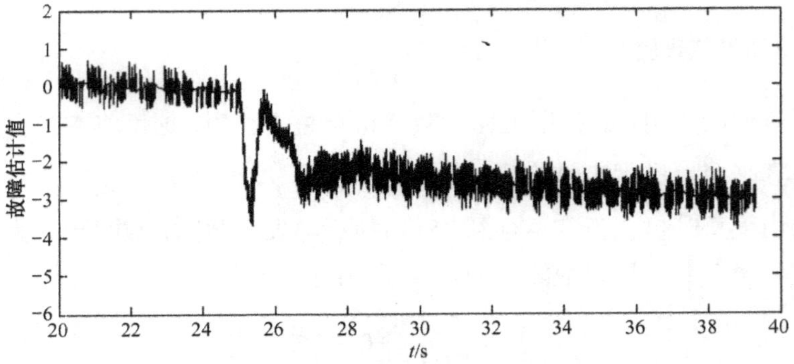

图 2.21 基于本节提出方法的后推进器实时故障估计

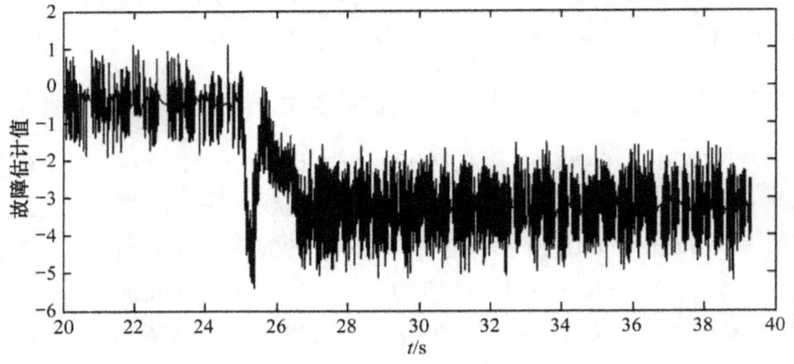

图 2.22 基于文献[54]中方法的后推进器实时故障估计

由图 2.21、图 2.22 可看出两个方法都能够估计出发生的故障大小，且故障估计值也能较快地实际收敛到真值附近，而本节提出的算法在鲁棒性上明显优于文献[54]中的方法，在对外部扰动和不确定性的抑制上效果明显。但估计误差与上一小节的数字仿真相比还是偏大，且估计值一直在故障的真值附近上下波动。这与很多因素有关，首先是建模产生的误差，本节所用的模型是 2.2 节中针对三自由度双旋翼直升机建立的线性定模型，它在建模的过程中提出了一些假设条件并忽略了很多因素的影响；其次是三自由度双旋翼直升机半物理仿真平台上所安装的传感器具有测量误差，这也会对故障诊断结果产生较大的影响。

2.4 基于自适应滑模观测器的执行器时变故障诊断

通过分析 2.2 节中建立的三自由度双旋翼直升机的非线性模型可知，它是一个满足 Lipschitz 条件的仿射非线性系统。本节研究一个满足 Lipschitz 条件的仿射非线性控制系统，针对该控制系统执行器发生时变故障的情况，设计一个基于自适应滑模观测器的故障重构方法。自适应滑模观测器有效融合了自适应观测器和滑模观测器各自的优点，越来越多的学者将自适应滑模观测器应用于故障诊断方向，目前的成果也已有很多[55-56]，但绝大部分故障诊断方法都要求故障大小不随时间变化或随时间变化缓慢，换言之即要求故障函数的一阶导数为零；而本节提出一种新型的基于自适应滑模观测的故障重构算法，该方法在故障为时变时依然适用。将该方法应用到三自由度双旋翼直升机的非线性模型上，仿真结果证明了该方法的有效性。

滑模观测器是在滑模变结构控制的基础上发展起来的，它不仅继承了滑模变结构控制方法具有很好的鲁棒性的特点，这使得它对系统精确数学模型的依赖大大降低；同样也继承了滑模变结构控制方法算法简单、易于实现的优点。目前有关滑模观测器的研究主要是基于以下两种设计方法设计的：一类是 Walcott 和 Zak[57-58]提出的一种基于李雅普诺夫方法来设计的带有不连续切换项的滑模观测器；另一类是滑模观测器的设计方法的基本思想是基于 Edwards-Spurgeon[59-61]提出的滑模观测器的设计方法。本节提出的自适应滑模观测器是基于 Walcott-Zak 观测器方法设计的，而传统的基于 Walcott-Zak 观测器方法的设计都需要已知系统外部干扰的上界，当实际控制系统干扰的上界未知时，设计时为了确保系统能满足滑动模态的条件，滑模观测器中不连续项的增益必须选择较大的值，如此一来，又会使系统产生较大的抖振。为解决这一问题，本节提出了一种自适应的方法来实时调整自适应滑模观测器中不连续项的增益值，在保证滑模条件成立的前提下尽可能地减少这一增益值，达到消减系统抖振的目的。

2.4.1　系统描述

假设一个发生执行器加性故障的非线性控制系统，其故障系统的数学模型描述为：

$$\dot{\boldsymbol{x}}(t)=\boldsymbol{A}\boldsymbol{x}(t)+\boldsymbol{g}(\boldsymbol{x},t)+\boldsymbol{B}\boldsymbol{u}(t)+\boldsymbol{E}_d\boldsymbol{d}(t)+\boldsymbol{E}_f\boldsymbol{f}(t) \tag{2.49}$$

$$\boldsymbol{y}(t)=\boldsymbol{C}\boldsymbol{x}(t) \tag{2.50}$$

式中，$\boldsymbol{x}(t)\in\boldsymbol{R}^n$ 是状态向量；$\boldsymbol{u}(t)\in\boldsymbol{R}^m$ 是输入向量；$\boldsymbol{y}(t)\in\boldsymbol{R}^p$ 是输出向量；$\boldsymbol{d}(t)\in\boldsymbol{R}^q$ 是系统未知的有界干扰向量；$\boldsymbol{f}(t)\in\boldsymbol{R}^r$ 是系统执行器故障；$\boldsymbol{A}$、$\boldsymbol{B}$、$\boldsymbol{C}$、$\boldsymbol{E}_d$、$\boldsymbol{E}_f$ 是相应维数的已知矩阵。先给出以下几个假设条件：

（1）系统完全可观。

（2）假设存在矩阵 $\boldsymbol{L}\in\boldsymbol{R}^{n\times p}$、$\boldsymbol{F}_1\in\boldsymbol{R}^{q\times p}$、$\boldsymbol{F}_2\in\boldsymbol{R}^{r\times p}$ 和对称正定矩阵 $\boldsymbol{P}\in\boldsymbol{R}^{n\times n}$、$\boldsymbol{Q}\in\boldsymbol{R}^{n\times n}$

使得有如下等式成立：

$$P(A-LC)+(A-LC)^{\mathrm{T}}P=-Q \tag{2.51}$$

$$E_f^{\mathrm{T}}P=F_2C \tag{2.52}$$

$$E_d^{\mathrm{T}}P=F_1C \tag{2.53}$$

（3）$g(x,t)$ 为一连续的非线性函数，且满足 Lipschitz 条件，即存在正的 Lipschitz 常数 γ 使得 $\|g(x_1,t)-g(x_2,t)\|\leqslant\gamma\|x_1-x_2\|$。

（4）假设系统外部干扰范数有界，即存在常数 M 使得 $\|d(t)\|\leqslant M$，假设 M 未知。

引理 2.1[62]：存在对称正定矩阵 $Q\in R^{n\times n}$ 和 n 维向量 x，$y\in R^n$，使得如下不等式成立：

$$2x^{\mathrm{T}}y\leqslant x^{\mathrm{T}}Qx+y^{\mathrm{T}}Q^{-1}y \tag{2.54}$$

引理 2.2[63]：如果 $g(x,t)$ 为一连续的非线性函数，满足 Lipschitz 条件且 Lipschitz 常数为 γ，则存在对称正定矩阵 P 使得如下不等式成立：

$$2e^{\mathrm{T}}P(g(x_1,t)-g(x_2,t))\leqslant\gamma^2e^{\mathrm{T}}PPe+e^{\mathrm{T}}e \tag{2.55}$$

式中，$e=x_1-x_2$。

引理 2.2 的证明可很容易的从引理 2.1 推导出来，在这里略去。

2.4.2 基于自适应滑模观测器的故障诊断方法

1. 自适应滑模观测器设计

针对故障系统式（2.49）~式（2.50）设计如下形式的自适应滑模观测器：

$$\dot{\hat{x}}(t)=A\hat{x}(t)+g(\hat{x},t)+Bu(t)+E_dv(t)+E_f\hat{f}(t)-L(\hat{y}(t)-y(t)) \tag{2.56}$$

$$\hat{y}(t)=C\hat{x}(t) \tag{2.57}$$

式中，$\hat{x}\in R^n$ 是观测器的状态向量；$\hat{y}(t)\in R^p$ 是观测器的输出向量；$\hat{f}(t)\in R^r$ 为故障 $f(t)$ 的估计值；$v(t)$ 为如下形式的不连续项：

$$v(t)=\begin{cases}-m(t)\dfrac{F_1e_y(t)}{\|F_1e_y(t)\|} & ,e_y(t)\neq 0\\ 0 & ,e_y(t)=0\end{cases} \tag{2.58}$$

式中，$\boldsymbol{m}(t)$ 为滑模观测器不连续项增益，本节采用如下自适应律来实时更新 $\boldsymbol{m}(t)$ 的值以解决系统干扰上界未知的情况：

$$\dot{\boldsymbol{m}}(t)=\Lambda\left\|\boldsymbol{F}_1\boldsymbol{e}_y(t)\right\| \tag{2.59}$$

式中，Λ 为一正的常数，$\boldsymbol{F}_1$ 和 $\boldsymbol{e}_y(t)$ 在后面定义。

为了讨论观测器的稳定性，定义状态估计误差向量、输出估计误差向量、故障估计误差向量和滑模观测器不连续项增益误差向量分别为如下形式：

$$\boldsymbol{e}_x(t)=\hat{\boldsymbol{x}}(t)-\boldsymbol{x}(t) \tag{2.60}$$

$$\boldsymbol{e}_y(t)=\hat{\boldsymbol{y}}(t)-\boldsymbol{y}(t) \tag{2.61}$$

$$\boldsymbol{e}_f(t)=\hat{\boldsymbol{f}}(t)-\boldsymbol{f}(t) \tag{2.62}$$

$$\tilde{\boldsymbol{m}}(t)=\boldsymbol{m}(t)-M \tag{2.63}$$

则由式（2.49）~式（2.50）和式（2.56）~式（2.57）可得误差动态方程为：

$$\dot{\boldsymbol{e}}_x(t)=(\boldsymbol{A}-\boldsymbol{LC})\boldsymbol{e}_x(t)+\boldsymbol{g}(\hat{\boldsymbol{x}},t)-\boldsymbol{g}(\boldsymbol{x},t)+\boldsymbol{E}_f\boldsymbol{e}_f(t)+\boldsymbol{E}_d(\boldsymbol{v}(t)-\boldsymbol{d}(t)) \tag{2.64}$$

$$\boldsymbol{e}_y(t)=\boldsymbol{C}\boldsymbol{e}_x(t) \tag{2.65}$$

本节考虑系统执行器发生时变故障，则故障估计误差的导数为 $\dot{\boldsymbol{e}}_f(t)=\dot{\hat{\boldsymbol{f}}}(t)-\dot{\boldsymbol{f}}(t)$。且假设故障的导数范数有界，即 $\left\|\dot{\boldsymbol{f}}(t)\right\|\leqslant f_1$，$0\leqslant f_1\leqslant\infty$。

定理 2.2： 将自适应滑模观测器式（2.56）~式（2.57）应用于系统式（2.49）~式（2.50），若存在对称正定矩阵 $\boldsymbol{P}\in\boldsymbol{R}^{n\times n}$，$\boldsymbol{G}\in\boldsymbol{R}^{r\times r}$ 和矩阵 $\boldsymbol{Y}\in\boldsymbol{R}^{n\times p}$，$\boldsymbol{F}_1\in\boldsymbol{R}^{q\times p}$，$\boldsymbol{F}_2\in\boldsymbol{R}^{r\times p}$ 满足 2.4.1 节中假设（1）～（4）和以下不等式：

$$\Psi=\begin{bmatrix}\boldsymbol{PA}+\boldsymbol{A}^{\mathrm{T}}\boldsymbol{P}-\boldsymbol{YC}-\boldsymbol{C}^{\mathrm{T}}\boldsymbol{Y}^{\mathrm{T}}+\boldsymbol{I} & 0 & \boldsymbol{P}\\ * & \boldsymbol{G} & 0\\ * & * & -\gamma^{-2}\boldsymbol{I}\end{bmatrix}<0 \tag{2.66}$$

则采用如下形式的自适应故障估计算法：

$$\dot{\hat{\boldsymbol{f}}}(t)=-\boldsymbol{\varGamma}\boldsymbol{F}_2\boldsymbol{e}_y(t) \tag{2.67}$$

可使得误差系统中的状态估计误差向量和故障估计误差向量有界。式中，$\boldsymbol{L}=\boldsymbol{P}^{-1}\boldsymbol{Y}$；*是在对称矩阵中的对称位置的元素，$\boldsymbol{\Gamma}\in\boldsymbol{R}^{r\times r}$为自适应学习率，满足$\boldsymbol{\Gamma}>0$。

2．稳定性证明

上面将本节提出的新型基于自适应滑模观测器的故障重构方法以定理2.2的形式给出了，在这一小节中将证明该定理的正确性，选取如下形式的李雅普诺夫函数：

$$V(t)=\boldsymbol{e}_x^{\mathrm{T}}(t)\boldsymbol{P}\boldsymbol{e}_x(t)+\boldsymbol{e}_f^{\mathrm{T}}(t)\boldsymbol{\Gamma}^{-1}\boldsymbol{e}_f(t)+\tilde{\boldsymbol{m}}^{\mathrm{T}}(t)\Lambda^{-1}\tilde{\boldsymbol{m}}(t) \tag{2.68}$$

对$V(t)$求关于时间的导数可得：

$$\begin{aligned}\dot{V}(t)&=\dot{\boldsymbol{e}}_x^{\mathrm{T}}(t)\boldsymbol{P}\boldsymbol{e}_x(t)+\boldsymbol{e}_x^{\mathrm{T}}(t)\boldsymbol{P}\dot{\boldsymbol{e}}_x(t)+2\boldsymbol{e}_f^{\mathrm{T}}(t)\Gamma^{-1}\dot{\boldsymbol{e}}_f(t)+2\dot{\boldsymbol{m}}(t)\Lambda^{-1}\tilde{\boldsymbol{m}}(t)\\&=\boldsymbol{e}_x^{\mathrm{T}}(t)[\boldsymbol{P}(\boldsymbol{A}-\boldsymbol{L}\boldsymbol{C})+(\boldsymbol{A}-\boldsymbol{L}\boldsymbol{C})^{\mathrm{T}}\boldsymbol{P}]e_x(t)+2\boldsymbol{e}_x^{\mathrm{T}}\boldsymbol{P}(\boldsymbol{g}(\hat{\boldsymbol{x}},t)-\boldsymbol{g}(\boldsymbol{x},t))\\&\quad+2\boldsymbol{e}_x^{\mathrm{T}}\boldsymbol{P}\boldsymbol{E}_d(\boldsymbol{v}(t)-\boldsymbol{d}(t))+2\boldsymbol{e}_x^{\mathrm{T}}(t)\boldsymbol{P}\boldsymbol{E}_f\boldsymbol{e}_f(t)+2\boldsymbol{e}_f^{\mathrm{T}}(t)\boldsymbol{\Gamma}^{-1}\dot{\hat{\boldsymbol{f}}}(t)\\&\quad-2\boldsymbol{e}_f^{\mathrm{T}}(t)\boldsymbol{\Gamma}^{-1}\dot{\boldsymbol{f}}(t)+2\left\|\boldsymbol{F}_1\boldsymbol{e}_y(t)\right\|(\boldsymbol{m}(t)-M)\end{aligned} \tag{2.69}$$

利用引理2.1，可得：

$$\begin{aligned}-2\boldsymbol{e}_f^{\mathrm{T}}(t)\boldsymbol{\Gamma}^{-1}\dot{\boldsymbol{f}}(t)&\leqslant\boldsymbol{e}_f^{\mathrm{T}}(t)\boldsymbol{G}\boldsymbol{e}_f(t)+\dot{\boldsymbol{f}}^{\mathrm{T}}(t)\boldsymbol{\Gamma}^{-1}\boldsymbol{G}^{-1}\boldsymbol{\Gamma}^{-1}\dot{\boldsymbol{f}}(t)\\&\leqslant\boldsymbol{e}_f^{\mathrm{T}}(t)\boldsymbol{G}\boldsymbol{e}_f(t)+\boldsymbol{f}_1^2\lambda_{\max}(\boldsymbol{\Gamma}^{-1}\boldsymbol{G}^{-1}\boldsymbol{\Gamma}^{-1})\end{aligned} \tag{2.70}$$

式中，$\lambda_{\max}(\cdot)$是矩阵的最大特征根，令$\eta=\boldsymbol{f}_1^2\lambda_{\max}(\boldsymbol{\Gamma}^{-1}\boldsymbol{G}^{-1}\boldsymbol{\Gamma}^{-1})$。

由式（2.52）和式（2.67）可知

$$2\boldsymbol{e}_x^{\mathrm{T}}(t)\boldsymbol{P}\boldsymbol{E}_f\boldsymbol{e}_f(t)+2\boldsymbol{e}_f^{\mathrm{T}}(t)\boldsymbol{\Gamma}^{-1}\dot{\hat{\boldsymbol{f}}}(t)=2\boldsymbol{e}_x^{\mathrm{T}}(t)\boldsymbol{P}\boldsymbol{E}_f\boldsymbol{e}_f(t)-2\boldsymbol{e}_f^{\mathrm{T}}(t)\boldsymbol{\Gamma}^{-1}\boldsymbol{\Gamma}\boldsymbol{F}_2\boldsymbol{e}_y=0 \tag{2.71}$$

由式（2.53）可知

$$\begin{aligned}2\boldsymbol{e}_x^{\mathrm{T}}\boldsymbol{P}\boldsymbol{E}_d(\boldsymbol{v}(t)-\boldsymbol{d}(t))&=2(\boldsymbol{F}_1\boldsymbol{e}_y(t))^{\mathrm{T}}\left(-\boldsymbol{m}(t)\frac{\boldsymbol{F}_1\boldsymbol{e}_y(t)}{\left\|\boldsymbol{F}_1\boldsymbol{e}_y(t)\right\|}-\boldsymbol{d}(t)\right)\\&\leqslant-2\left\|\boldsymbol{F}_1\boldsymbol{e}_y(t)\right\|(\boldsymbol{m}(t)-M)\end{aligned} \tag{2.72}$$

再根据引理2.2，可得如下不等式：

$$2\boldsymbol{e}_x^{\mathrm{T}}\boldsymbol{P}(\boldsymbol{g}(\hat{\boldsymbol{x}},t)-\boldsymbol{g}(\boldsymbol{x},t))\leqslant\gamma^2\boldsymbol{e}_x^{\mathrm{T}}\boldsymbol{P}\boldsymbol{P}\boldsymbol{e}_x+\boldsymbol{e}_x^{\mathrm{T}}\boldsymbol{e}_x \tag{2.73}$$

将式（2.70）~式（2.73）代入式（2.69），则可得：

$$\dot{\boldsymbol{V}}(t)\leqslant\boldsymbol{e}_x^{\mathrm{T}}(t)[\boldsymbol{P}(\boldsymbol{A}-\boldsymbol{L}\boldsymbol{C})+(\boldsymbol{A}-\boldsymbol{L}\boldsymbol{C})^{\mathrm{T}}\boldsymbol{P}+\gamma^2\boldsymbol{P}\boldsymbol{P}+\boldsymbol{I}]\boldsymbol{e}_x(t)+\boldsymbol{e}_f^{\mathrm{T}}(t)\boldsymbol{G}\boldsymbol{e}_f(t)+\eta \tag{2.74}$$

令 $\xi(t)=[e_x^{\mathrm{T}}(t)\ \ e_f^{\mathrm{T}}(t)]^{\mathrm{T}}$，则式（2.74）可化简为：

$$\dot{V}(t)\leqslant\xi^{\mathrm{T}}(t)\boldsymbol{\Phi}\xi(t)+\eta \tag{2.75}$$

式中，$\boldsymbol{\Phi}=\begin{bmatrix}\boldsymbol{P}(\boldsymbol{A}-\boldsymbol{LC})+(\boldsymbol{A}-\boldsymbol{LC})^{\mathrm{T}}\boldsymbol{P}+\gamma^2\boldsymbol{PP}+\boldsymbol{I} & 0\\ 0 & \boldsymbol{G}\end{bmatrix}$。

根据矩阵的 Schur 补定理[63]可知，$\boldsymbol{\Psi}<0$ 等价于 $\boldsymbol{\Phi}<0$，再令 $\sigma=\lambda_{\min}(-\boldsymbol{\Phi})$，则

$$\dot{V}(t)\leqslant-\sigma\|\xi(t)\|^2+\eta \tag{2.76}$$

当 $\sigma\|\xi(t)\|^2>\eta$ 时，$\dot{V}(t)<0$，即 $\xi(t)$ 收敛到一个区间 $\left\{\xi(t)\middle|\|\xi(t)\|^2\leqslant\dfrac{\eta}{\sigma}\right\}$，由此可得出系统状态估计误差向量和故障估计误差向量保持有界。定理证明完毕。

注释 2.4： 2.4 节中已经说明定理的存在条件中假设（2）与的 2.3 节中假设（2）和（3）是等价的。

注释 2.5： 定理的求解方法可参考 2.3 节中的注释 2.2。

注释 2.6： 本节为了解决干扰上界未知的问题，设计采用了一自适应律在线更新滑模观测器不连续项的增益，根据式（2.59）可知 $\boldsymbol{m}(t)$ 的算法为：

$$\boldsymbol{m}(t)=\Lambda\int_0^t\|\boldsymbol{F}_1\boldsymbol{e}_y(t)\|\mathrm{d}t+\boldsymbol{m}(0) \tag{2.77}$$

注释 2.7： 在滑模观测器设计中，利用不连续开关项 $\boldsymbol{v}(t)$ 令误差动态方程产生滑模运动，从而使观测器对扰动具有较好的鲁棒性，但不连续的开关项也给会系统带来了抖动以及因抖动而引起的高频干扰。为解决这一问题，在实际应用中，通常用一个具有如下形式的饱和函数来代替滑模观测器中的不连续开关项：

$$\boldsymbol{v}(t)=-\boldsymbol{m}(t)\frac{\boldsymbol{F}_1\boldsymbol{e}_y(t)}{\|\boldsymbol{F}_1\boldsymbol{e}_y(t)\|+\delta} \tag{2.78}$$

式中，δ 是一个很小的正数。

2.4.3 仿真与分析

2.4.2 节中提出了一种基于自适应滑模观测器的故障诊断方法，并从理论上证明了该方法的正确性，本小节将通过仿真验证该方法的合理性。这里选取三自由度双旋翼直升机

系统作为半物理仿真验证的平台，在 2.2 节中已建立了该直升机的非线性模型，考虑到系统可能存在外部的干扰，控制系统数学模型如下：

$$\dot{\boldsymbol{x}}(t)=\boldsymbol{A}_N\boldsymbol{x}(t)+\boldsymbol{g}(\boldsymbol{x},t)+\boldsymbol{B}\boldsymbol{u}(t)+\boldsymbol{E}_d\boldsymbol{d}(t) \tag{2.79}$$

$$\boldsymbol{y}(t)=\boldsymbol{C}\boldsymbol{x}(t) \tag{2.80}$$

式中，

$$\boldsymbol{A}_N=\begin{bmatrix}0&0&0&1&0&0\\0&0&0&0&1&0\\0&0&0&0&0&1\\0&0&0&0&0&0\\0&0&0&0&0&0\\0&0&0&0&0&0\end{bmatrix}\boldsymbol{B}=\begin{bmatrix}0&0\\0&0\\0&0\\0.0858&0.0858\\0.5810&-0.5810\\0&0\end{bmatrix}$$

$$\boldsymbol{C}=\begin{bmatrix}1&0&0&0&0&0\\0&1&0&0&0&0\\0&0&1&0&0&0\\0&0&0&1&0&0\\0&0&0&0&1&0\\0&0&0&0&0&1\end{bmatrix}\boldsymbol{g}(\boldsymbol{x},t)=\begin{bmatrix}0\\0\\0\\0\\0\\-1.23\sin(x_2)\end{bmatrix}\ E_d=\begin{bmatrix}1\\1\\1\\1\\1\\1\end{bmatrix}$$

1．故障诊断数字仿真

这里先进行数字仿真，系统发生执行器故障，故障分布矩阵可认为是输入矩阵 $\boldsymbol{E}_f=\boldsymbol{B}$，系统干扰选取为幅值在−1~+1 变化的白噪声。通过计算验证，易知系统模型式（2.79）~式（2.80）中的非线性项 $\boldsymbol{g}(\boldsymbol{x},t)$ 满足 Lipschitz 条件且 Lipschitz 常数可选为 $\gamma=1.5$。选定自适应学习率 $\boldsymbol{\Gamma}=100\boldsymbol{I}^{2\times2}$，$\Lambda=10$，仿真步长设为 0.001s。

利用 MATLAB 程序中的 LMI 工具箱可以求解式（2.52）、式（2.53）和式（2.66），从而得到如下设计参数值：

$$\boldsymbol{P}=\begin{bmatrix}1.1785&-0.0000&-0.0000&0.0000&0.0000&-0.0000\\-0.0000&1.1785&-0.0000&0.0000&-0.0000&-0.0000\\-0.0000&-0.0000&1.1785&-0.0000&-0.0000&0.0000\\0.0000&0.0000&-0.0000&1.1785&-0.0000&-0.0000\\0.0000&-0.0000&-0.0000&-0.0000&1.1785&-0.0000\\-0.0000&-0.0000&0.0000&-0.0000&-0.0000&1.1785\end{bmatrix}$$

$$L=\begin{bmatrix} 5.2173 & 17.7410 & 7.7943 & 9.5018 & 3.3567 & 20.1166 \\ -17.7410 & 5.2173 & 0.4206 & -5.4188 & -38.0864 & -4.8537 \\ -7.7943 & -0.4206 & 5.2173 & 12.9403 & -14.1420 & -1.1993 \\ -8.5018 & 5.4188 & -12.9403 & 5.2173 & 9.7843 & 2.3253 \\ -3.3567 & 39.0864 & 14.1420 & -9.7843 & 5.2173 & 0.5421 \\ -20.1166 & 4.8537 & 2.1993 & -2.3253 & -0.5421 & 5.2173 \end{bmatrix}$$

$$F_1=\begin{bmatrix} 1.1785 & 1.1785 & 1.1785 & 1.1785 & 1.1785 & 1.1785 \end{bmatrix}$$

$$F_2=\begin{bmatrix} 0.0000 & 0.0000 & -0.0000 & 0.1011 & 0.6847 & -0.0000 \\ 0.0000 & -0.0000 & 0.0000 & 0.1011 & -0.6847 & 0.0000 \end{bmatrix}$$

下面分别针对常值故障和时变故障两种情况对本节所提出的故障诊断方法进行仿真，设故障信号为 $\boldsymbol{f}(t)=[\boldsymbol{f}_1(t)\quad \boldsymbol{f}_2(t)]^{\mathrm{T}}$。

1）常值故障

图 2.23 为前后执行器发生常值故障时的故障真实曲线与故障估计曲线的仿真图。假设前执行器故障发生在 20s 时，故障值从 0 跳变为 1；后执行器故障发生在 5s 时，故障值从 0 跳变为 2，此时故障的形式如下：

$$\boldsymbol{f}_1(t)=\begin{cases}0 & 0<t<20\\ 1 & 20<t<40\end{cases},\quad \boldsymbol{f}_2(t)=\begin{cases}0 & 0<t<5\\ 2 & 5<t<40\end{cases} \tag{2.81}$$

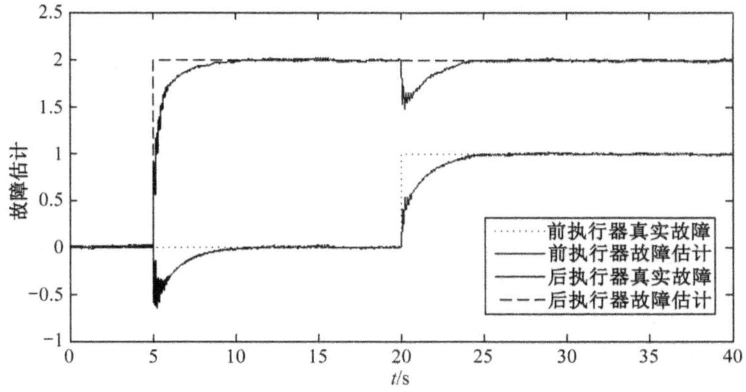

图 2.23　执行器常值故障估计曲线

由图 2.23 可看出本节所设计的基于自适应滑模观测器的故障诊断方法可很好地估计系统执行器发生的常值故障，而与 2.3 节中提出的鲁棒快速自适应故障估计算法相比，由于本节故障估计算法中没有引入输出误差信号的导数项，所以即使选取的自适应学习率有所增大在故障的估计速度还是有所下降，但依旧具有良好的快速性，故障估计值在故障发生后的 5s 左右就收敛到故障的真实值，且这次仿真中所加入的干扰信号相对于系统的状态信号来说已经很大，但由图 2.23 可看出自适应滑模观测器很好地抑制了扰动对系统的影响，故障的估计值只在真值附近有很小的波动。

2）时变故障

图 2.24 为系统后执行发生时变故障时，故障估计曲线和真实故障曲线。假设后执行器在 10s 时发生一个具有正弦函数形式的时变故障，故障形式如下：

$$f_1(t)=\begin{cases}0 & 0<t<10\\ \sin(0.5t) & 10<t<40\end{cases},\quad f_2(t)=0 \tag{2.82}$$

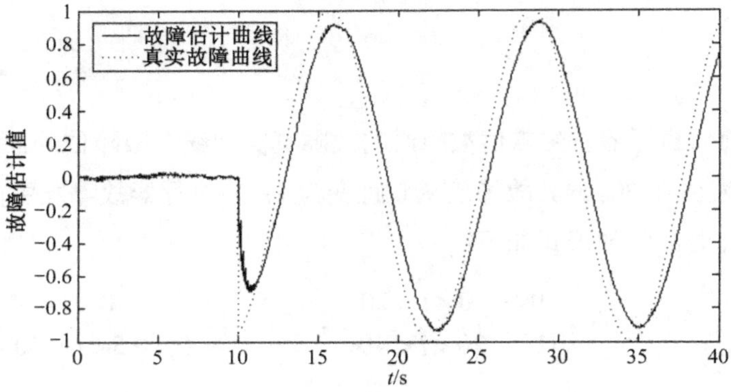

图 2.24　执行器时变故障估计曲线

由图 2.24 可看出设计的基于自适应滑模观测器的故障诊断方法对于系统执行器发生的时变故障也具有良好的效果，同样在系统具有较大外部干扰的情况下自适应滑模观测器很好地抑制了扰动的影响。但由于估计速率的问题，故障估计曲线有所滞后并且曲线的最大值与真实故障曲线相比也有所减少，当加大自适应学习率 $\boldsymbol{\Gamma}$ 值时这个现象可以得到改观。

2．故障诊断半物理实时验证

为了验证方法的实用性，仅用上面的数字仿真是不够的，这里在三自由度双旋翼直升机半物理仿真平台上进行半物理实时验证，验证本节所提出的故障诊断方法的可靠性和有效性。

假设直升机在运行到 25s 时执行器发生时变故障，在 25~28s 时故障大小随时间增大，到 28s 后故障大小保持在一个恒定值，系统在运行到 30s 时故障恢复，$\boldsymbol{f}(t)=\left[f_1(t)\quad f_2(t)\right]^{\mathrm{T}}$ 这时故障形式为：

$$f_1(t)=0\ ,\quad f_2(t)=\begin{cases}0 & 0\leqslant t<25\\ 25-t & 25\leqslant t<28\\ -3 & 28\leqslant t<30\\ 0 & t\geqslant 30\end{cases} \tag{2.83}$$

自适应滑模观测器参数的选取和计算与数字仿真时一致。图 2.25 为后执行器发生故障的真实曲线，图 2.26 为将本节提出的方法应用在三自由双旋翼直升机半物理仿真平台上得到的故障估计曲线。从仿真结果可看出，本节提出的方法在半物理实时验证时也能够估计出所发生故障的大小，但估计误差与数字仿真相比偏大，且估计值一直在真值附近上下波动，这同样与三自由度双旋翼直升机半物理仿真平台建模产生的误差、传感器测量的误差有关系。

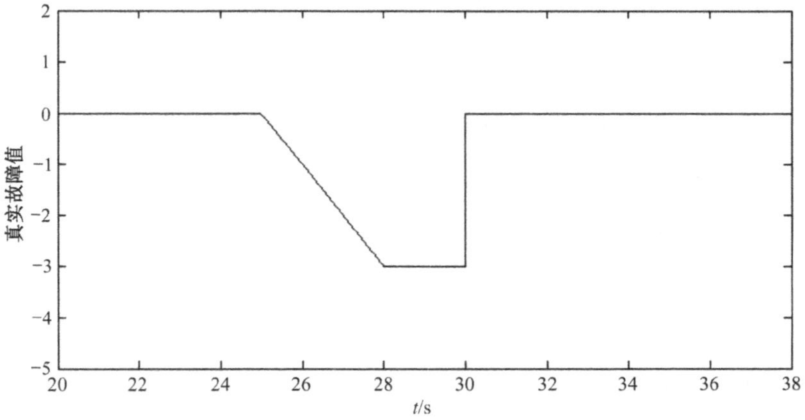

图 2.25　后推进器真实故障曲线

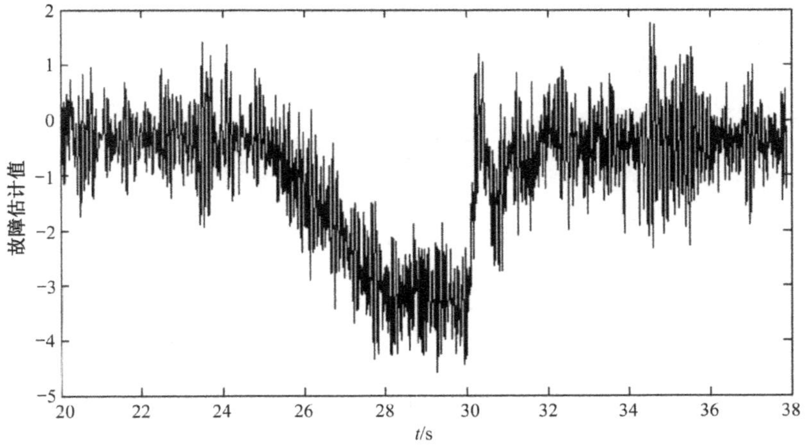

图 2.26 后推进器故障估计曲线

2.5 相对阶大于 1 的非线性系统执行器故障诊断

目前基于观测器设计的执行器故障诊断方法，无论是基于未知输入观测器设计，还是基于滑模观测器设计，都有必须满足的假设条件来保证观测器的存在性。用文字来表达就是系统输出到执行器故障的传递函数矩阵必须是最小相位和系统输出到执行器故障的相对阶必须为 1，在有些论文里这些条件也被称为观测器匹配条件[64]。本节主要研究当系统相对阶大于 1 时的执行器故障诊断方法，目前已有部分学者对于此类系统进行了相关研究，比较有代表性的是 Ng K. Y.和 Tan C. P. 的研究[65-67]。他们针对相对阶大于 1 的系统的故障重构问题采用了级联观测器的思路，通过滑模理论中等效输出的概念来进行故障重构。但目前的研究都仅局限在线性系统范畴，且该方法需要经过多次状态变换将控制系统的数学模型变换为一个具有标准型形式的数学模型，其间过程相对复杂。本节基于微分几何的一些知识通过构造辅助输出的方法来设计故障诊断方法，将该方法应用到三自由度双旋翼直升机的非线性模型上，仿真结果证明了该方法的正确性和有效性。

2.5.1 微分几何基本知识

本节在描述微分几何相关的数学工具时，将向量函数 $\boldsymbol{f}:\boldsymbol{R}^n \to \boldsymbol{R}^n$ 称为 $\boldsymbol{R}^n$ 上的一个矢量场，并且假设矢量场 $\boldsymbol{f}(\boldsymbol{x})$ 是平滑的，即具有任意阶连续偏导数。假设一个状态向量 $\boldsymbol{x}$ 的平滑的标量函数 $h(\boldsymbol{x})$，则它的梯度记为：

$$\nabla h = \frac{\partial h}{\partial \boldsymbol{x}} \tag{2.84}$$

$h(x)$ 它是以 $(\nabla h)_i = \dfrac{\partial h}{\partial x_i}$ 为元素的行矢量。

定义 2.1[68]：假设 $\boldsymbol{h}:\boldsymbol{R}^n \to \boldsymbol{R}$ 为一平滑的标量函数， $\boldsymbol{f}:\boldsymbol{R}^n \to \boldsymbol{R}^n$ 为 R^n 空间上的一个平滑的矢量场，则 h 对 f 的李导数是一个定义为 $L_f h = \nabla h \cdot f$ 的标量函数。

以上定义了一阶李导数，可以继续递归地定义多重李导数：

$$L_f^0 h = h \tag{2.85}$$

$$L_f^i h = L_f(L_f^{i-1}h) = \nabla(L_f^{i-1}h)f \tag{2.86}$$

类似的，如果 $\boldsymbol{g}$ 是 $\boldsymbol{R}^n$ 空间上的另外一个矢量场，则标量函数 $L_g L_f h(\boldsymbol{x})$ 定义为

$$L_g L_f h(x) = \nabla\left[L_f h(\boldsymbol{x})\right] f \tag{2.87}$$

如果假设如下具有单输入单输出的仿射非线性控制系统：

$$\dot{\boldsymbol{x}} = \boldsymbol{f}(\boldsymbol{x}) + \boldsymbol{g}(\boldsymbol{x})u \tag{2.88}$$

$$y = h(\boldsymbol{x}) \tag{2.89}$$

定义 2.2[68]：对于仿射非线性控制系统式（2.88）~式（2.89），如果对于 $\forall \boldsymbol{x} \in \Omega$，其中 Ω 是状态空间中的一个开连通区域，有如下性质：

$$L_g L_f^i h(\boldsymbol{x}) = 0 \quad 0 \leqslant i \leqslant r-2 \tag{2.90}$$

$$L_g L_f^{r-1} h(\boldsymbol{x}) \neq 0 \tag{2.91}$$

则称系统在 Ω 内的相对阶为 r 。

相对阶的意义其实为对系统的输出一直求导数，直到系统的输出中首次显含输入为止。

2.5.2　三自由度双旋翼直升机非线性模型分析

在 2.2 节中，建立了三自由度双旋翼直升机控制系统的非线性数学模型，可表示为如下非线性系统的形式：

$$\dot{\boldsymbol{x}}(t) = \boldsymbol{A}_N \boldsymbol{x}(t) + \boldsymbol{g}(\boldsymbol{x},t) + \boldsymbol{B}\boldsymbol{u}(t) \tag{2.92}$$

$$\boldsymbol{y}(t) = \boldsymbol{C}\boldsymbol{x}(t) \tag{2.93}$$

式中，各变量的定义参考 2.2 节。

在 2.3 节和 2.4 节中分别针对建立的线性系统和非线性系统设计了故障诊断观测器，这些设计都是建立在系统输出矩阵式单位阵的情况即系统输出向量就是状态向量的情况，这需要系统的状态都可测。对于三自由度双旋翼直升机平台来说，即要求直升机本体绕三个轴转动的角度信号和角速度信号都可测；但平台实际上只有三个角度信号可直接测量，三个角速度信号不可测量。前几节介绍半物理仿真时，都利用一种近似模拟逼近的方法解决姿态角速度信号不能直接测量得到的问题，根据传感器测量到的姿态角信号，使其通过一种预先设计

好形式和参数低通滤波器来估计其微分信号，即三自由度双旋翼直升机的角速度信号，这也是半物理仿真时故障估计曲线波动比较大的一个原因，滤波器的形式如下所示：

$$H(s)=\frac{\omega_c^2 s}{s^2+2\zeta\omega_c s+\omega_c^2} \tag{2.94}$$

式中，滤波器参数 $\omega_c=40\pi$，$\zeta=0.6$。分析该滤波器的频率特性可知道，在低频段它的频率特性曲线与标准微分环节的频率特性曲线十分接近，可较好的模拟微分环节，而在高频段相比于标准微分环节，滤波器式（2.94）具有较好的限幅能力，因此对于输入信号中的高频噪声又具有一定的抑制作用。而考虑到实际直升机飞行时角度信号的变化都比较缓慢，频域特性都分布在低频段，故应用该滤波器也能够模拟出角速度信号，所以通过角度传感器和设计的低通滤波器可认为三自由度双旋翼直升机控制系统的状态 $\boldsymbol{x}^{\mathrm{T}}=[\boldsymbol{\varepsilon},\boldsymbol{p},\boldsymbol{\lambda},\dot{\boldsymbol{\varepsilon}},\dot{\boldsymbol{p}},\dot{\boldsymbol{\lambda}}]$ 完全可测，这是前面两节设计故障诊断观测器的基础。

但通过低通滤波器逼近只是对角速度信号的模拟，存在一定的误差，这里主要研究在不引入低通滤波器来估计角速度，只依靠传感器测得的角度信号情况下的三自由度双旋翼直升机执行器故障诊断方法，这时控制系统的执行器加性故障模型变成如下形式：

$$\dot{\boldsymbol{x}}(t)=\boldsymbol{A}_N\boldsymbol{x}(t)+\boldsymbol{g}(\boldsymbol{x},t)+\boldsymbol{B}\boldsymbol{u}(t)+\boldsymbol{E}_f\boldsymbol{f}(t) \tag{2.95}$$

$$\boldsymbol{y}(t)=\boldsymbol{C}\boldsymbol{x}(t) \tag{2.96}$$

式中，$\boldsymbol{A}_N,\boldsymbol{B},\boldsymbol{g}(\boldsymbol{x},t)$ 与式（2.92）~式（2.93）中的定义一样，而输出矩阵变为：

$$\boldsymbol{C}=\begin{bmatrix}1&0&0&0&0&0\\0&1&0&0&0&0\\0&0&1&0&0&0\end{bmatrix}$$

系统发生执行器故障，故障分布矩阵即为输入矩阵 $\boldsymbol{E}_f=\boldsymbol{B}$，这时 $rank(\boldsymbol{CE}_f)\neq rank(\boldsymbol{E}_f)$，系统状态方程不满足前两节的假设条件，故前两节提出的方法不再适用。对于条件 $rank(\boldsymbol{CE}_f)=rank(\boldsymbol{E}_f)=r$，即要求该系统输出到故障的相对阶为 1。

2.5.3 基于构造辅助输出的执行器故障诊断

1．构造辅助输出的故障诊断方法

为方便构造辅助输出，将三自由度双旋翼直升机模型式（2.95）~式（2.96）改写为以下形式：

$$\dot{\boldsymbol{x}}=\boldsymbol{g}(\boldsymbol{x})+\boldsymbol{B}\boldsymbol{u}+\boldsymbol{E}_f\boldsymbol{f} \tag{2.97}$$

$$\boldsymbol{y}=\boldsymbol{h}(\boldsymbol{x}) \tag{2.98}$$

式中，$\boldsymbol{h}(x)=[\boldsymbol{h}_1,\boldsymbol{h}_2,\boldsymbol{h}_3]^{\mathrm{T}}$，$\boldsymbol{B}=[\boldsymbol{b}_1,\boldsymbol{b}_2]$，$\boldsymbol{E}_f=[\boldsymbol{E}_1,\boldsymbol{E}_2]$，$\boldsymbol{u}=[\boldsymbol{u}_1^{\mathrm{T}},\boldsymbol{u}_2^{\mathrm{T}}]^{\mathrm{T}}$，$\boldsymbol{f}=[\boldsymbol{f}_1^{\mathrm{T}},\boldsymbol{f}_2^{\mathrm{T}}]^{\mathrm{T}}$，其他各矩阵具体形式如下：

$$\boldsymbol{g}(x)=\begin{bmatrix} x_4 \\ x_5 \\ x_6 \\ 0 \\ 0 \\ -1.23\sin(x_2) \end{bmatrix} \quad \boldsymbol{E}_f=\boldsymbol{B}=\begin{bmatrix} 0 & 0 \\ 0 & 0 \\ 0 & 0 \\ 0.0858 & 0.0858 \\ 0.5810 & -0.5810 \\ 0 & 0 \end{bmatrix} \quad \boldsymbol{h}(\boldsymbol{x})=\begin{bmatrix} x_1 \\ x_2 \\ x_3 \end{bmatrix}$$

假设系统状态向量 $\boldsymbol{x}(t)$，执行器故障 $\boldsymbol{f}(t)$ 以及他们的导数范数有界，设系统输出相对于故障 $\boldsymbol{f}$ 具有相对阶向量 (r_1,r_2,r_3)，则满足：

$$\boldsymbol{L}_{Ej}\boldsymbol{L}_g^k\boldsymbol{h}_i(\boldsymbol{x})=0 \quad \forall j=1,2 \quad 0\leqslant k\leqslant r_i-2 \quad i=1,2,3 \tag{2.99}$$

$$\boldsymbol{L}_{Ej}\boldsymbol{L}_g^{ri-1}\boldsymbol{h}_i(\boldsymbol{x})\neq 0 \quad j=1,2 \tag{2.100}$$

经计算该系统输出的每一行 $\boldsymbol{h}_1,\boldsymbol{h}_2,\boldsymbol{h}_3$ 对故障的相对阶分别为 $r_1=r_2=2,r_3=4$。

构造如下增广辅助输出：

$$\boldsymbol{y}_a=\boldsymbol{h}_a(\boldsymbol{x})=[\boldsymbol{y}_{a1}^{\mathrm{T}} \quad \boldsymbol{y}_{a2}^{\mathrm{T}} \quad \boldsymbol{y}_{a3}^{\mathrm{T}}]^{\mathrm{T}} \tag{2.101}$$

式中，$\boldsymbol{y}_{ai}=[\boldsymbol{h}_i^{\mathrm{T}} \quad (\boldsymbol{L}_g\boldsymbol{h}_i)^{\mathrm{T}} \quad \cdots \quad (\boldsymbol{L}_g^{\alpha_i-1}\boldsymbol{h}_i)^{\mathrm{T}}]^{\mathrm{T}},1\leqslant\alpha_i\leqslant r_i,i=1,2,3$

通过观察三自由度双旋翼直升机的数学模型，发现具有如下性质：

$$\boldsymbol{L}_g\boldsymbol{h}_i=\boldsymbol{c}_i\boldsymbol{A}_N,i=1,2,3 \tag{2.102}$$

式中，$\boldsymbol{c}_i$ 为式（2.96）中输出矩阵 $\boldsymbol{C}$ 的第 i 行，取 $\alpha_1=\alpha_2=\alpha_3=1$ 时，系统辅助输出为：

$$\boldsymbol{y}_a=\boldsymbol{h}_a(x)=\begin{bmatrix} \boldsymbol{h}_1 \\ \boldsymbol{L}_g\boldsymbol{h}_1 \\ \boldsymbol{h}_2 \\ \boldsymbol{L}_g\boldsymbol{h}_2 \\ \boldsymbol{h}_3 \\ \boldsymbol{L}_g\boldsymbol{h}_3 \end{bmatrix}=\begin{bmatrix} \boldsymbol{c}_1\boldsymbol{x} \\ \boldsymbol{c}_1\boldsymbol{A}_N\boldsymbol{x} \\ \boldsymbol{c}_2\boldsymbol{x} \\ \boldsymbol{c}_2\boldsymbol{A}_N\boldsymbol{x} \\ \boldsymbol{c}_3\boldsymbol{x} \\ \boldsymbol{c}_3\boldsymbol{A}_N\boldsymbol{x} \end{bmatrix}=\boldsymbol{C}_a\boldsymbol{x} \tag{2.103}$$

考虑如下新系统，状态方程与式（2.92）一样而输出变为构造的辅助输出：

$$\dot{\boldsymbol{x}}(t)=\boldsymbol{A}_N\boldsymbol{x}(t)+\boldsymbol{g}(\boldsymbol{x},t)+\boldsymbol{B}\boldsymbol{u}(t)+\boldsymbol{E}_f\boldsymbol{f}(t) \tag{2.104}$$

$$\boldsymbol{y}_a(t)=\boldsymbol{C}_a\boldsymbol{x}(t) \tag{2.105}$$

式中，$\boldsymbol{A}_N,\boldsymbol{B},\boldsymbol{g}(\boldsymbol{x},t)$ 与式（2.92）~式（2.93）中的定义一样，而输出矩阵变为：

$$\boldsymbol{C}_a=\begin{bmatrix}1&0&0&0&0&0\\0&0&0&1&0&0\\0&1&0&0&0&0\\0&0&0&0&1&0\\0&0&1&0&0&0\\0&0&0&0&0&1\end{bmatrix}$$

这个新系统满足观测器匹配条件，对于这个新系统，可应用 2.4 节提出的定理 2.2 进行故障诊断。这里需要指出的是，系统实际的输出是 $\boldsymbol{y}$ 而不是 $\boldsymbol{y}_a$，辅助输出 $\boldsymbol{y}_a$ 不仅包含 $\boldsymbol{y}$ 也包含一些未知信息。故下面需要给出辅助输出在有限时间内的精确估计方法，在得到辅助输出的精确估计之后，用精确估计值代替观测器中 $\boldsymbol{y}_a$ 的值，以达到故障诊断的目的。

2．辅助输出的估计

对于系统状态向量微分的估计，早期的方法是采用差分或超前网络的方法来近似估计，如 2.5.2 节提出来的低通滤波器就是超前网络。近些年来，性能更优的各种微分器技术得到了较大发展，其中比较有代表性的成果有韩京清等人[69-70]提出的非线性跟踪-微分器和 Levant[71-72]提出的高阶滑模微分器。这里采用高阶滑模微分器来对辅助输出 $\boldsymbol{y}_a$ 进行估计，它吸纳了滑模变结构控制中的部分特点，具有鲁棒性强、估计精度高、收敛速度快等优点。

为了对 $\boldsymbol{y}_a$ 进行估计，需要得到 $\boldsymbol{y}_a$ 的状态空间描述的动态系统，根据系统式（2.97）~式（2.98），$\boldsymbol{y}_a$ 的状态空间描述可以通过对 $\boldsymbol{y}_{ai}$ 微分得到。

令 $\boldsymbol{y}_{ai,1}=\boldsymbol{h}_i$，对其求微分得

$$\dot{\boldsymbol{y}}_{ai,1}=\boldsymbol{L}_g\boldsymbol{h}_i+\sum\nolimits_{j=1}^{2}\boldsymbol{L}_{bj}\boldsymbol{h}_i\boldsymbol{u}_j+\sum\nolimits_{j=1}^{2}\boldsymbol{L}_{Ej}\boldsymbol{h}_i\boldsymbol{f}_j \tag{2.106}$$

根据式（2.99）得

$$\dot{\boldsymbol{y}}_{ai,1}=\boldsymbol{L}_g\boldsymbol{h}_i=\boldsymbol{y}_{ai,2} \tag{2.107}$$

再次求微分得

$$\dot{\boldsymbol{y}}_{ai,2}=\boldsymbol{L}_g^2\boldsymbol{h}_i+\sum_{j=1}^{2}\boldsymbol{L}_{bj}\boldsymbol{L}_g\boldsymbol{h}_i\boldsymbol{u}_j+\sum_{j=1}^{2}\boldsymbol{L}_{Ej}\boldsymbol{L}_g\boldsymbol{h}_i\boldsymbol{f}_j \tag{2.108}$$

继续带入式（2.99）得

$$\dot{\boldsymbol{y}}_{ai,2}=\boldsymbol{L}_g^2\boldsymbol{h}_i=\boldsymbol{y}_{ai,3} \tag{2.109}$$

依次求导直到r_i次：

$$\dot{\boldsymbol{y}}_{ai,ri}=\boldsymbol{L}_g^{ri}\boldsymbol{h}_i+\sum_{j=1}^{2}\boldsymbol{L}_{bj}\boldsymbol{L}_g^{ri-1}\boldsymbol{h}_i\boldsymbol{u}_j+\sum_{j=1}^{2}\boldsymbol{L}_{Ej}\boldsymbol{L}_g^{ri-1}\boldsymbol{h}_i\boldsymbol{f}_j \tag{2.110}$$

令 $\boldsymbol{y}_{ai,r_i+1}=\boldsymbol{\psi}=\boldsymbol{L}_g^{ri}\boldsymbol{h}_i+\sum_{j=1}^{2}\boldsymbol{L}_{Ej}\boldsymbol{L}_g^{ri-1}\boldsymbol{h}_i\boldsymbol{f}_j$，$\boldsymbol{\beta}=[\boldsymbol{L}_{b_1}\boldsymbol{L}_g^{ri-1}\boldsymbol{h}_i\quad \boldsymbol{L}_{b_2}\boldsymbol{L}_g^{ri-1}\boldsymbol{h}_i]$，且选取 $\boldsymbol{y}_{i1}=\boldsymbol{h}_i$ 为输出方程，则 $\boldsymbol{y}_{ai}$ 的状态空间表达式可表示为：

$$\begin{cases}\dot{\boldsymbol{y}}_{ai,1}=\boldsymbol{y}_{ai,2}\\ \dot{\boldsymbol{y}}_{ai,2}=\boldsymbol{y}_{ai,3}\\ \quad\vdots\\ \dot{\boldsymbol{y}}_{ai,r_i}=\boldsymbol{y}_{ai,r_i+1}+\boldsymbol{\beta}\boldsymbol{u}\\ \dot{\boldsymbol{y}}_{ai,r_i+1}=\dot{\boldsymbol{\psi}}\\ \boldsymbol{y}_{i1}=\boldsymbol{y}_{ai,1}=\boldsymbol{h}_i\end{cases} \tag{2.111}$$

基于本小节假设可知$\dot{\boldsymbol{\psi}}$未知但范数有界。

针对系统式（2.111），基于文献[74]中的方法，设计如下高阶滑模微分器：

$$\begin{cases}\dot{\boldsymbol{z}}_{i,1}=\boldsymbol{z}_{i,2}-\boldsymbol{w}_{i,1}\\ \quad\vdots\\ \dot{\boldsymbol{z}}_{i,r_i}=\boldsymbol{z}_{i,r_i+1}-\boldsymbol{w}_{i,r_i}+\boldsymbol{\beta}\boldsymbol{u}\\ \dot{\boldsymbol{z}}_{i,r_i+1}=-\boldsymbol{w}_{i,r_i+1}\end{cases} \tag{2.112}$$

其中

$$\begin{cases}\boldsymbol{w}_{i,0}=\boldsymbol{z}_{i,1}-\boldsymbol{y}_{i1}\\ \boldsymbol{w}_{i,j}=\lambda_{i,j}\left|\boldsymbol{w}_{i,j-1}\right|^{\frac{r_i-j+1}{r_i-j+2}}\operatorname{sgn}(\boldsymbol{w}_{i,j-1})\end{cases}$$

式中，$\lambda_{i,j}>0\ (j=1,2,\cdots,r_i+1)$为增益系数；sgn（·）为符号函数。

根据文献[71]、文献[73]可知，系统式（2.112）是系统式（2.111）的高阶滑模微分器，通过正确选取增益系数$\lambda_{i,j}$系统式（2.112）可用来精确估计系统式（2.111）的各个状态，即可实现对构造的辅助输出信号进行精确估计。

2.5.4 仿真与分析

这里将 2.5.3 节提出的方法在三自由度双旋翼直升机上进行仿真验证，系统模型为式（2.95）~式（2.96），设计的带有辅助输出的系统为式（2.104）~式（2.105）。辅助输出含有 $\boldsymbol{y}_{a1,2}$，$\boldsymbol{y}_{a2,2}$ 和 $\boldsymbol{y}_{a3,2}$ 信号，需要通过高阶滑模微分器式（2.112）进行估计。

根据计算，输出的每一行对故障的相对阶分别为 $r_1 = r_2 = 2, r_3 = 4$，按照式（2.112）分别设计三个高阶滑模微分器，设计增益系数分别为：$\lambda_{1,1} = \lambda_{2,1} = 6$，$\lambda_{1,2} = \lambda_{2,2} = 4$，$\lambda_{1,3} = \lambda_{2,3} = 1.5$，$\lambda_{3,1} = \lambda_{3,2} = \lambda_{3,3} = \lambda_{3,4} = 4$，$\lambda_{3,5} = 1.5$。

三自由度双旋翼直升机的期望输出设置成如下信号：航向角是一个幅值为 30° 频率为 0.03Hz 的方波信号，升降角是一个幅值为 7.5° 频率为 0.04Hz 的方波信号，俯仰角保持在 0°。假设直升机在运行到 10s 时执行器发生加性故障，此时故障形式为 $f(t) = [f_1(t) \quad f_2(t)]^{\mathrm{T}}$，其中

$$\boldsymbol{f}_1(t) = \begin{cases} 0 & 0 \leqslant t < 10 \\ 2 & t \geqslant 10 \end{cases}, \quad \boldsymbol{f}_2(t) = 0$$

下面分为系统没有干扰和存在干扰两种情况对系统进行仿真：

1. 系统无外部干扰

图 2.27 表示采用设计的高阶滑模微分器估计的辅助输出的曲线和实际曲线的比较，图 2.27（a）分别为 $\boldsymbol{y}_{a1,2}$，$\boldsymbol{y}_{a2,2}$ 和 $\boldsymbol{y}_{a3,2}$ 的真值，图 2.27（b）分别为 $\boldsymbol{y}_{a1,2}$，$\boldsymbol{y}_{a2,2}$ 和 $\boldsymbol{y}_{a3,2}$ 的估计值，由曲线可以看出设计的高阶滑模微分器可以很准确地估计辅助输出的值。

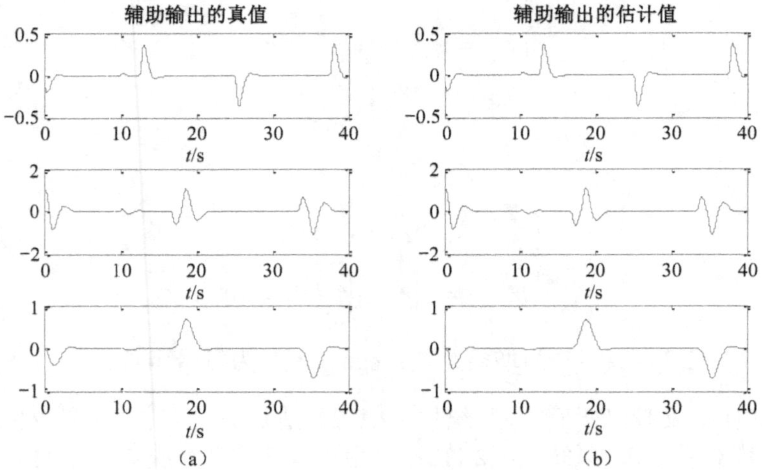

图 2.27 辅助输出的估计

图 2.28 为对构造辅助输出的系统应用 2.4 节提出的故障诊断算法得出的故障重构曲线，由图可看出基于构造辅助输出的方法可达到故障诊断的目的。图 2.29 为假设辅助输出信号直接可测，对该系统设计同样的故障诊断方法所得到的故障重构曲线。通过对比基于 2.5 节提出方法的故障重构曲线与辅助输出信号直接可测的系统的故障重构曲线，发现如果构造的辅助输出信号可测量得到，则故障估计曲线十分平滑且收敛到故障真值后不会产生上下波动，而构造的辅助输出信号无法测量时，基于 2.5 节提出方法的故障重构曲线存在小范围上下波动的情况，这是由于对辅助输出信号的估计就存在很小的波动。

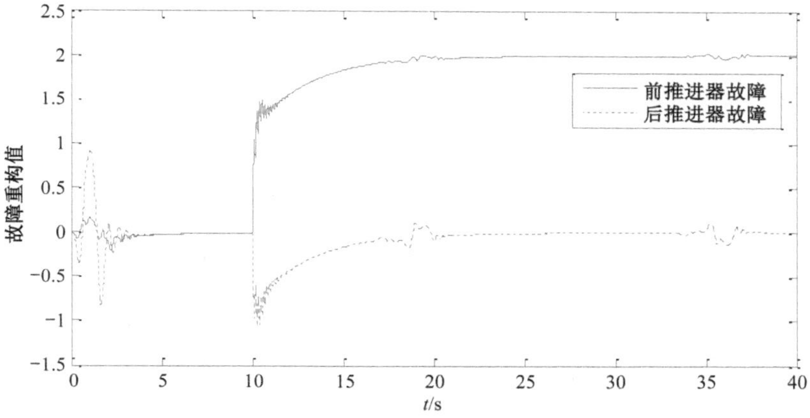

图 2.28　采用辅助输出系统的故障诊断

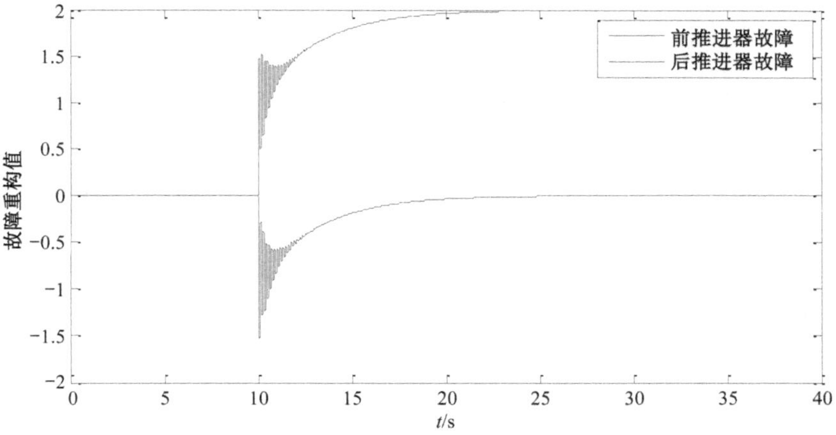

图 2.29　假设辅助输出可测的系统的故障诊断

2. 系统存在外部干扰

干扰信号选取为幅值在−0.1~+0.1 变化的白噪声。此时采用设计的高阶滑模微分器估计的辅助输出和其真值的误差曲线如图 2.30 所示，三张图分别为 $y_{a1,2}$，$y_{a2,2}$ 和 $y_{a3,2}$ 的估计值和真值之间的误差曲线，可见加入扰动后，高阶滑模微分器依然能估计出辅助输出，并且对扰动信号也具有一定的抑制作用。

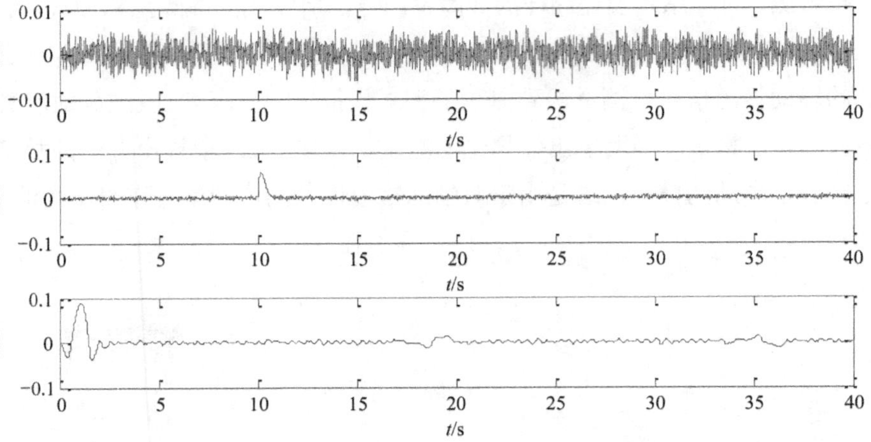

图 2.30　考虑干扰时辅助输出和其真值的误差曲线

图 2.31 为系统存在干扰时对构造辅助输出的系统应用 2.4 节提出的故障诊断算法得出的故障重构曲线，由图可看出基于构造辅助输出的方法可估计出发生的故障，但与图 2.28 的曲线相比，曲线波动值幅值增大。图 2.32 为假设辅助输出信号直接可测，对该系统设计同样的故障诊断方法所得到的故障重构曲线。综合考虑图 2.20、图 2.31 和图 2.32，当系统存在干扰的情况下，2.5 节提出的方法依然能完成故障诊断的目的，设计的高阶滑模微分器能很好地估计出辅助输出，对干扰的抑制作用也很明显，假设辅助输出可测时所设计的故障诊断方法也能较好的抑制扰动，但当两个结合后对扰动的抑制作用有所减弱。

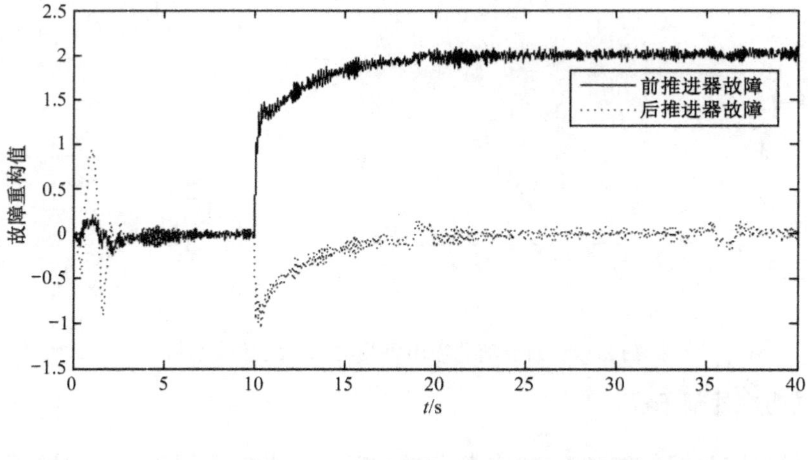

图 2.31　考虑干扰时采用辅助输出系统的故障诊断

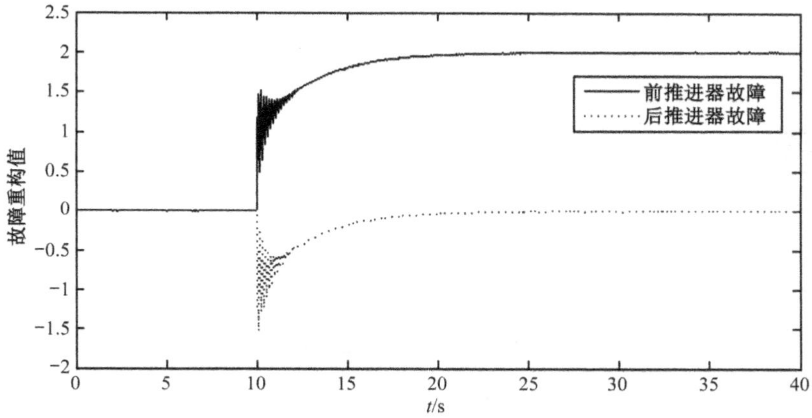

图 2.32　考虑干扰时假设辅助输出可测的系统的故障诊断

2.6　本章小结

本章主要研究了三自由度双旋翼直升机控制系统的执行器故障诊断问题，主要从理论方面采用了基于数学模型的观测器设计方法，对三自由度双旋翼直升机飞行控制系统在发生执行器故障情况下的故障诊断问题进行了较为深入的分析和研究，同时基于三自由度双旋翼直升机仿真平台对算法在实际中的应用尝试做了部分实现工作。

第 3 章

基于自适应控制的双旋翼直升机多故障自愈合控制

3.1 引　言

对于双旋翼直升机来说，常见故障为部分失效故障或漂浮故障。旋翼机结构简单，控制的机动性及实时性要求较高，选取简单易行的控制策略则非常重要。诸如复杂度过高的动态逆控制器及支持向量机补偿器不适合双旋翼直升机自愈合控制，本章针对双旋翼直升机多故障设计了基于自适应控制的自愈合控制方案，具有实现简单、实时性好的特点，简单易行，复杂度低。

由于建模困难、环境不确定性及各种故障，复杂动态系统的自愈合控制一直是学术界的热点研究问题[74]。双旋翼直升机就是这样一种复杂动态系统，在民用和军用领域具有巨大潜力[75-77]。三自由度(3-DOF)双旋翼直升机模型对于研究飞行器控制系统的故障诊断与自愈合控制工作具有理论和实践的巨大优势。Quanser 公司针对三自由度双旋翼直升机已建立了直升机的线性模型，许多其他研究延伸并发展了此模型[78-80]。

在飞控系统中，多重故障可导致飞行器工作失常，甚至会导致难以挽救的飞行事故。为了保持原有性能，有许多研究提出了各种相应的容错控制方法，得到了控制界的关注[81-92]。针对外部干扰，许多研究提出了基于干扰观测器的方法，实现了良好的动态品质[89-92]。但对于大多数干扰观测器来说，准确的模型是非常重要的。但当系统同时具有外部干扰和模型不确定性时，上述许多观测器并不能保证全局稳定性。

面对干扰或是系统不确定性，模型参考自适应控制被广泛应用于容错控制中[93,94]。然而，当系统受到故障时，此方法并不能保证系统的全局稳定性。针对系统出现的执行器失效故障及系统元部件故障，本章改进了模型参考自适应方法，针对多故障设计了自适应容错控制律。该方法基于误差反馈理论，分别补偿了模型的不确定性、干扰及多种故障对系统造成的影响，获得良好的跟踪性能。

本章利用模型参考自适应在无故障时的跟踪性能，设计了多故障下的直接自适应自愈合控制方法。3.2 节改进了三自由度双旋翼直升机的非线性模型，描述了其解耦后的模型；3.3 节利用模型参考自适应的设计思路，针对系统干扰和多故障，重新设计了多故障自修复控制器；3.4 节在执行器失效故障、干扰及模型参数未知的情况下，进行了一些仿真对比试验，证明了所提出方法的有效性。

3.2　三自由度双旋翼直升机改进模型

本章基于 Quanser 公司的三自由度双旋翼直升机模型，对其已有线性模型进行了非线性补充描述。在力矩分析中，充分考虑了姿态间的耦合，同时引入真实系统的粘性摩擦系数提高建模精度。通过机理分析方法，建立了准确描述俯仰、滚转和偏航三个方向的非线性微分方程。三自由度直升机的动力学模型如图 3.1 所示。

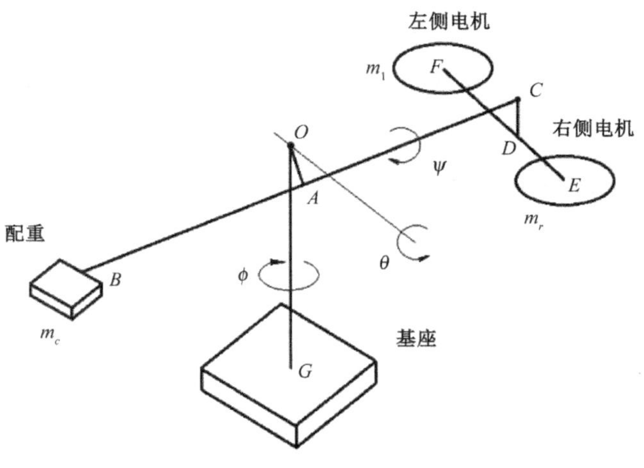

图 3.1　三自由度直升机的动力学模型

首先，建立机体轴系统。直升机的姿态角控制包括俯仰、滚转和偏航三个方向。将原点建立在基座的顶端，俯仰轴垂直于机体的纵向平面，正方向指向直升机右侧；滚转轴为连接机体前后部分的主轴，正方向指向机身前侧；偏航轴与基座方向相同，正方向为指向基座的方向。

根据运动方程[78]，机体角速度和三个姿态角的方程可以写成：

$$\begin{aligned}\dot{\phi} &= p+\tan\theta(q\sin\phi+r\cos\phi)\\ \dot{\theta} &= q\cos\phi-r\sin\phi\\ \dot{\psi} &= \frac{1}{\cos\theta}(q\sin\phi+r\cos\phi)\end{aligned} \tag{3.1}$$

Quanser 公司给出了系统的动力学线性状态变量方程。然而，手册中并没有考虑距离 OA 和 CD 等对力矩的影响。其力矩分析不能够准确地描述系统。本章给出了非线性带耦合的动力学模型，充分考虑各轴之间的耦合。粘性摩擦系数的引入也提高系统的建模精度。

1．俯仰轴动力学模型

俯仰力矩由两电机升力 F_l 和 F_r 产生，当 F_l 和 F_r 所产生的力矩大于机身的重力矩时，机头上升，反之下降。根据角动量守恒定律，俯仰轴运动的微分方程表示为：

$$\ddot{\phi} = p_1\cos\phi+p_2\sin\phi+p_3\dot{\phi}+p_4\cos\theta(V_l+V_r) \tag{3.2}$$

式中，

$p_1=[-(m_l+m_r)gL_{AC}+m_cgL_{AB}]/J_\varepsilon$，$p_2=-[(m_l+m_r)g(L_{OA}+L_{CD})+m_cgL_{OA}]/J_\varepsilon$，$p_3=\eta_\varepsilon/J_\varepsilon$，$p_4=K_fL_{AC}/J_\varepsilon$。

2．滚转轴动力学模型

滚转力矩也由两电机升力 F_l 和 F_r 产生，当左方电机转速快于右方，电机升力 F_l 大于 F_r，电机按前进方向顺时针旋转；反之，电机升力 F_l 小于 F_r，电机按前进方向逆时针旋转。

考虑重力矩，滚转轴的微分方程如下：

$$\ddot{\theta} = p_5\cos\theta+p_6\sin\theta+p_7\dot{\theta}+p_8(V_l-V_r) \tag{3.3}$$

式中，$p_5=(m_r-m_l)gL_{DF}/J_\theta$，$p_6=-(m_l+m_r)gL_{CD}/J_\theta$，$p_7=-\eta_\theta/J_\theta$，$p_8=K_fL_{DF}/J_\theta$。

3．偏航轴动力学模型

直升机偏航是由于水平方向产生的力矩造成的，当 F_l 和 F_r 作用在机身上时，在水平方向上的分力矩形成了滚转力矩。

考虑重力矩，偏航轴的微分方程如下：

$$\ddot{\psi} = p_9\psi + p_{10}\cos\phi\sin\theta(V_l + V_r) + p_{11}\sin\phi\cos\theta(V_l - V_r) \tag{3.4}$$

式中，$p_9 = -\eta_\varphi / J_\varphi$，$p_{10} = K_f L_{AC} / J_\varphi$，$p_{11} = K_f L_{DF} / J_\varphi$。

基于以上分析，根据式（3.2）~式（3.4），系统的状态空间方程可以描述如下：

$$\dot{\boldsymbol{x}}_p = \boldsymbol{f}(\boldsymbol{x}_p) + \left[\boldsymbol{g}_1(\boldsymbol{x}_p), \boldsymbol{g}_2(\boldsymbol{x}_p)\right]\boldsymbol{u}_p \tag{3.5}$$

式中，

$\boldsymbol{x}_p = \left[x_{p1}, x_{p2}, x_{p3}, x_{p4}, x_{p5}, x_{p6}\right]^{\mathrm{T}} = \left[\phi, \dot{\phi}, \theta, \dot{\theta}, \psi, \dot{\psi}\right]^{\mathrm{T}}$，$\boldsymbol{u}_p = [up1, up2]^{\mathrm{T}} = \left[V_1 + V_r, V_1 - V_r\right]^{\mathrm{T}}$，$\boldsymbol{g}_1(\boldsymbol{x}_p) = [0, p_4\cos\theta, 0, 0, 0, p_{10}\cos\phi\sin\theta]^{\mathrm{T}}$，$\boldsymbol{g}_2(\boldsymbol{x}_p) = [0, 0, 0, p_8, 0 p_{11}\sin\phi\cos\theta]^{\mathrm{T}}$，

$$\boldsymbol{f}(x_p) = \begin{bmatrix} \dot{\phi} \\ p_1\cos\phi + p_2\sin\phi + p_3\dot{\phi} \\ \dot{\theta} \\ p_5\cos\theta + p_6\sin\theta + p_7\dot{\theta} \\ \psi \\ p_9\dot{\psi} \end{bmatrix}。$$

基于以下假设，将系统分别进行三个姿态方向上的线性化。

假设 3.1： 直升机在进行俯仰运动时，滚转和偏航运动相对较小。

假设 3.2： 直升机在进行偏航运动时，滚转和俯仰运动相对较小。

在假设 3.1 下，根据泰勒级数近似，由式（3.2）可得，俯仰运动时，$\sin\phi \approx \phi$，$\cos\phi \approx 1$，故：

$$\ddot{\phi} = p_1 + p_3\dot{\phi} + 2p_4 u_{p1} \tag{3.6}$$

滚转运动时，无须线性化处理，得：

$$\ddot{\theta} = p_5 + p_7\dot{\theta} + p_8 u_{p2} \tag{3.7}$$

在假设 3.2 下，根据泰勒级数近似，由式（3.4）可得，偏航运动时，$\theta \approx 0$，$\psi \approx 0$，故：

$$\ddot{\psi} = p_9\dot{\psi} + p_{10}u_{p1} \tag{3.8}$$

线性化处理后，可得到直升机的以下形式：

$$\begin{aligned} \dot{\boldsymbol{x}} &= \boldsymbol{A}\boldsymbol{x} + \boldsymbol{B}\boldsymbol{u} \\ \boldsymbol{y} &= \boldsymbol{C}\boldsymbol{x} \end{aligned} \tag{3.9}$$

式中，$\boldsymbol{x} \in \boldsymbol{R}^n$ 为状态向量，$\boldsymbol{u} \in \boldsymbol{R}^m$ 为控制输入，$\boldsymbol{y}$ 为输出向量，$\boldsymbol{A}$、$\boldsymbol{B}$、$\boldsymbol{C}$ 为相应维数的

系统矩阵。现代飞行器一般装备大量的传感器，故可以假设系统的所有状态可测。

3.3 基于自适应控制的多故障自愈合控制器设计

实际飞机传感器的数目多，各传感器间存在冗余，不易发生故障，所以其发生故障概率小，即使产生故障，由于不会直接改变飞行性能，对性能损失也不大。由于系统传感器设置有冗余，故本章主要考虑执行器故障和系统故障。

在线性化模型式（3.9）中，$\boldsymbol{u}$ 的元素为各执行器，执行器故障表征为 $\boldsymbol{u}$ 的变化，由于三自由度直升机出现旋翼卡死故障时，无其他相同的冗余旋翼补偿其故障，故本章的执行器故障考虑可被补偿的部分失效故障。而元器件构成的系统故障主要改变系数矩阵 $\boldsymbol{A}$。直升机故障时的模型如下：

$$\begin{aligned}\dot{\boldsymbol{x}} &= \boldsymbol{A}_p\boldsymbol{x} + \boldsymbol{B}_p\Lambda\boldsymbol{u} + \boldsymbol{B}_p\boldsymbol{d} \\ \boldsymbol{y} &= \boldsymbol{C}\boldsymbol{x}\end{aligned} \tag{3.10}$$

式中，$\Lambda = diag\{k_1 \quad k_2 \quad \cdots k_m\}$，$k_i \in (0,1)$ 为失效故障系数；$\boldsymbol{x} \in \boldsymbol{R}^n$ 为状态向量；$\boldsymbol{u} \in \boldsymbol{R}^m$ 为执行器输入；$\boldsymbol{A}_p \in \boldsymbol{R}^{n\times n}$，由于建模误差，模型气动参数具有不确定性，矩阵 $\boldsymbol{A}_p$ 为未知项；$\boldsymbol{B}_p \in \boldsymbol{R}^{n\times n}, \boldsymbol{C} \in \boldsymbol{R}^{q\times n}$ 已知；$\boldsymbol{d} \in \boldsymbol{R}^m$ 未知，为外界干扰和建模误差。

选择参考模型：

$$\dot{\boldsymbol{x}}_m = \boldsymbol{A}_m\boldsymbol{x}_m + \boldsymbol{B}_m\boldsymbol{r}, \boldsymbol{y}_m = \boldsymbol{C}\boldsymbol{x}_m \tag{3.11}$$

式中，$\boldsymbol{x}_m \in \boldsymbol{R}^m, \boldsymbol{r} \in \boldsymbol{R}^r$ 分别是期望的系统状态和参考模型的输入向量；$\boldsymbol{A}_m$ 为 Hurwitz 矩阵；$\boldsymbol{B}_m, \boldsymbol{C}_m = \boldsymbol{C}$ 为实矩阵。

定义状态误差和输出误差：

$$\boldsymbol{e} = \boldsymbol{x} - \boldsymbol{x}_m \tag{3.12}$$

$$\boldsymbol{e}_y = \boldsymbol{y} - \boldsymbol{y}_m \tag{3.13}$$

设计状态、输出反馈的自适应自愈合控制，形式如下：

$$\boldsymbol{u} = \hat{\boldsymbol{K}}_1\boldsymbol{x}_m + \hat{\boldsymbol{K}}_2\boldsymbol{r} + \hat{\boldsymbol{K}}_3\boldsymbol{e}_y + \hat{\boldsymbol{d}} \tag{3.14}$$

自适应矩阵 $\hat{\boldsymbol{K}}_1, \hat{\boldsymbol{K}}_2, \hat{\boldsymbol{K}}_3$ 为增益矩阵，补偿由于故障造成的跟踪误差。$\hat{\boldsymbol{d}}$ 为干扰补偿向

量，补偿由于外部干扰 $\boldsymbol{d}$ 和建模误差造成的跟踪误差。

将控制器式（3.14）带入状态误差式（3.12）中并求导，得：

$$\begin{aligned}\dot{\boldsymbol{e}} &= \dot{\boldsymbol{x}} - \dot{\boldsymbol{x}}_m \\ &= \boldsymbol{A}_p x + \boldsymbol{B}_p \Lambda \boldsymbol{u} + \boldsymbol{B}_p \boldsymbol{d} - \boldsymbol{A}_m \boldsymbol{x}_m - \boldsymbol{B}_m \boldsymbol{r} \\ &= (\boldsymbol{A}_p + \boldsymbol{B}_p \Lambda \hat{\boldsymbol{K}}_3 \boldsymbol{C})\boldsymbol{e} + (\boldsymbol{B}_p \Lambda \hat{\boldsymbol{K}}_2 - \boldsymbol{B}_m) r + (\boldsymbol{A}_p - \boldsymbol{A}_m + \boldsymbol{B}_p \Lambda \hat{\boldsymbol{K}}_1)\boldsymbol{x}_m + \boldsymbol{B}_p(\Lambda \hat{\boldsymbol{d}} + \boldsymbol{d})\end{aligned} \tag{3.15}$$

根据模型参考自适应方法的匹配条件，定义如下匹配条件：

$$\boldsymbol{A}_p + \boldsymbol{B}_p \Lambda \boldsymbol{K}_3^* \boldsymbol{C} = \boldsymbol{A}_e \tag{3.16}$$

$$\boldsymbol{A}_p + \boldsymbol{B}_p \Lambda \boldsymbol{K}_1^* = \boldsymbol{A}_m \tag{3.17}$$

$$\boldsymbol{B}_p \Lambda \boldsymbol{K}_2^* = \boldsymbol{B}_m \tag{3.18}$$

$$\Lambda \boldsymbol{d}^* + \boldsymbol{d} = \boldsymbol{0} \tag{3.19}$$

式中，$\boldsymbol{K}_1^*,\boldsymbol{K}_2^*,\boldsymbol{K}_3^*,\boldsymbol{d}^*$ 是使得匹配条件满足的理想值，且未知；$\boldsymbol{A}_e$ 为任意的稳定矩阵。

系统的控制目标为，在执行器部分失效、含有系统故障及干扰的情况下，仍然使得系统稳定，且输出跟踪参考模型输出。这里使用李雅普诺夫稳定性定理，实现上述目标。定义四个自适应参数估计值与理想值的误差如下：

$$\tilde{\boldsymbol{K}}_1 = \hat{\boldsymbol{K}}_1 - \boldsymbol{K}_1^* \tag{3.20}$$

$$\tilde{\boldsymbol{K}}_2 = \hat{\boldsymbol{K}}_2 - \boldsymbol{K}_2^* \tag{3.21}$$

$$\tilde{\boldsymbol{K}}_3 = \hat{\boldsymbol{K}}_3 - \boldsymbol{K}_3^* \tag{3.22}$$

$$\tilde{\boldsymbol{d}} = \hat{\boldsymbol{d}} - \boldsymbol{d}^* \tag{3.23}$$

代入式（3.15），得

$$\boldsymbol{e} = \boldsymbol{A}_e \boldsymbol{e} + \boldsymbol{B}_p \Lambda(\tilde{\boldsymbol{K}}_1 \boldsymbol{x}_m + \tilde{\boldsymbol{K}}_2 \boldsymbol{r} + \tilde{\boldsymbol{K}}_3 \boldsymbol{e}_y + \boldsymbol{d}) \tag{3.24}$$

定理 3.1：若系统形式见式（3.9），输入有界，自适应参数满足如下条件：

$$\dot{\hat{\boldsymbol{K}}}_1 = -\boldsymbol{\Gamma}_1 \boldsymbol{B}_p^{\mathrm{T}} \boldsymbol{P} \boldsymbol{e} \boldsymbol{x}_m^{\mathrm{T}} \tag{3.25}$$

$$\dot{\hat{\boldsymbol{K}}}_2 = -\boldsymbol{\Gamma}_2 \boldsymbol{B}_p^{\mathrm{T}} \boldsymbol{P} \boldsymbol{e} \boldsymbol{r}^{\mathrm{T}} \tag{3.26}$$

$$\dot{\hat{\boldsymbol{K}}}_3 = -\boldsymbol{\Gamma}_3 \boldsymbol{B}_p^{\mathrm{T}} \boldsymbol{P} \boldsymbol{e} \boldsymbol{e}_y^{\mathrm{T}} \tag{3.27}$$

$$\dot{\hat{d}} = -\Gamma_4 B_p^{\mathrm{T}} P e \tag{3.28}$$

则系统稳定，且系统输出渐进跟踪参考模型。式中，权值向量Γ_i（i=1,⋯,4）为正定对角矩阵，P、Q 为满足方程 $A_p^{\mathrm{T}} P + P A_e = -Q$ 的正定对称矩阵。

证明 3.1：考虑如下的李雅普诺夫函数：

$$V = \frac{1}{2}\left[e^{\mathrm{T}} p e + Tr(\tilde{K}_1^{\mathrm{T}} \Gamma_1^{-1} \Lambda \tilde{K}_1) + Tr(\tilde{K}_2^{\mathrm{T}} \Gamma_2^{-1} \Lambda \tilde{K}_2) + Tr(\tilde{K}_3^{\mathrm{T}} \Gamma_3^{-1} \Lambda \tilde{K}_3) + \tilde{d}^{\mathrm{T}} \Gamma_4^{-1} \Lambda \tilde{d}) \right] \tag{3.29}$$

由于：

$$e^{\mathrm{T}} P B_p \Lambda \tilde{K}_1 x_m = tr(\tilde{K}_1 A B_p^{\mathrm{T}} P e x_m^{\mathrm{T}}) \tag{3.30}$$

$$e^{\mathrm{T}} P B_p \Lambda \tilde{K}_2 r = tr(\tilde{K}_2 A B_p^{\mathrm{T}} P e r^{\mathrm{T}}) \tag{3.31}$$

$$e^{\mathrm{T}} P B_p \Lambda \tilde{K}_3 e_y = tr(\tilde{K}_3 A B_p^{\mathrm{T}} P e e_y^{\mathrm{T}}) \tag{3.32}$$

将式（3.30）~式（3.32）带入式（3.29），得：

$$\begin{aligned} V &= e^{\mathrm{T}} P \dot{e} + tr(\tilde{K}_1^{\mathrm{T}} \Gamma_1^{-1} \Lambda \dot{\tilde{K}}_1) + tr(\tilde{K}_2^{\mathrm{T}} \Gamma_2^{-1} \Lambda \dot{\tilde{K}}_2) + tr(\tilde{K}_3^{\mathrm{T}} \Gamma_3^{-1} \Lambda \dot{\tilde{K}}_3) + \tilde{d}^{\mathrm{T}} \Gamma_4^{-1} \Lambda \dot{\tilde{d}}) \\ &= \frac{1}{2} e^{\mathrm{T}} Q e + tr[\tilde{K}_1^{\mathrm{T}} \Gamma_1^{-1} \Lambda (\dot{\hat{K}}_1 + \Gamma_1 B_p^{\mathrm{T}} P e x_m^{\mathrm{T}}) + \tilde{K}_2^{\mathrm{T}} \Gamma_2^{-1} \Lambda (\dot{\hat{K}}_2 + \Gamma_2 B_p^{\mathrm{T}} P e r^{\mathrm{T}}) + \\ &\quad \tilde{K}_3^{\mathrm{T}} \Gamma_3^{-1} \Lambda (\dot{\hat{K}}_3 + \Gamma_3 B_p^{\mathrm{T}} P e e_y^{\mathrm{T}})] + \tilde{d}^{\mathrm{T}} \Gamma_4^{-1} \Lambda (\dot{\hat{d}} + \Gamma_4 B_p^{\mathrm{T}} P e) \\ &= \frac{1}{2} e^{\mathrm{T}} Q e < 0 \end{aligned} \tag{3.33}$$

根据 Barbalat 引理，可得出$\lim\limits_{t \to \infty} e(t) = 0$。进一步得到$\Lambda \tilde{K}_1, \Lambda \tilde{K}_2, \Lambda \tilde{K}_3, \Lambda \hat{d}$ 和 e 都有界，且 e 渐进趋于零。

3.4 系统仿真验证与分析

为了验证本章所提出的基于自适应控制的自愈合控制算法的有效性，本小节进行执行器部分失效故障下的仿真对比验证。三自由度直升机仿真平台俯视图如图 3.2 所示。参数值如表 3.1 所示。

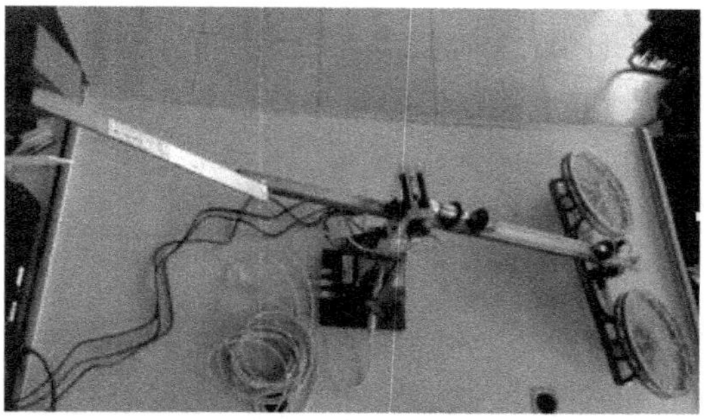

图 3.2　三自由度直升机仿真平台俯视图

表 3.1　三自由度直升机系统参数

参数	参数值	参数	参数值
m_l,m_r	0.713kg	L_{AC}	0.660m
m_c	1.87kg	L_{AB}	0.47m
K_f	0.1188N/V	L_{OA}	0.01m
η_ϕ,η_θ	0.001kg·m²/s	L_{CD}	0.45m
η_ψ	0.005kg·m²/s	L_{DF}	0.178m

参考模型的系统矩阵为：

$$\boldsymbol{A}_m=\begin{bmatrix}0&0&0&1&0&0\\0&0&0&0&1&0\\0&0&0&0&0&1\\-8.005&0&0&-4.0025&0&0\\0&-94.8064&0&0&-23.4048&0\\0&0&-94.8093&0&0&-23.4048\end{bmatrix},\quad \boldsymbol{B}_m=\begin{bmatrix}0&0\\0&0\\0&0\\-0.327&0.618\\5.56&4.24\\8.45&4.20\end{bmatrix}$$

为验证自愈合控制方法的有效性，在 MATLAB 软件平台上进行如下对比试验。

假设直升机在第 15s 时，执行器左侧电机和右侧电机均失效 25%，失效故障描述见式（3.34）；在第 30s 时，受到干扰 $\boldsymbol{d}=[1.4,2.2]^{\mathrm{T}}$。

$$\boldsymbol{\Lambda}=\begin{cases}[1,1]^{\mathrm{T}} & 0<t<15\\ [0.75,0.75]^{\mathrm{T}} & t\geqslant 15\end{cases} \tag{3.34}$$

图 3.3~图 3.5 为故障后只进行模型参考自适应控制而未加自愈合控制器的状态响应，图 3.3、图 3.4、图 3.5 分别为俯仰角、滚转角及偏航角的状态响应曲线。由图 3.3 可看出，在 15s 时，部分失效故障发生后，系统与参考状态之间的误差并不收敛于零，由于不含有自适应补偿项，故俯仰角度变小，直升机在较小的角度处重新平衡。由于滚转角、偏航角

是电压差造成的，而左右电机同时失效 25%，故滚转角、偏航角并没有受到影响。在 30s 时，由于受到干扰与之前故障的影响，干扰并未被完全补偿，三个姿态角均受到一定程度的影响。滚转角、偏航角明显出现无法跟踪的现象。

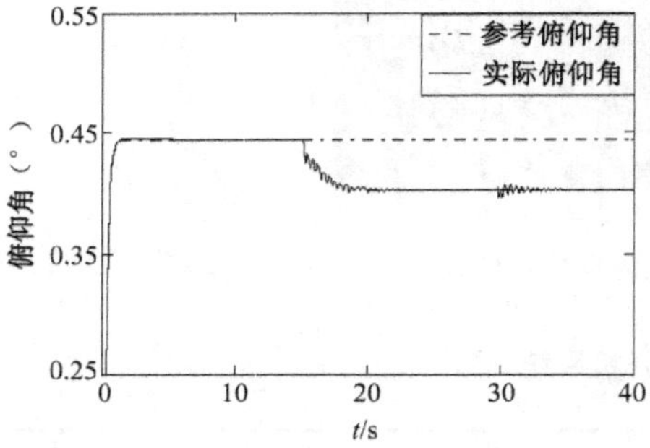

图 3.3　俯仰角状态响应（未加控制器）

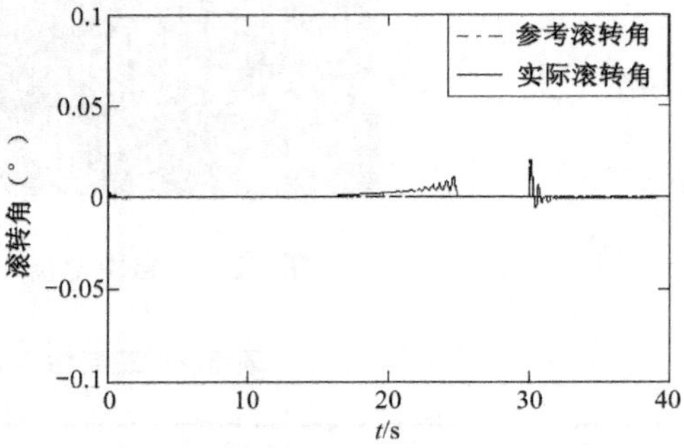

图 3.4　滚转角状态响应（未加控制器）

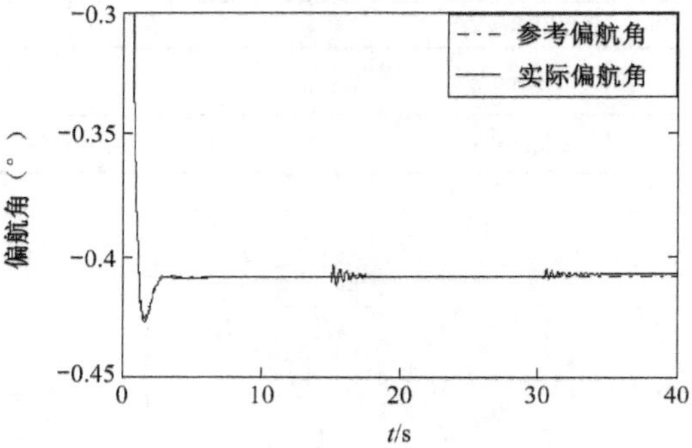

图 3.5　偏航角状态响应（未加控制器）

图 3.3～图 3.5 仿真结果显示了原模型参考自适应控制器的不足，故设计基于自适应控制的自愈合控制器，减小故障对系统造成的影响。参数选择如下：$\Gamma_1 = 1$，$\Gamma_2 = 0.5$，$\Gamma_3 = 0.6$，$\Gamma_4 = 1$。图 3.6~图 3.8 为故障后加入基于自适应控制的自愈合控制器后的状态响应。

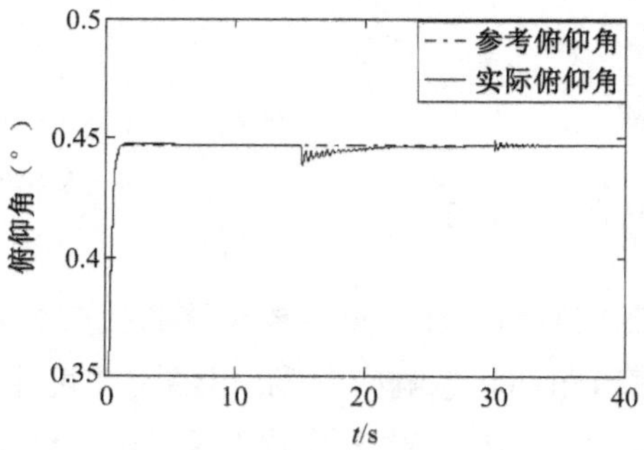

图 3.6　俯仰角状态响应（加自愈合控制器）

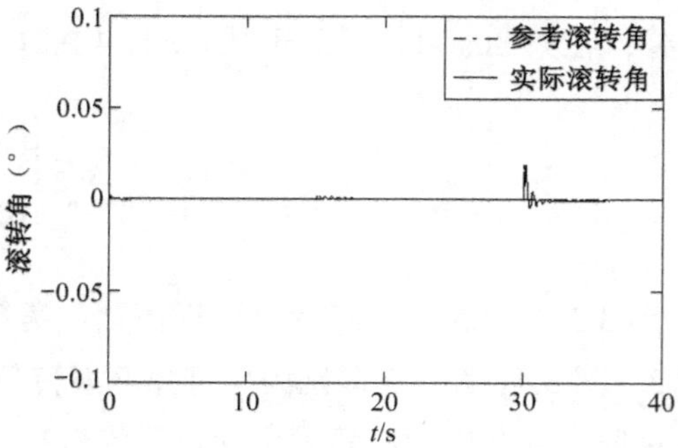

图 3.7　滚转角状态响应（加自愈合控制器）

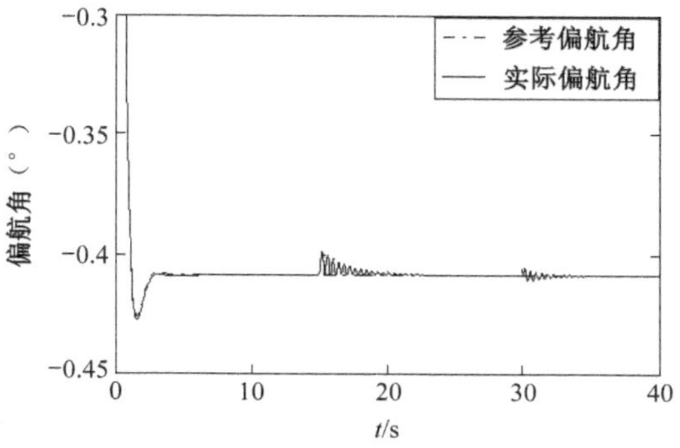

图 3.8　偏航角状态响应（加自愈合控制器）

图 3.6~图 3.8 表明，在本章所提出的自愈合控制器下可实现俯仰角的快速跟踪。图 3.6 的结果表明，增加了自愈合控制方法后，超调减少，调节时间明显缩短，且未出现跟踪误差，系统的稳定性增强。根据图 3.7、图 3.8，在系统含干扰时，输出跟踪好于图 3.4 和图 3.5，这说明了自愈合控制器具有同时补偿误差的抗干扰能力。仿真表明，当多个执行器失效故障发生、且系统参数未知时，系统仍具有自愈合能力，可实现良好的稳定性和跟踪性能。综上，在含有参数不确定性和多种故障时，该自愈合控制方法仍可保证系统良好的动态跟踪性能，表明本章所设计的带有自愈合功能的控制系统满足飞行品质的技术要求，包括稳定性、快速跟踪能力、抗干扰能力和容错能力。

3.5　本章小结

本章修正了三自由度直升机的线性模型，并提出了基于模型参考自适应方法的故障自愈合算法。在分析非线性模型时准确考虑了力矩作用，改进了非线性模型；控制方法仿真比较表明，提出的自愈合控制方法可有效补偿系统故障、外界干扰及建模不确定性，保证了良好的跟踪精度和自愈合性能。

第 4 章

含有未知参数的四旋翼直升机多故障自愈合控制

4.1 引　言

第 3 章考虑了三自由度双旋翼直升机的线性姿态模型控制，但双旋翼直升机的局限在于，其俯仰力矩需要由固定支架平衡，只能作为试验平台，实现姿态控制算法，而无法进行实际飞行，实现位置控制算法。故本章考虑设计四旋翼直升机的自愈合控制方案，相比于双旋翼直升机，其非线性模型高非线性、强耦合，并需要对飞行方向及位置进行准确控制，控制器设计更加复杂。

四旋翼直升机是一种有着很多优势的垂直起降飞机，它由 X 形分布的四个旋翼组成，四个旋翼分为两组，向相反的方向旋转。如图 4.1 所示，四旋翼是一个六自由度、四个电机的欠驱动系统[93]。与传统旋翼直升机相比，四旋翼直升机可承受更大的载荷比，机动性更强，且制造简单。由于这些优势四旋翼直升机受到了广泛的关注与应用[94]。

对于四旋翼直升机来说，飞行控制系统不仅应准确跟踪轨迹，且应具有稳定的容错能力，即控制器需要实现在正常情况和故障情况下的运行。少量的现有文献解决了四旋翼的 FTC 问题，使用 PID[95,96]、模糊控制[95]、反馈线性化[96,97]、滑模控制[98-102]、神经网络[98]、自适应控制[99-102]和 LMI[103]等方法。

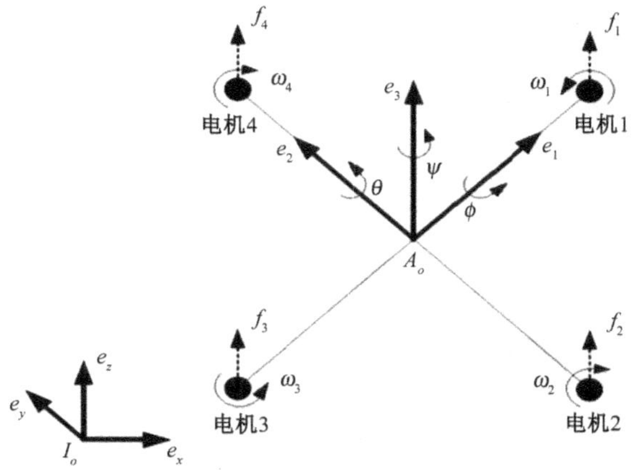

图 4.1　四旋翼直升机动力学模型

虽然上述现有的文献能够保证一定的鲁棒跟踪性能，许多方法仍然有很大缺点。如模糊控制和神经网络只能在得到故障样本后使用，而故障样本很难在正常运行时获得。LMI 和反馈线性化等方法在复杂计算后能够应用于一些特定的系统，但很难被扩展到其他系统，也难以被工程师和操作人员理解。工程常用的 PID 方法在非线性和耦合系统时使用受限。此外，上述论文很少论述系统参数未知或不确定时的容错控制，故以上方法难以应用在实际模型发生动态变化的情况。

第 3 章所述的自适应控制方法虽然能够解决多故障下线性系统的自愈合控制问题，但对于非线性系统，上述控制策略不再适用，故本章将自适应控制器与滑模控制策略相结合，考虑含有未知模型参数的四旋翼直升机在外部干扰和多故障下的位置和姿态控制。使用时间尺度分离策略，设计四个回路的嵌套策略。利用滑模控制的容错能力和自适应控制的参数估计能力设计每个非线性回路，并讨论多回路要求和多时间尺度构成使系统可实现。本章提出的自愈合控制方法有以下优点：首先，分析了多回路和多时间尺度要求，使整个系统易于实现，其架构容易理解，且每个回路可以用相同的容错控制器构成。其次，利用滑模观测器能有效地估计有上限要求的所有不确定性，并且可以检测到多个执行器的故障，重新配置容错控制器。通过这种方式，并不需要大增益控制器或额外进行复杂的计算。最后，粘性摩擦系数和阻力系数等模型参数难以计算，提出一个自适应参数估计算法，即使系统参数未知时，也可进行容错控制，这在关于四旋翼直升机的文献中鲜有讨论。由于这些优点，此控制器显示了很好的应用前景。此外，该控制器也能应用于其他连续非线性仿射系统中。

4.2 四旋翼直升机动力学模型

本章所考虑的对象为四旋翼直升机，其动态模型描述如下[93]：

$$\dot{\boldsymbol{P}}=\boldsymbol{V} \tag{4.1}$$

$$\dot{\boldsymbol{V}}=-g\boldsymbol{e}_z-C_d\boldsymbol{V}\left|\boldsymbol{V}\right|+\frac{T}{m}\boldsymbol{Re}_z \tag{4.2}$$

$$J\boldsymbol{\Omega}=-\boldsymbol{\Omega}\times J\boldsymbol{\Omega}+\sum_{1}^{4}\left[\left(-1\right)^i\omega_i j_r\right]\boldsymbol{\Omega}\times e_3+\boldsymbol{\tau}_a \tag{4.3}$$

$$j_r\omega_i=\tau_i-k\omega_i^{\ 2}-c_v\omega_i \tag{4.4}$$

式（4.1）~式（4.4）中，$\boldsymbol{I}=\left\{\boldsymbol{e}_x,\boldsymbol{e}_y,\boldsymbol{e}_z\right\}$为惯性坐标系；$\boldsymbol{A}=\left\{\boldsymbol{e}_1,\boldsymbol{e}_2,\boldsymbol{e}_3\right\}$为机体坐标系，如图4.1所示；$\dot{\boldsymbol{P}}=\left[x,y,z\right]^{\mathrm{T}}$为四旋翼重心的位置坐标；$\boldsymbol{V}=\left[u,v,w\right]^{\mathrm{T}}$为$I$坐标系中重心相对地面的速度，$\boldsymbol{\Omega}=\left[p,q,r\right]^{\mathrm{T}}$为$\boldsymbol{A}$坐标系中四旋翼的角速度（分别为俯仰角、滚转角和偏航角速度）；四旋翼的方向取决于三个欧拉角$\boldsymbol{\Phi}=\left[\phi,\theta,\psi\right]^{\mathrm{T}}$，分别为俯仰角、滚转角和偏航角；$m$为四旋翼的质量；$\boldsymbol{J}=diag\left\{J_x,J_y,J_z\right\}$为其转动惯量；$g$为重力加速度；第$i$个电机的转速为$\omega_i$；每个电机的转动惯量均为$J_i$；四个电机的扭矩$\tau_i$为系统的四个输入；$C_d$为阻力系数；$c_v$为运动粘滞系数。

空气动力矩$\boldsymbol{\tau}_a=\left[\tau_a^{\ 1},\tau_a^{\ 2},\tau_a^{\ 3}\right]^{\mathrm{T}}$、推力$T$和四个电机速度$\omega=\left[\omega_1,\omega_2,\omega_3,\omega_4\right]^{\mathrm{T}}$的关系式为：

$$\begin{bmatrix}\tau_a^{\ 1}\\ \tau_a^{\ 2}\\ \tau_a^{\ 3}\\ T\end{bmatrix}=\begin{bmatrix}0 & -d_rb & 0 & d_rb\\ -d_rb & 0 & d_rb & 0\\ -k_m & k_m & -k_m & k_m\\ b & b & b & b\end{bmatrix}\begin{bmatrix}\omega_1^{\ 2}\\ \omega_2^{\ 2}\\ \omega_3^{\ 2}\\ \omega_4^{\ 2}\end{bmatrix} \tag{4.5}$$

式中，d_r为每个电机和四旋翼质心之间的距离；b为拖曳力系数。

三个欧拉角$\boldsymbol{\Phi}$和三个角速度$\boldsymbol{\Omega}$之间的数学关系可以表示为：

$$\boldsymbol{\Phi}=R\boldsymbol{\Omega}=\begin{bmatrix}1 & s_\phi t_\theta & c_\phi t_\theta\\ 0 & c_\phi & -s_\phi\\ 0 & \dfrac{s_\phi}{c_\theta} & \dfrac{c_\phi}{c_\theta}\end{bmatrix}\boldsymbol{\Omega} \tag{4.6}$$

式中，R为转换矩阵；s为 sin；c为 cos；t为 tan。

4.3　联级控制系统基本控制器设计

为控制系统的整体运动，本章设计了基础联级控制系统控制器，包括位置回路（回路 1），速度回路（回路 2），姿态回路（回路 3）和电机回路（回路 4）。这些模型从式（4.1）~式（4.6）中获得。图 4.2 表示了四旋翼直升机多回路控制器的整体结构。

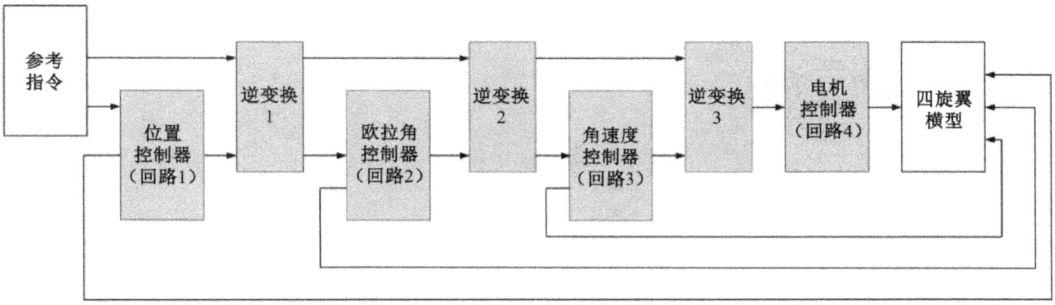

图 4.2　四旋翼直升机多回路控制器的整体结构

回路 1 获得参考位置信号命令，根据反馈状态量，利用滑模故障控制器，设计伪控制变量 $\boldsymbol{u}_1$ 消除不确定性对它的影响。经过简单运算，得到回路 2 的参考信号。使用相同的方法处理回路 2、回路 3、回路 4，直到从回路 4 中获得真正的控制器。

由式（4.1）~式（4.6）可得各个回路的标准形式，式（4.7）、式（4.10）、式（4.13）和式（4.16）描述了回路 1~回路 4 模型的具体形式。伪控制变量的选择为式（4.8）、式（4.11）、式（4.14）和式（4.17）。

回路 1：

$$\begin{cases} \dot{x} = u \\ \dot{y} = v \\ \dot{z} = w \\ \dot{u} = -\dfrac{C_d{}^u}{m} u|u| + \dfrac{T}{m}\left(c_\phi s_\theta c_\psi + s_\phi s_\psi\right) + D_{1,u} \\ \dot{v} = -\dfrac{C_d{}^v}{m} v|v| + \dfrac{T}{m}\left(c_\phi s_\theta s_\psi - s_\phi c_\psi\right) + D_{1,v} \\ \dot{w} = -g - \dfrac{C_d{}^w}{m} w|w| + \dfrac{T}{m}\left(c_\phi c_\theta\right) + D_{1,w} \end{cases} \Rightarrow \dot{\boldsymbol{X}}_1 = \boldsymbol{f}_1\left(\boldsymbol{X}_1\right) + \boldsymbol{u}_1 + \Delta\boldsymbol{f}_1 + \boldsymbol{d}_1 \tag{4.7}$$

式中，$\boldsymbol{f}_p(\boldsymbol{X}_1)=\left[u,v,w,-\frac{C_d{}^u}{m}u|u|,-\frac{C_d{}^v}{m}v|v|,-g-\frac{C_d{}^w}{m}w|w|\right]^{\mathrm{T}}$，$\boldsymbol{X}_1=[x,y,z,u,v,w,]^{\mathrm{T}}$。全部的不确定性为$\boldsymbol{D}_1=\left[D_{1,u},D_{1,v},D_{1,w}\right]^{\mathrm{T}}=\Delta\boldsymbol{f}_1+\boldsymbol{d}_1$，其中建模不确定性为$\Delta\boldsymbol{f}_1\in\boldsymbol{R}^3$，干扰和故障为$\boldsymbol{d}_1\in\boldsymbol{R}^3$。$\Delta\boldsymbol{f}_1$和$\boldsymbol{d}_1$均未知。伪控制变量$\boldsymbol{u}_1$选为：

$$\boldsymbol{u}_1=\begin{bmatrix}\frac{T}{m}\left(c_\phi s_\theta c_\psi+s_\phi s_\psi\right)\\\frac{T}{m}\left(c_\phi s_\theta s_\psi-s_\phi c_\psi\right)\\\frac{T}{m}\left(c_\phi c_\theta\right)\end{bmatrix}\tag{4.8}$$

通过简单运算，可得：

$$\begin{cases}T_c=\frac{1}{\sqrt{2}}\left\|m\left(\boldsymbol{u}_1+\overline{\boldsymbol{g}}\right)\right\|\\\phi_c=\sin^{-1}\left[\frac{m}{T_c}\left(s_{\psi c}u_{1,1}-c_{\psi c}u_{1,2}\right)\right]\\\theta_c=\sin^{-1}\left(\frac{\frac{m}{T_c}u_{1,1}-s_{\psi c}s_{\phi c}}{c_{\psi c}c_{\phi c}}\right)\\\psi_c=\psi_c\end{cases}\tag{4.9}$$

式中，$\overline{\boldsymbol{g}}=[0,0,g]^{\mathrm{T}}$；$u_{1,1}$和$u_{1,2}$分别为列矩阵$\boldsymbol{u}_1$的第一个和第二个元素。回路2的参考信号可由式（4.9）获得。显然，除了三个位置参考信号外，需要设置偏航角参考信号ψ_c，才能够得到回路2。

回路2：

$$\dot{\boldsymbol{\Phi}}=\begin{bmatrix}1&s_\phi t_\theta&c_\phi t_\theta\\0&c_\phi&-s_\phi\\0&\frac{s_\phi}{c_\theta}&\frac{c_\phi}{c_\theta}\end{bmatrix}\boldsymbol{\Omega}+\boldsymbol{D}_2\quad\Rightarrow\dot{\boldsymbol{X}}_2=\boldsymbol{u}_2+\Delta\boldsymbol{f}_2+\boldsymbol{d}_2\tag{4.10}$$

式中，$\boldsymbol{X}_2=\boldsymbol{\Phi}$。全部的不确定性为$\boldsymbol{D}_2=\Delta\boldsymbol{f}_2+\boldsymbol{d}_2\in\boldsymbol{R}^3$，其中建模不确定性为$\Delta\boldsymbol{f}_2\in\boldsymbol{R}^3$，干扰和故障为$\boldsymbol{d}_2\in\boldsymbol{R}^3$。$\Delta\boldsymbol{f}_2$和$\boldsymbol{d}_2$均未知。伪控制变量$\boldsymbol{u}_2$选为：

$$\boldsymbol{u}_2=\begin{bmatrix}1 & s_\phi t_\theta & c_\phi t_\theta \\ 0 & c_\phi & -s_\phi \\ 0 & \dfrac{s_\phi}{c_\theta} & \dfrac{c_\phi}{c_\theta}\end{bmatrix}\begin{bmatrix}p\\ q\\ r\end{bmatrix} \tag{4.11}$$

由式（4.11）可得：

$$\begin{bmatrix}p_c\\ q_c\\ r_c\end{bmatrix}=\begin{bmatrix}1 & s_\phi t_\theta & c_\phi t_\theta \\ 0 & c_\phi & -s_\phi \\ 0 & \dfrac{s_\phi}{c_\theta} & \dfrac{c_\phi}{c_\theta}\end{bmatrix}^{-1}\boldsymbol{u}_2 \tag{4.12}$$

通过式（4.12），可得到回路 3 的指令输入。

在式（4.6）、式（4.9）和式（4.12）中，这些矩阵可能在某些点处成为奇异矩阵。因此，设计控制器时，应避免欧拉角的奇点问题。故须满足如下条件：在式（4.6）和式（4.12）中，为了保证矩阵 $\boldsymbol{R}$ 可逆，则 $\theta\neq(2k-1)\pi/2(k\in R)$。在式（4.9）中，为了保证 θ_c 存在，则 $\phi_c\neq(2k-1)\pi/2$，$\psi_c\neq(2k-1)\pi/2(k\in R)$。

回路 3：

$$\begin{cases}\dot{p}=(\dfrac{J_y-J_z}{J_x})+\dfrac{\tau_a^1}{J_x}+D_{3,p}\\ \dot{q}=(\dfrac{J_z-J_x}{J_y})p+\dfrac{\tau_a^2}{J_y}+D_{3,q}\\ \dot{r}=(\dfrac{J_x-J_y}{J_z})+\dfrac{\tau_a^3}{J_z}+D_{3,r}\end{cases}\quad \dot{\boldsymbol{X}}_3=\boldsymbol{f}_3(\boldsymbol{X}_3)+\boldsymbol{u}_3+\Delta\boldsymbol{f}_3+\boldsymbol{d}_3 \tag{4.13}$$

式中，$\boldsymbol{X}_3=[p,q,r]^{\mathrm{T}}$，$\boldsymbol{f}_3(\boldsymbol{X}_3)=\left[(\dfrac{J_y-J_z}{J_x}),(\dfrac{J_z-J_x}{J_y}),(\dfrac{J_x-J_y}{J_z})\right]^{\mathrm{T}}$；全部的不确定性为 $\boldsymbol{D}_3=\left[D_{3,p},D_{3,q},D_{3,r}\right]^{\mathrm{T}}=\Delta\boldsymbol{f}_3+\boldsymbol{d}_3$，其中建模不确定性为 $\Delta\boldsymbol{f}_3\in\boldsymbol{R}^3$，干扰和故障为 $\boldsymbol{d}_3\in\boldsymbol{R}^3$；$\Delta\boldsymbol{f}_3$ 的已知部分为 $\left[\dfrac{j_r}{J_x}(\omega_1-\omega_2+\omega_3-\omega_4)q,\dfrac{j_r}{J_y}(\omega_1-\omega_2+\omega_3-\omega_4)p,0\right]^{\mathrm{T}}$；$\boldsymbol{d}_3$ 为未知；伪控制变量 $\boldsymbol{u}_3$ 选为：

$$\boldsymbol{u}_3 = \begin{bmatrix} \dfrac{{\tau_a}^1}{J_x} \\ \dfrac{{\tau_a}^2}{J_y} \\ \dfrac{{\tau_a}^3}{J_z} \end{bmatrix} \tag{4.14}$$

由式（4.5）可得回路 4 的指令输入为：

$$\begin{bmatrix} {\omega_{1c}}^2 \\ {\omega_{2c}}^2 \\ {\omega_{3c}}^2 \\ {\omega_{4c}}^2 \end{bmatrix} = \begin{bmatrix} 0 & -\dfrac{1}{2d_r b} & -\dfrac{1}{4k_m} & \dfrac{b}{4b} \\ -\dfrac{1}{2d_r b} & 0 & \dfrac{1}{4k_m} & \dfrac{1}{4b} \\ 0 & \dfrac{1}{2d_r b} & -\dfrac{1}{4k_m} & \dfrac{1}{4b} \\ \dfrac{1}{2d_r b} & 0 & \dfrac{1}{4k_m} & \dfrac{1}{4b} \end{bmatrix} \begin{bmatrix} {\tau_a}^1 \\ {\tau_a}^2 \\ {\tau_a}^3 \\ T \end{bmatrix} \tag{4.15}$$

回路 4：

$$\begin{cases} j_r \dot{\omega}_1 = \tau_1 - k_m {\omega_1}^2 - c_v \omega_1 + D_{4,1} \\ j_r \dot{\omega}_2 = \tau_2 - k_m {\omega_2}^2 - c_v \omega_2 + D_{4,2} \\ j_r \dot{\omega}_3 = \tau_3 - k_m {\omega_3}^2 - c_v \omega_3 + D_{4,3} \\ j_r \dot{\omega}_4 = \tau_4 - k_m {\omega_4}^2 - c_v \omega_4 + D_{4,4} \end{cases} \Rightarrow \dot{\boldsymbol{X}}_4 = \boldsymbol{f}_4(\boldsymbol{X}_4) + \boldsymbol{u}_4 + \Delta \boldsymbol{f}_4 + \boldsymbol{d}_4 \tag{4.16}$$

式中，$\boldsymbol{f}_4(\boldsymbol{X}_4) = \left[\dfrac{\tau_1 - k_m {\omega_1}^2 - c_v \omega_1}{j_r}, \dfrac{\tau_2 - k_m {\omega_2}^2 - c_v \omega_2}{j_r}, \dfrac{\tau_3 - k_m {\omega_3}^2 - c_v \omega_3}{j_r}, \dfrac{\tau_4 - k_m {\omega_4}^2 - c_v \omega_4}{j_r} \right]^{\mathrm{T}}$，$\boldsymbol{X}_4 = [\omega_1, \omega_2, \omega_3, \omega_4]^{\mathrm{T}}$；全部的不确定性为 $\boldsymbol{D}_4 = [D_{4,1} D_{4,2} D_{4,3} D_{4,4}]^{\mathrm{T}} = \Delta \boldsymbol{f}_4 + \boldsymbol{d}_4$，其中建模不确定性为 $\Delta \boldsymbol{f}_4 \in \boldsymbol{R}^4$，干扰和故障为 $\boldsymbol{d}_4 \in \boldsymbol{R}^4$；$\Delta \boldsymbol{f}_4$ 和 $\boldsymbol{d}_4$ 均未知；伪控制变量 $\boldsymbol{u}_4$ 选为：

$$\boldsymbol{u}_4 = \begin{bmatrix} \dfrac{\tau_1}{j_r} \\ \dfrac{\tau_1}{j_r} \\ \dfrac{\tau_1}{j_r} \\ \dfrac{\tau_1}{j_r} \end{bmatrix} \tag{4.17}$$

则可得到最终的控制输入量 $\boldsymbol{u}$ 为：

$$\boldsymbol{u}=\begin{bmatrix}\tau_1\\ \tau_2\\ \tau_3\\ \tau_4\end{bmatrix}=\begin{bmatrix}j_r u_{4,1}\\ j_r u_{4,2}\\ j_r u_{4,3}\\ j_r u_{4,4}\end{bmatrix} \tag{4.18}$$

4.4　针对执行器部分失效故障的滑模自愈合控制器设计

执行器易受到飞行环境影响而产生失效故障。在本节中，针对执行器的多故障，将非线性方程式（4.7）、式（4.10）、式（4.13）和式（4.16）统一描述为仿射方程，对每一个回路模型，采用相同的滑模故障观测器消除模型的不确定性、外部扰动和故障造成的影响。由于在四旋翼直升机模型中，关于位置、姿态及导数的信息都可通过传感器获得，且可获得电机转速，这些项为式（4.7）、式（4.10）、式（4.13）和式（4.16）中的状态变量，故四旋翼直升机控制系统为状态可观测的系统。采用以下多输入多输出（MIMO）非线性模型来描述系统，模型动态不确定性、干扰和未知故障也包含在内。

$$\boldsymbol{x}^{(k)}=\boldsymbol{f}(\boldsymbol{x})+\boldsymbol{g}(\boldsymbol{x})\boldsymbol{u}(t)+\Delta\boldsymbol{f}(\boldsymbol{x},t)+\boldsymbol{d}(t) \tag{4.19}$$

$$\boldsymbol{y}=\boldsymbol{x}$$

式中，状态变量为 $\boldsymbol{x}\in\boldsymbol{R}^n$；输入为 $\boldsymbol{u}\in\boldsymbol{R}^m$；输出为 $\boldsymbol{y}\in\boldsymbol{R}^n$；函数 $\boldsymbol{f}\in\boldsymbol{R}^n$，$\boldsymbol{g}\in\boldsymbol{R}^{n\times m}$；建模不确定性为 $\Delta\boldsymbol{f}\in\boldsymbol{R}^n$，干扰和故障为 $\boldsymbol{d}\in\boldsymbol{R}^n$；$\boldsymbol{x}^{(k)}$ 为 $\boldsymbol{x}$ 的 k 阶导数；满足以下条件：$|\Delta f_i(x,t)+d_i(t)|\leqslant D_i$，其中 $D_i\in R$，且 $D_i>0$；$g_i\neq 0$（$\forall i\in\overline{1,n}$）。

定义输出反馈滑模函数为 $\boldsymbol{s}=[s_1,s_2,\cdots,s_n]^{\mathrm{T}}$，其具体形式为：

$$s_i(\boldsymbol{x},t)=e_i^{(k-1)}+k_{i,k-2}e_i^{(k-2)}+\cdots+k_{i,1}e_i^{(1)}+k_{i,0}e_i+k_{i,-1}\int e_i\mathrm{d}t \tag{4.20}$$

其中：

$$\boldsymbol{e}_i^{(j)}=\frac{\mathrm{d}^j\boldsymbol{e}_i}{\mathrm{d}\boldsymbol{t}^j}=\boldsymbol{y}_{ic}^{(j)}-\boldsymbol{y}_i^{(j)} \tag{4.21}$$

系数 $K_{i,j}(\forall i\in\overline{1,n},\forall j\in\overline{-1,k-2})$ 满足赫维茨多项式条件，以确保输出 $\boldsymbol{y}$ 跟踪期望轨迹 $\boldsymbol{y}_c$。

$\boldsymbol{y}_c^{(j)}$ 为指令输出 $\boldsymbol{y}_c$ 的 j 阶导数； $s=0$ 为滑模面。

将式（4.20）求导，得到：

$$\begin{aligned}\dot{s}_i(\boldsymbol{x},t)&=e_i^{(k)}+k_{i,k-2}e_i^{(k-1)}+\cdots+k_{i,1}e_i^{(2)}+k_{i,0}\dot{e}_i+k_{i,-1}e_i\\&=e_i^{(k)}+\sum_{j=1}^{k-1}k_{i,j-1}e_i^{j}+k_{i,-1}e_i\end{aligned} \tag{4.22}$$

根据式（4.19）、式（4.22）右边第一项可以改写为：

$$\begin{aligned}e_i^{(k)}=\boldsymbol{y}_{ic}^{(k)}-\boldsymbol{y}_i^{(k)}&=\boldsymbol{y}_{ic}^{(k)}-\left[\ \boldsymbol{f}_i(\boldsymbol{x})+\boldsymbol{g}_i(\boldsymbol{x})\boldsymbol{u}(t)+\Delta\boldsymbol{f}_i(\boldsymbol{x},t)+\boldsymbol{d}_i(t)\ \right]\\&=\left[\boldsymbol{y}_{ic}^{(k)}-\boldsymbol{f}_i(\boldsymbol{x})\right]-\boldsymbol{g}_i(\boldsymbol{x})\boldsymbol{u}(t)-\Delta\boldsymbol{f}_i(\boldsymbol{x},t)-\boldsymbol{d}_i(t)\end{aligned} \tag{4.23}$$

则式（4.22）变为：

$$\dot{s}_i(\boldsymbol{x},t)=\left[\boldsymbol{y}_{ic}^{(k)}-\boldsymbol{f}_i(\boldsymbol{x})+\sum_{j=1}^{k-1}k_{i,j-1}e_i^{j}+k_{i,-1}e_i\right]-\boldsymbol{g}_i(\boldsymbol{x})\boldsymbol{u}(t)-\Delta\boldsymbol{f}_i(\boldsymbol{x},t)-\boldsymbol{d}_i(t) \tag{4.24}$$

为便于分析，令：

$$\boldsymbol{\Gamma}_i(\boldsymbol{x},t)=\boldsymbol{y}_{ic}^{(k)}-\boldsymbol{f}_i(\boldsymbol{x})+\sum_{j=1}^{k-1}k_{i,j-1}\boldsymbol{e}_i^{j}+k_{i,-1}\boldsymbol{e}_i \tag{4.25}$$

$$\tilde{\boldsymbol{u}}(t)=\boldsymbol{g}(\boldsymbol{x})\boldsymbol{u}(t) \tag{4.26}$$

$$\Delta\boldsymbol{\Gamma}_i(\boldsymbol{x},t)=-\Delta\boldsymbol{f}_i(\boldsymbol{x},t)-\boldsymbol{d}_i(t) \tag{4.27}$$

式中， $\boldsymbol{\Gamma}=\left[\Gamma_1,\Gamma_2,\cdots,\Gamma_n\right]^{\mathrm{T}}\in\boldsymbol{R}^n$， $\Delta\boldsymbol{\Gamma}=\left[\Delta\Gamma_1,\Delta\Gamma_2,\cdots,\Delta\Gamma_n\right]^{\mathrm{T}}\in\boldsymbol{R}^n$ 。

将式（4.25）~式（4.27）代入式（4.24），则：

$$\dot{s}_i(\boldsymbol{x},t)=\boldsymbol{\Gamma}_i+\Delta\boldsymbol{\Gamma}_i-\tilde{u}_i \tag{4.28}$$

为消除不确定因素导致的性能下降，设计滑模扰动观测器用于实时监控系统的不确定性，进而设计容错控制器 $\tilde{\boldsymbol{u}}(t)$ 。

定义辅助滑模函数：

$$\sigma_i=s_i+z_i \tag{4.29}$$

对式（4.20）求导得：

$$\dot{\sigma}_i=\dot{s}_i+\dot{z}_i \tag{4.30}$$

定义：

$$\dot{z}_i = \Gamma_i + \tilde{u}_i - \tilde{c}_i \tag{4.31}$$

式中，Γ_i 和 $\tilde{u}_i$ 可测；$\tilde{\boldsymbol{c}}_i$ 为观测器补偿项。

将式（4.31）代入式（4.30）中，可得：

$$\dot{\sigma}_i = \Delta\Gamma_i - c_i \tag{4.32}$$

如下定理给出了满足 $c_i \to \Delta\Gamma_i$ 的条件。

定理 4.1： 定义

$$c_i = (D_i + \eta_i)sign(\sigma_i) \tag{4.33}$$

式中，$\eta_i > 0$。则 σ_i 在 $t_{r,i}$ 时刻渐近趋近于零。当 $t > t_{r,i}$ 时，$c_i \to \Delta\Gamma_i$。

证明 4.1：

$$\begin{aligned}\sigma_i \cdot \dot{\sigma}_i &= \sigma_i \cdot (\Delta\Gamma_i - c_i) \\ &= \sigma_i \cdot \Delta\Gamma_i - \sigma_i \cdot (D_i + \eta_i)sign(\sigma_i) \\ &= \sigma_i \cdot \Delta\Gamma_i - |\sigma_i| \cdot (D_i + \eta_i) \\ &= (\Gamma_i \cdot \Delta\Gamma_i - |\sigma_i| \cdot D_i) - |\sigma_i| \cdot \eta_i\end{aligned} \tag{4.34}$$

由于

$$|\Delta f_i(\boldsymbol{x}, t) + d_i(t)| = |\Delta\Gamma_i| \leqslant D_i \tag{4.35}$$

所以

$$\sigma_i \cdot \Delta\Gamma_i - |\sigma_i| \cdot D_i < 0 \tag{4.36}$$

将式（4.36）式代入式（4.34）中，得：

$$\sigma_i \cdot \dot{\sigma}_i < -|\sigma_i| \cdot \eta_i < 0 \tag{4.37}$$

则 σ_i 在 $t_{r,i}$ 时刻渐近趋近于零。当 $t > t_{r,i}$ 时，$c_i \to \Delta\Gamma_i$。收敛时间 $t_{r,i}$ 可通过计算式（4.37）的积分得到：$t_{r,i} \leqslant |\sigma_i(0)| / \eta_i$。

为消除滑模观测器引起的颤振，可通过低通滤波器过滤，如简单的一阶滞后环节或连续 super-twisting 滑模控制器（STSMC）。

由上述信息，设计控制器 $\tilde{\boldsymbol{u}}$，消除不确定性。该控制器可应用在参数系统已知的情况，下面的定理证明了该系统的稳定性和实际输出的跟踪性。

定理 4.2： 如果 $\tilde{\boldsymbol{u}}$ 的表达式为：

$$\tilde{u}_i = \Gamma_i + K_i s_i + c_i \quad (K_i > 0) \tag{4.38}$$

$\varepsilon_i = \sum_{j=1}^{k-1} k_{i,j-1} e_i^{\,j} + k_{i,-1} e_i \;\; (\varepsilon \in R^n)$，且建模误差、干扰和故障信号有界，则系统能够稳定，且输出跟踪参考输入信号，跟踪误差 s_i 渐近趋近于零。

证明 4.2：

由式（4.25）得，控制器 $\tilde{\boldsymbol{u}}$ 为：

$$\tilde{u}_i = y_{ic}{}^{(k)} - f_i(x) + \varepsilon_i + K_i s_i + c_i \tag{4.39}$$

将式（4.39）代入式（4.38）中，则跟踪误差变为：

$$\dot{s}_i = -K_i s_i + \Delta\Gamma_i - c_i \tag{4.40}$$

由证明 4.1 可得，在有限的时间 $t_{r,i}$ 内，滑模观测器 $c_i \to \Delta\Gamma_i$，则有：

$$\dot{s}_i = -K_i s_i \tag{4.41}$$

可得到一个稳定的闭环系统，跟踪误差 s_i 渐近收敛为零，收敛速度由 K_i 决定。

由于观测器在每个回路以相同形式构成，这里只有当前计算的回路 1。以回路 1 为例，从前面的分析可得，回路 1 的广义误差为：

$$\boldsymbol{s}_{1,i} = \boldsymbol{e}_{1,i} + k_{1,i,1}\boldsymbol{e}_{1,i} + k_{1,i,2}\int \boldsymbol{e}_{1,i}\,\mathrm{d}t \tag{4.42}$$

式中，i=1, 2, 3，$\boldsymbol{e}_{1,i} = \left[e_1, e_{1,2}, e_{1,3}\right]^{\mathrm{T}} = \left[x_c - x, y_c - y, z_c - z\right]^{\mathrm{T}}$，期望轨迹为 $\boldsymbol{P}_c = \left[x_c, y_c, z_c\right]^{\mathrm{T}}$

对式（4.42）求导，得：

$$\begin{aligned}\dot{s}_{1,i} &= \ddot{e}_{1,i} + k_{1,i,1}\dot{e}_{1,i} + k_{1,i,2}e_{1,i} \\ &= \ddot{P}_{c,i} - f_{1,i} - m_{1,i} - \Delta f_{1,i} - d_{1,i} - u_{1,i} + k_{1,i,1}\dot{e}_{1,i} + k_{1,i2}e_{1,i}\end{aligned} \tag{4.43}$$

定义

$$\Gamma_{1,i} = \ddot{P}_{c,i} - f_{1,i} - m_{1,i} + k_{1,i,1}e_{1,i} + k_{1,i,2}e_{1,i} \tag{4.44}$$

$$\Delta\Gamma_{1,i} = -\Delta f_{1,i} - d_{1,i} \tag{4.45}$$

则

$$\dot{s}_{1,i} = \Gamma_{1,i} + \Delta\Gamma_{1,i} - u_{1,i} \tag{4.46}$$

控制器可设计为：

$$u_{1,i} = c_{1,i} + \varGamma_{1,i} + K_{1,i} s_{1,i} \tag{4.47}$$

虽然每个回路的参考信号已知，但参考信号的微分表达式仍需要计算，以供下一回路使用，而微分的计算是非常复杂的，故可使用线性跟踪微分器来间接获得导数项。通过这种方式，可以避免复杂计算，从而节省运算内存。

4.5　针对未知参数的自适应容错控制器设计

系统矩阵 $\boldsymbol{f}$ 和 $\boldsymbol{g}$ 未知时，由于 $\boldsymbol{\varGamma}_i$ 未知，上面的控制器不再适用。提出了自适应容错控制器，通过观测器和参数估计方法的结合，即使在系统未知时出现多故障（故障时间、模式和大小未知），仍可以保证准确的跟踪。本小节设计了自适应参数 $\hat{\boldsymbol{f}}$ 、 $\hat{\boldsymbol{g}}$ 和 $\hat{\boldsymbol{c}}$ ，分别用来估计 $\boldsymbol{f}$、 $\boldsymbol{g}$ 和 $\boldsymbol{c}$。

使用式（4.39）的估计形式，重构控制器变为

$$\tilde{\boldsymbol{u}}(t) = \hat{\boldsymbol{g}}(\boldsymbol{x})\boldsymbol{u}(t) = \boldsymbol{y}_c^{(k)} - \hat{\boldsymbol{f}}(\boldsymbol{x}) + \boldsymbol{\varepsilon}(\boldsymbol{x},t) + K\boldsymbol{s}(\boldsymbol{x},t) + \hat{\boldsymbol{c}}(\boldsymbol{s}) \tag{4.48}$$

定理 4.3： 定义

$$\hat{\boldsymbol{f}} = \boldsymbol{\theta}_f^{\mathrm{T}} \varphi(\boldsymbol{x}) \tag{4.49}$$

$$\hat{\boldsymbol{g}} = \boldsymbol{\theta}_g^{\mathrm{T}} \xi(\boldsymbol{x}) \tag{4.50}$$

$$\hat{\boldsymbol{c}} = \boldsymbol{\theta}_c^{\mathrm{T}} \phi(\boldsymbol{s}) \tag{4.51}$$

式中， $\varphi(\boldsymbol{x})$ 、 $\xi(\boldsymbol{x})$ 和 $\phi(\boldsymbol{s})$ 为参数的已知项；向量 $\boldsymbol{\theta}_f$ 、 $\boldsymbol{\theta}_g$ 和 $\boldsymbol{\theta}_c$ 未知，可由以下的自适应律得到：

$$\dot{\boldsymbol{\theta}}_f = -r_1 \boldsymbol{s}^{\mathrm{T}} \varphi(\boldsymbol{x}) \tag{4.52}$$

$$\dot{\boldsymbol{\theta}}_g = -r_2 \boldsymbol{s}^{\mathrm{T}} \xi(\boldsymbol{x}) \tag{4.53}$$

$$\dot{\boldsymbol{\theta}}_c = -r_3 \boldsymbol{s}^{\mathrm{T}} \phi(\boldsymbol{s}) \tag{4.54}$$

式中， r_1 、 r_2 和 r_3 为正常数。则参数未知下的系统跟踪参考信号，信号稳定。

证明 4.3：

定义$\boldsymbol{\theta}_f$、$\boldsymbol{\theta}_g$和$\boldsymbol{\theta}_c$最优参数分别为$\boldsymbol{\theta}_f^*$、$\boldsymbol{\theta}_g^*$和$\boldsymbol{\theta}_c^*$，定义逼近误差为：

$$p = f(x) - \hat{f}(x\,|\,\theta_f) + \left[g(x) - \hat{g}(x\,|\,\theta_g)\right]u \tag{4.55}$$

则最优逼近误差$p_{\min}$为：

$$p_{\min} = f(x) - \hat{f}(x\,|\,\theta_f^*) + \left[g(x) - \hat{g}(x\,|\,\theta_g^*)\right]u \tag{4.56}$$

基于自适应逼近理论，$p_{\min} \to 0$。由式（4.56）得：

$$f(x) + g(x)u = p_{\min} + \hat{f}(x\,|\,\theta_f^*) + \hat{g}(x\,|\,\theta_g^*)u \tag{4.57}$$

定义$\tilde{\theta}_{fi} = \theta_{fi}^* - \theta_{fi}$，$\tilde{\theta}_{gi} = \theta_{gi}^* - \theta_{gi}$，$\tilde{\theta}_{ci} = \theta_{ci}^* - \theta_{ci}$，对于第$i$个状态变量，定义李雅普诺夫函数为：

$$V_i = \frac{1}{2}\left(s_i^2 + \frac{1}{r_1}\tilde{\boldsymbol{\theta}}_{fi}^{\mathrm{T}}\tilde{\boldsymbol{\theta}}_{fi} + \frac{1}{r_2}\tilde{\boldsymbol{\theta}}_{gi}^{\mathrm{T}}\tilde{\boldsymbol{\theta}}_{gi} + \frac{1}{r_3}\tilde{\boldsymbol{\theta}}_{ci}^{\mathrm{T}}\tilde{\boldsymbol{\theta}}_{ci}\right) \tag{4.58}$$

则

$$V_i = s_i\dot{s}_{\boldsymbol{i}} + \frac{1}{r_1}\tilde{\boldsymbol{\theta}}_{fi}^{\mathrm{T}}\dot{\tilde{\boldsymbol{\theta}}}_{fi} + \frac{1}{r_2}\tilde{\boldsymbol{\theta}}_{gi}^{\mathrm{T}}\dot{\tilde{\boldsymbol{\theta}}}_{gi} + \frac{1}{r_3}\tilde{\boldsymbol{\theta}}_{ci}^{\mathrm{T}}\dot{\tilde{\boldsymbol{\theta}}}_{ci} \tag{4.59}$$

$$\begin{aligned}
\dot{s}_i(\boldsymbol{x},t) &= \boldsymbol{e}_i^{(k)} + \sum_{j=1}^{k-1} k_{i,j-1}e_i^{j} + k_{i,-1}e_i \\
&= y_{ic(k)} - \left[\boldsymbol{f}_i(\boldsymbol{x}) + \boldsymbol{g}_i(\boldsymbol{x})\boldsymbol{u}(t) + \Delta\boldsymbol{f}_i(\boldsymbol{x},t) + \boldsymbol{d}_i(t)\right] + \varepsilon_i(\boldsymbol{x},t) \\
&= y_{ic}^{(k)} - \left[\boldsymbol{f}_i(\boldsymbol{x}) + \hat{\boldsymbol{g}}_i(\boldsymbol{x})\boldsymbol{u}(t) + (\boldsymbol{g}_i(\boldsymbol{x}) - \hat{\boldsymbol{g}}_i(\boldsymbol{x}))\boldsymbol{u}(t) + \Delta\boldsymbol{f}_i(\boldsymbol{x},t) + \boldsymbol{d}_i(t)\right] + \boldsymbol{\varepsilon}_i(\boldsymbol{x},t) \\
&= y_{ic}^{(k)} - \begin{bmatrix} \boldsymbol{f}_i(\boldsymbol{x}) + \boldsymbol{y}_{ic}^{(k)} - \boldsymbol{f}_i(\boldsymbol{x}) + \boldsymbol{\varepsilon}_i(\boldsymbol{x},t) + \boldsymbol{K}_i\boldsymbol{s}_i(\boldsymbol{x},t) \\ +\hat{\boldsymbol{c}}_i(\boldsymbol{s}) + (\boldsymbol{g}_i(\boldsymbol{x}) - \hat{\boldsymbol{g}}_i(\boldsymbol{x}))\boldsymbol{u}(t) + \Delta\boldsymbol{f}_i(\boldsymbol{x},t) + \boldsymbol{d}_i(t) \end{bmatrix} + \boldsymbol{\varepsilon}_i(\boldsymbol{x},t) \\
&= -\left[\boldsymbol{f}_i(\boldsymbol{x}) - \boldsymbol{f}_i(\boldsymbol{x}) + K_i\boldsymbol{s}_i(\boldsymbol{x},t) + \hat{\boldsymbol{c}}_i(\boldsymbol{s}) + (\boldsymbol{g}_i(\boldsymbol{x}) - \hat{\boldsymbol{g}}_i(\boldsymbol{x}))\boldsymbol{u}(t) + \Delta\boldsymbol{f}_i(\boldsymbol{x},t) + \boldsymbol{d}_i(t)\right] \\
&= \left[\hat{\boldsymbol{f}}_i(\boldsymbol{x}) + \hat{\boldsymbol{g}}_i(\boldsymbol{x}))\boldsymbol{u}(t)\right] - \left[\boldsymbol{f}_i(\boldsymbol{x}) + \boldsymbol{g}_i(\boldsymbol{x}))\boldsymbol{u}(t)\right] - \left[\boldsymbol{K}_i\boldsymbol{s}_i(\boldsymbol{x},t) + \boldsymbol{c}_i(\boldsymbol{s}) + \Delta\boldsymbol{f}_i(\boldsymbol{x},t) + \boldsymbol{d}_i(t)\right] \\
&= \left[\hat{\boldsymbol{f}}_i(\boldsymbol{x}) + \hat{\boldsymbol{g}}_i(\boldsymbol{x}))\boldsymbol{u}(t)\right] - \left[\boldsymbol{p}_{\min} + \hat{\boldsymbol{f}}(\boldsymbol{x}\,|\,\boldsymbol{\theta}_f^*) + \hat{\boldsymbol{g}}(\boldsymbol{x}\,|\,\boldsymbol{\theta}_g^*)\boldsymbol{u}\right] - \begin{bmatrix} \boldsymbol{K}_i\boldsymbol{s}_i(\boldsymbol{x}) + \hat{\boldsymbol{c}}_i(\boldsymbol{s}) \\ +\Delta\boldsymbol{f}_i(\boldsymbol{x},t) + \boldsymbol{d}_i(t) \end{bmatrix} \\
&= \left[\boldsymbol{\theta}_{fi}^{\mathrm{T}}\boldsymbol{\varphi}(\boldsymbol{x}) - \boldsymbol{\theta}_{fi}{*}^{\mathrm{T}}\,\boldsymbol{\varphi}(\boldsymbol{x})\right] + \left[\boldsymbol{\theta}_{gi}^{\mathrm{T}}\boldsymbol{\xi}(\boldsymbol{x}) - \boldsymbol{\theta}_{gi}^{*\mathrm{T}}\boldsymbol{\xi}(\boldsymbol{x})\right] \\
&\quad - \boldsymbol{p}_{\min} + \boldsymbol{K}_i\boldsymbol{s}_i(\boldsymbol{x},t) - \left[\Delta\boldsymbol{f}_i(\boldsymbol{x},t) + \boldsymbol{d}_i(t)\right] - \left[\hat{\boldsymbol{c}}_i(\boldsymbol{s}) + \hat{\boldsymbol{c}}(\boldsymbol{x}\,|\,\boldsymbol{\theta}_c^*)\right] - \hat{\boldsymbol{c}}(\boldsymbol{x}\,|\,\boldsymbol{\theta}_c^*) \\
&= -\tilde{\boldsymbol{\theta}}_{fi}^{\mathrm{T}}\boldsymbol{\varphi}(\boldsymbol{x}) - \tilde{\boldsymbol{\theta}}_{gi}^{\mathrm{T}}\boldsymbol{\xi}(\boldsymbol{x}) - \tilde{\boldsymbol{\theta}}_{ci}^{\mathrm{T}}\boldsymbol{\varphi}(\boldsymbol{x}) - \boldsymbol{p}_{\min} - \boldsymbol{K}_i\boldsymbol{s}_i(\boldsymbol{x},t) - \left[\hat{\boldsymbol{c}}(\boldsymbol{x}\,|\,\boldsymbol{\theta}_c^*) - \Delta\boldsymbol{\Gamma}_i\right]
\end{aligned} \tag{4.60}$$

将式（4.60）代入式（4.59）得：

$$
\begin{aligned}
\dot{V}_i &= \boldsymbol{s}_i\left\{-\tilde{\boldsymbol{\theta}}_{fi}{}^{\mathrm{T}}\varphi(\boldsymbol{x})-\tilde{\boldsymbol{\theta}}_{gi}{}^{\mathrm{T}}\xi(\boldsymbol{x})-\tilde{\boldsymbol{\theta}}_{ci}{}^{\mathrm{T}}\phi(\boldsymbol{x})-\boldsymbol{p}_{\min}-\boldsymbol{K}_i\boldsymbol{s}_i(\boldsymbol{x},t)-\left[\tilde{c}(\boldsymbol{x}\,|\,\boldsymbol{\theta}_c^*)-\Delta\boldsymbol{\Gamma}_i\right]\right\} \\
&\quad+\frac{1}{r_1}\tilde{\boldsymbol{\theta}}_{fi}{}^{\mathrm{T}}\dot{\tilde{\boldsymbol{\theta}}}_{fi}+\frac{1}{r_2}\tilde{\boldsymbol{\theta}}_{gi}{}^{\mathrm{T}}\dot{\tilde{\boldsymbol{\theta}}}_{gi}+\frac{1}{r_3}\tilde{\boldsymbol{\theta}}_{ci}{}^{\mathrm{T}}\dot{\tilde{\boldsymbol{\theta}}}_{ci} \\
&=\left[\frac{1}{r_1}\tilde{\boldsymbol{\theta}}_{fi}{}^{\mathrm{T}}\dot{\tilde{\boldsymbol{\theta}}}_{fi}-\boldsymbol{s}_i\tilde{\boldsymbol{\theta}}_{fi}{}^{\mathrm{T}}\varphi(\boldsymbol{x})\right]+\left[\frac{1}{r_2}\tilde{\boldsymbol{\theta}}_{gi}{}^{\mathrm{T}}\dot{\tilde{\boldsymbol{\theta}}}_{gi}-\boldsymbol{s}_i\tilde{\boldsymbol{\theta}}_{gi}{}^{\mathrm{T}}\xi(\boldsymbol{x})\right] \\
&\quad+\left[\frac{1}{r_3}\tilde{\boldsymbol{\theta}}_{ci}{}^{\mathrm{T}}\dot{\tilde{\boldsymbol{\theta}}}_{ci}-\boldsymbol{s}_i\tilde{\boldsymbol{\theta}}_{ci}{}^{\mathrm{T}}\phi(\boldsymbol{s})\right]-\boldsymbol{s}_i\left[\hat{c}(\boldsymbol{x}\,|\,\boldsymbol{\theta}_c^*)\to\Delta\boldsymbol{\Gamma}_i\right]-\boldsymbol{s}_i\boldsymbol{p}_{\min}-\boldsymbol{K}_i\boldsymbol{s}_i^2
\end{aligned}
\tag{4.61}
$$

由于 $\dot{\tilde{\boldsymbol{\theta}}}_{fi}=-\dot{\hat{\boldsymbol{\theta}}}_{fi}$，$\dot{\tilde{\boldsymbol{\theta}}}_{gi}=-\dot{\hat{\boldsymbol{\theta}}}_{gi}$，$\dot{\tilde{\boldsymbol{\theta}}}_{ci}=-\dot{\hat{\boldsymbol{\theta}}}_{ci}$，$\hat{c}(\boldsymbol{x}\,|-\boldsymbol{\theta}_c^*)\to\Delta\boldsymbol{\Gamma}_i$，$p_{\min}\to 0$，将式（4.54）～式（4.56）代入式（4.61）得：

$$
\dot{V}_i \leqslant -K_i s_i^2 \leqslant 0 \tag{4.62}
$$

故系统稳定，且实际输出跟踪期望轨迹。

4.6　各控制器间的时间尺度分析

实现整个控制系统时，由于各回路之间的稳定性和收敛速度之间的关系，需要考虑对执行器的相应要求。因此，通过时间尺度分析，选择四旋翼直升机的控制器参数。

1．每个回路的稳定性

首先，第一回路的跟踪误差需渐近收敛于零，故广义误差必须满足赫维茨稳定，即：

$$
s_{1,j}=\dot{e}_{1,j}+k_{1,j,1}e_{1,j}+k_{1,j,2}\int e_{1,j}\mathrm{d}t=0 \tag{4.63}
$$

$$
\dot{s}_{1,j}=\ddot{e}_{1,j}+k_{1,j,1}\dot{e}_{1,j}+k_{1,j,2}e_{1,j}=0 \tag{4.64}
$$

同理，其他回路需满足：

$$
\dot{s}_{i,j}=\dot{e}_{i,j}+k_{i,j,}e_{i,j}=0 \tag{4.65}
$$

四个回路的特征值分别为 $\lambda_{1,j,1}/\lambda_{1,j,2}$，$\lambda_{2,j}$，$\lambda_{3,j}$和$\lambda_{4,j}$。为保证稳定，系数 $k_{i,j}$ 必须满足如下等式：

$$Re(\lambda_{1,j,1}/\lambda_{1,j,2})<0 \tag{4.66}$$

$$Re(\lambda_{ij})<0\ \ (i=2,3,4) \tag{4.67}$$

2. 回路与回路之间收敛速度之间的关系（动力学）

相对于外回路，内回路是快变量，因此，设计控制器时，内回路应该有更快的收敛速度。故应满足以下方程

$$\max_{j=1,2,3,4} Re(\lambda_{4,j})<\min_{j=1,2,3} Re(\lambda_{3,j}) \tag{4.68}$$

$$\max_{j=1,2,3} Re(\lambda_{3,j})<\min_{j=1,2,3} Re(\lambda_{2,j}) \tag{4.69}$$

$$\max_{j=1,2,3} Re(\lambda_{3,j})<\min_{j=1,2,3} Re(\lambda_{1,j,1}/\lambda_{1,j,2}) \tag{4.70}$$

3. 回路与回路之间收敛速度之间的关系（滑模控制律）

设计 $\tilde{\boldsymbol{u}}$ 后，可得到广义误差 $\dot{s}=-K_i s_i$ 。每个回路的收敛速度由 K_i 决定。为使内回路相对于外回路收敛速度更快，确保内回路输出稳定，K_i 应满足以下关系

$$\max_{j=1,2,3,4} K_i^4 > \min_{j=1,2,3} K_i^3 \tag{4.71}$$

$$\max_{j=1,2,3} K_i^3 > \min_{j=1,2,3} K_i^2 \tag{4.72}$$

$$\max_{j=1,2,3} K_i^2 > \min_{j=1,2,3} K_i^1 \tag{4.73}$$

4. 辅助滑模变量和滑模变量之间的关系

辅助滑模变量是为了观测系统的不确定性而设计的，在观测器达到稳定值后，广义误差才会收敛到零，即观测器 $c_i=(D_i+\eta_i)sign(\sigma_i)$ 的收敛速度要快于误差 s_i 的收敛速度，这样才能保证控制器的实用性。由于 σ_i 在 $t_{r,i}\leqslant|\sigma_i(0)|/\eta_i$ 时收敛，故 s_i 应该在 $t_{r,i}$ 时刻后收敛到零。故 $t_{r,i}$ 应该比 s_i 的收敛时间小，须满足以下方程

$$\eta_{i,j}>\frac{K_{i,j}}{3}|\sigma_{i,j}(0)| \tag{4.74}$$

4.7 系统仿真验证与分析

为验证本章提出自愈合控制方法的有效性，使用 MATLAB/Simulink 平台，引用文

献[104]的数据（见表 4.1），在系统具有参数不确定性、高频噪声影响、执行器故障几种情况下模拟轨迹跟踪控制。控制目标是使位置跟踪参考指令输入。首先，评估自适应控制的参数估计能力。然后，在参数的不确定性、高频噪声和执行器部分失效故障下评估方法的可行性。

表 4.1　四旋翼直升机系统参数

参数	参数值	单位	参数	参数值	单位
m	0.468	kg	j_r	3.357×10^{-5}	$\mathrm{kg\cdot m^2}$
g	9.81	m/s	J_x	4.856×10^{-3}	$\mathrm{kg\cdot m^2}$
d	0.225	m	J_y	4.856×10^{-3}	$\mathrm{kg\cdot m^2}$
b	2.98×10^{-6}	$\mathrm{N\cdot s/rad^2}$	J_z	8.801×10^{-3}	$\mathrm{kg\cdot m^2}$
k	1.14×10^{-7}	$\mathrm{N\cdot m\cdot s/rad^2}$	C_y	6.15×10^{-5}	$\mathrm{kg\cdot m^2/s}$

1. 自适应参数估计

通过力学分析，可获得系统结构，但由于测量困难，参数值是未知的。为了验证参数估计控制器的有效性，仿真时，没有添加扰动或故障。给定位置指令为 $x_c=10t$，$y_c=5\sin t$，$z_c=5$，偏航角指令为 $\psi_c=0$。需设置的参数如下：输入、输出的采样周期为 2ms，参数的更新频率为 5ms，θ_f、θ_g 和 θ_c 的初始值为 0.10°。使用控制律式（4.18），自适应参数为 $r_1=5$、$r_2=1$、$r_3=10$。指令跟踪结果如图 4.3~图 4.8 所示。

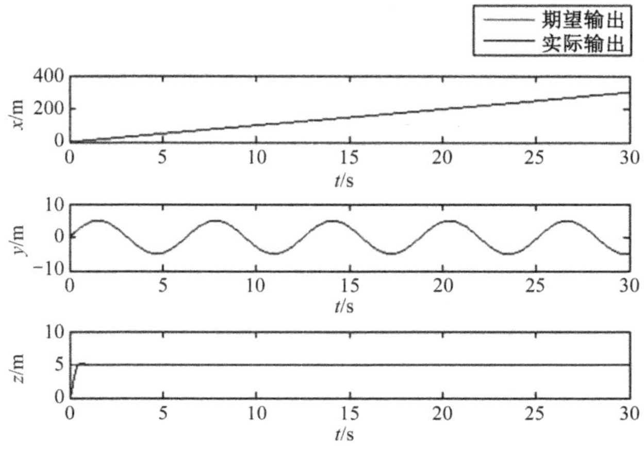

图 4.3　自适应参数估计下的位置输出（回路 1）

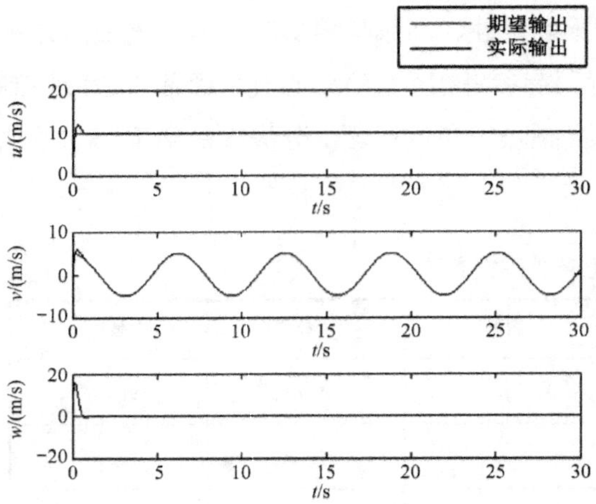

图 4.4　自适应参数估计下的速度输出（回路 1）

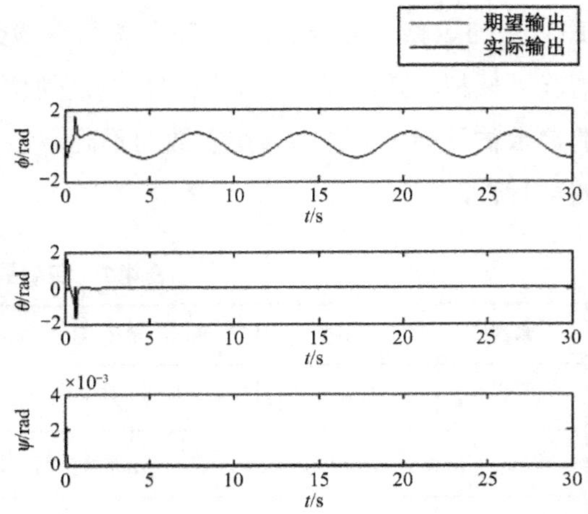

图 4.5　自适应参数估计下的欧拉角输出（回路 2）

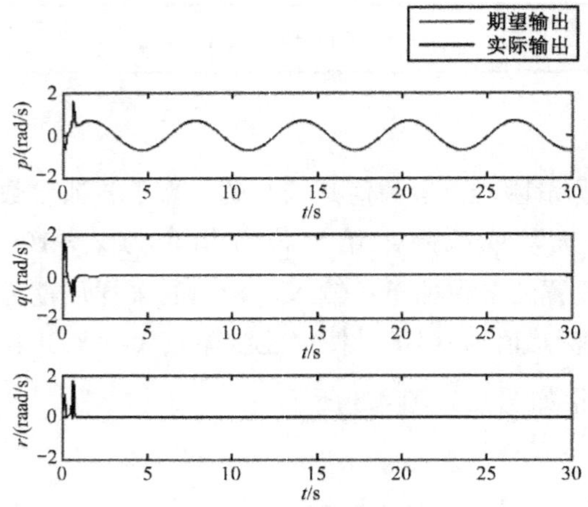

图 4.6　自适应参数估计下的角速度输出（回路 3）

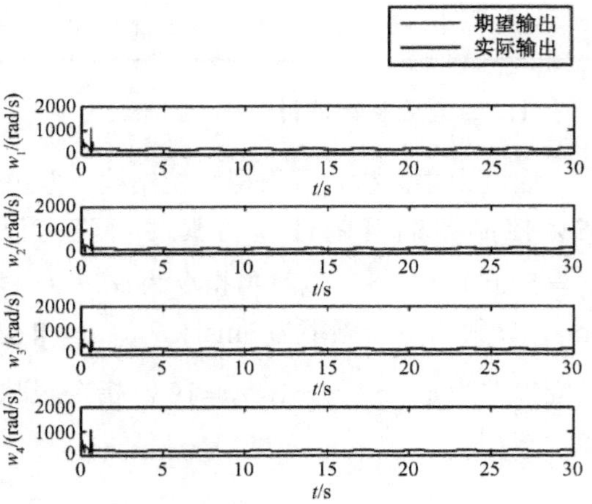

图 4.7　自适应参数估计下的电机转速输出（回路 4）

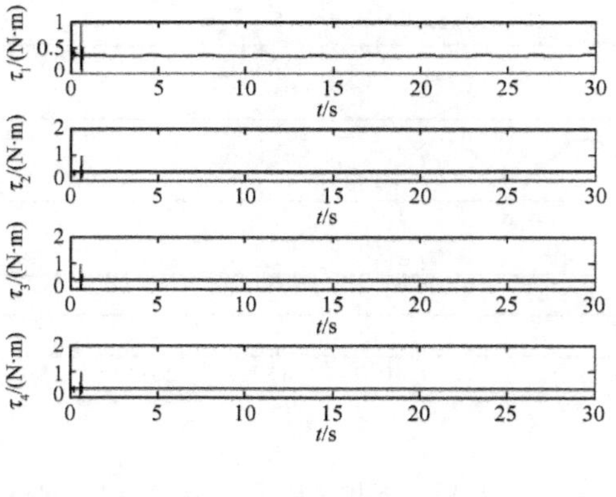

图 4.8　自适应参数估计下的电机转矩输出（实际控制量）

图 4.3 和图 4.4 分别表示实际输入与系统输入的位置（回路 1）、速度（回路 1）对比，从图中可看出，控制器可估计系统参数，显示出良好的跟踪能力，无论跟踪的是阶跃、斜坡还是正弦信号。图 4.5 和图 4.6 表示了欧拉角回路（回路 2）和角速度回路（回路 3），与回路 1 一样显示出了相同的跟踪能力。图 4.7 描述了电机回路的曲线（回路 4），在转速有上限的情况下，也显示出了令人满意的工作效果。最后，图 4.8 表示了电机转矩的输出，即实际系统的控制变量。可以看出，实际的输出转矩是连续的，可应用于实际电机。图 4.3~图 4.8 显示出了所有回路的稳定状态。

从结果中可看出，自适应估计达到了很好的效果，显示出了良好的跟踪能力。

2．参数不确定性和高频噪声下的容错控制

为了证明该方案的鲁棒性，在参数不确定、高频噪声的不同干扰下进行了仿真试验。自适应估计参数如 4.4 节所述，设置 30%的模型不确定性，包括四旋翼直升机的质量、惯性、空气动力系数，来模拟实际参数和理想参数之间的差异。在回路 1 中的俯仰、滚转、偏航三个通道添加信号为 $\sin 10t$ 的正弦高频噪声。四个回路及电机转矩的信号结果如图 4.9~图 4.14 所示。

如图 4.9～图 4.14 所示，即使存在不确定性，仍能实现令人满意的输出跟踪。在开始阶段由于电机的启动过程有一小段跟踪误差，之后则快速跟踪到参考指令。良好的结果主要有两个原因：首先，由于自适应估计方法的实时调整，即使参数有偏差或漂移，也不会导致跟踪性能的下降；其次，滑模观测器可快速补偿外部扰动，如仿真所示，尽管噪声的频率很高，控制器也能响应快速、实现有效的补偿。

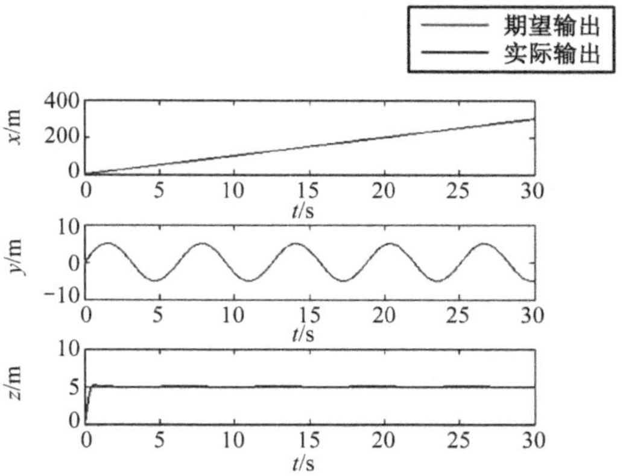

图 4.9　参数未知和高频噪声下的位置输出（回路 1）

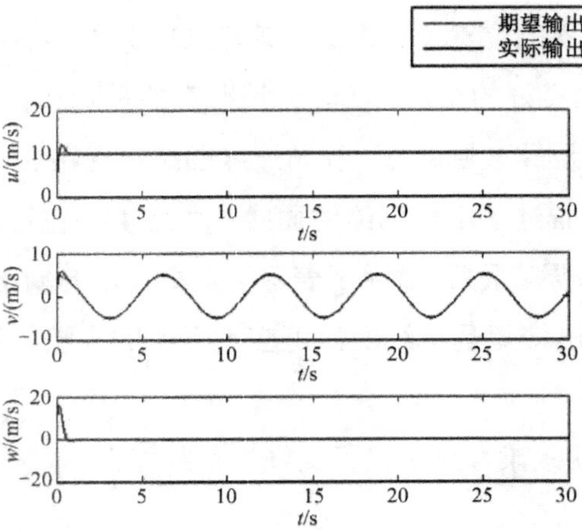

图 4.10　参数未知和高频噪声下的速度输出（回路 1）

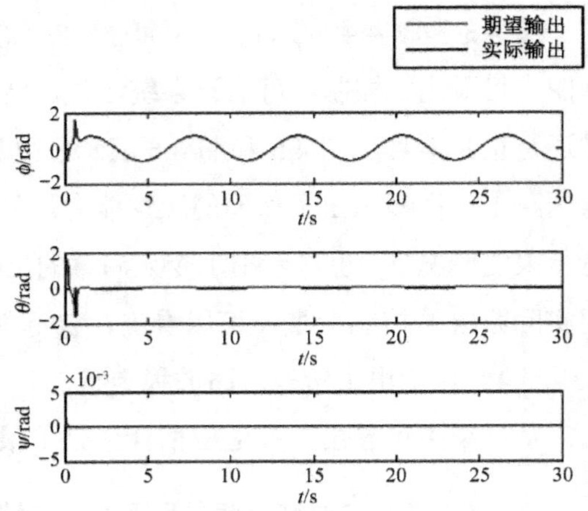

图 4.11　参数未知和高频噪声下的欧拉角输出（回路 2）

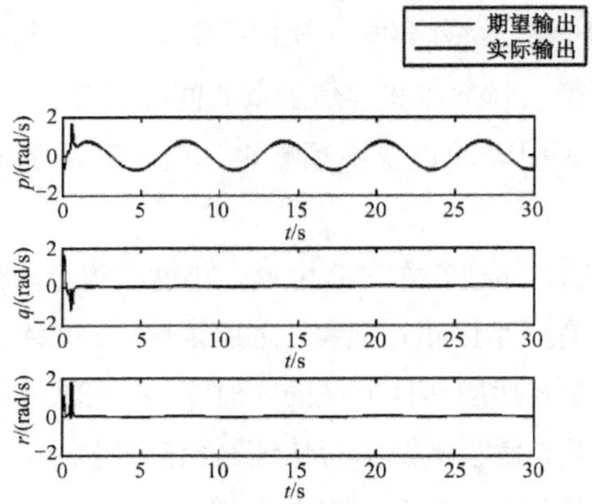

图 4.12　参数未知和高频噪声下的角速度输出（回路 3）

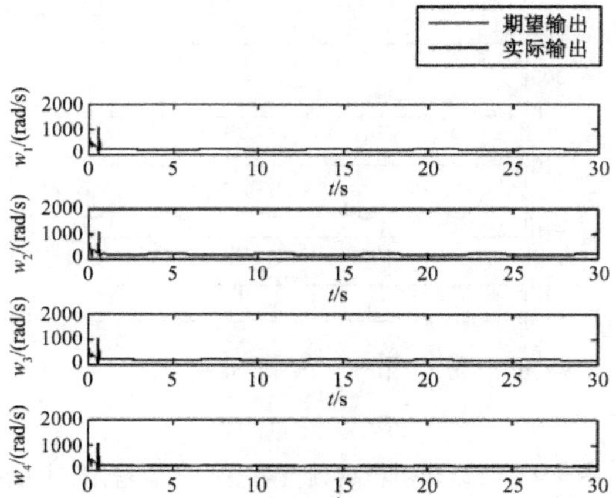

图 4.13　参数未知和高频噪声下的电机转速输出（回路 4）

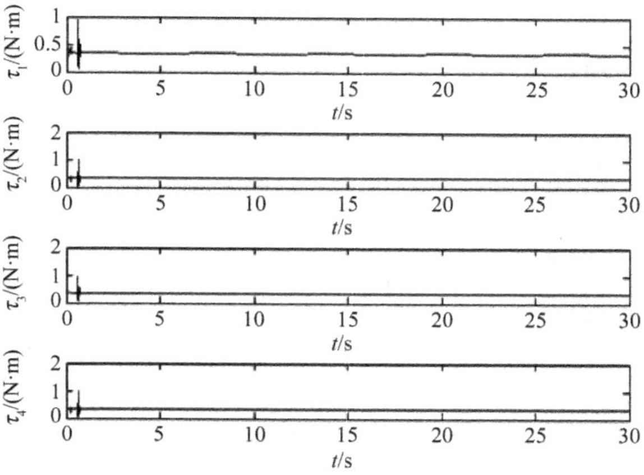

图 4.14　参数未知和高频噪声下的电机转矩输出（实际控制量）

从仿真结果可看出，参数不确定性和外部扰动并不影响控制器的跟踪精度，证明了该控制器的鲁棒性。

3．执行器故障下的自愈合控制

最后测试方案的自愈合控制能力，设置故障发生在电机 2 和电机 3 上，均在 10s 产生 20%的部分失效。这种故障可能发生的情况如螺旋桨桨叶损坏，从而改变其空气动力学系数。

因为回路 1~3 显示了几乎相同的结果，故这些冗余的数据并不再加阐述。电机转速的结果（回路 4）如图 4.15 所示，电机转矩的结果如图 4.16 所示。

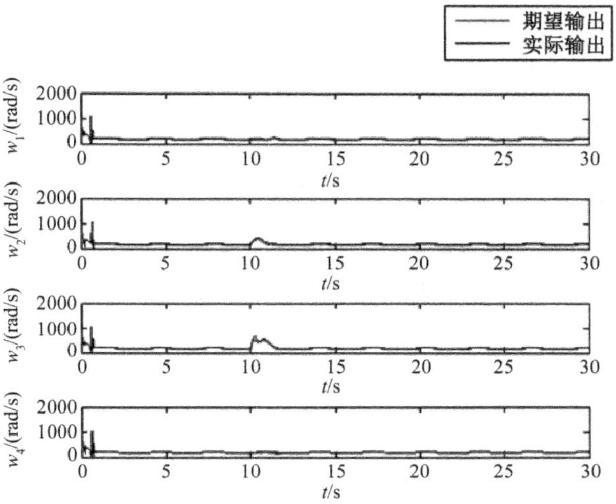

图 4.15　多故障下的电机转速输出（回路 4）

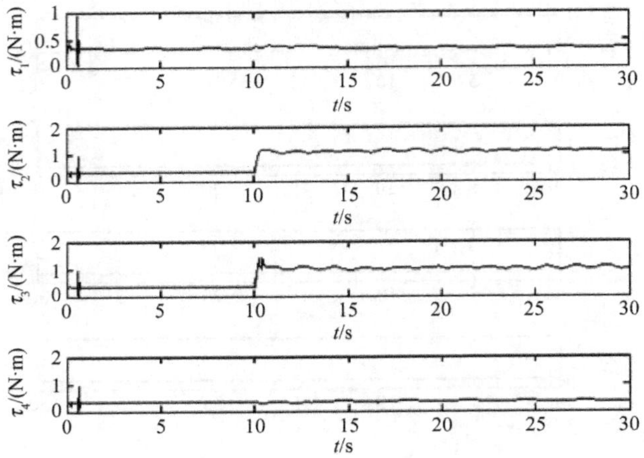

图 4.16　多故障下的电机转矩输出（实际控制量）

图 4.15 表明，电机转速略微受到故障的影响。原因在于，俯仰角是由电机 1 和电机 3 产生的速度差造成的，滚转角是由电机 2 和电机 4 的速度差造成的，当故障发生在转子 2 和转子 3，损坏了四个电机原有的平衡导致俯仰角和滚转角的突变。然而，这里提出的自愈合控制器通过增加电机 2 和电机 3 的转矩，补偿了电机速度误差带来的影响，如图 4.16 所示。当多个执行机构故障发生，即使发生时间、故障模式和故障定位不明，观测器仍可以有效地检测到故障信息。系统误差可以收敛到零，多故障下仍可以保证轨迹跟踪能力。

4.8　本章小结

本章为实现四旋翼直升机良好的位置跟踪和姿态的调整能力，在具有参数不确定性、外部干扰和多执行器故障下，提出了基于时间尺度分析的多回路结构，并设计了基于滑模故障观测器和自适应估计方法的自愈合控制器。仿真结果表明，提出的控制方法可以实现良好的跟踪精度和自愈合性能。

第 5 章

基于前馈补偿和直接自适应的四旋翼直升机自愈合控制

5.1 引　言

在本章中，所提出的基于直接自适应的自愈合控制律就是利用冗余的控制机制来重构故障系统并确保直升机的飞行安全。文献[105]提出了一种基于外环补偿的直接自适应控制方法来解决故障飞行器的容错控制问题。文献[106]针对四旋翼直升机的未知故障，设计了一种基于滑模的直接自适应控制方法，保证了姿态系统的稳定跟踪。本章提出的直接自适应律的主要控制思想就是使得被控系统的性能能够跟随预先设计的参考模型，但被控系统的模型结构和参数不需要和参考模型一致。与其他针对飞行器的故障补偿方法[107,108]相比，本章设计的直接自适应控制器不需要预知故障的情况便可实现故障自愈合。基于前馈补偿和直接自适应控制的四旋翼直升机自愈合控制器设计主要包括以下几个部分：首先，针对四旋翼直升机不稳定模型，设计了二次型基础控制器，来解决四旋翼直升机在正常状态下的建模不确定性和外部干扰问题；然后，针对直升机的故障模型设计了直接自适应控制律来实现重构和轨迹跟踪；为了保证自适应控制器满足正实性的条件，又设计了一个并联前馈补偿器来满足控制需求。

5.2 四旋翼直升机控制系统与问题描述

考虑到建模不确定性和外部干扰，四旋翼直升机的数学模型可用如下的状态空间方程表示：

$$\begin{cases}\dot{\boldsymbol{x}}_p(t)=\boldsymbol{A}_p\boldsymbol{x}_p(t)+\boldsymbol{B}_p\boldsymbol{u}(t)+\boldsymbol{d}_i(t)\\ \boldsymbol{y}_p(t)=\boldsymbol{C}_p\boldsymbol{x}_p(t)+\boldsymbol{d}_o(t)\end{cases} \tag{5.1}$$

$$\boldsymbol{A}_p=\boldsymbol{A}+\Delta\boldsymbol{A},\boldsymbol{B}_p=\boldsymbol{B}+\Delta\boldsymbol{B} \tag{5.2}$$

式中，$\boldsymbol{x}_p(t)\in\boldsymbol{R}^{n_p}$ 为系统状态向量；$\boldsymbol{u}(t)\in\boldsymbol{R}^{m_p}$ 为控制输入向量，$\boldsymbol{y}_p(t)\in\boldsymbol{R}^{q_p}$ 为输出向量；$\boldsymbol{A}_p\in\boldsymbol{R}^{n_p\times n_p}$，$\boldsymbol{B}_p\in\boldsymbol{R}^{n_p\times m_p}$，$\boldsymbol{C}_p\in\boldsymbol{R}^{q_p\times n_p}$ 为系统矩阵；$\boldsymbol{d}_i(t)\in\boldsymbol{R}^{n_p}$，$\boldsymbol{d}_o(t)\in\boldsymbol{R}^{q_p}$ 分别为有界的输入输出通道干扰；$\Delta\boldsymbol{A}$，$\Delta\boldsymbol{B}$ 为系统适维的有界参数摄动矩阵。

当控制系统发生驱动器控制部分失效（Loss of Effectiveness，LOE）故障时，便可以得到如下四旋翼直升机的故障模型：

$$\begin{cases}\dot{\boldsymbol{x}}_p(t)=\boldsymbol{A}_p\boldsymbol{x}_p(t)+\boldsymbol{B}_p\boldsymbol{\Sigma}\boldsymbol{u}(t)+\boldsymbol{d}_i(t)\\ \boldsymbol{y}_p(t)=\boldsymbol{C}_p\boldsymbol{x}_p(t)+\boldsymbol{d}_o(t)\end{cases} \tag{5.3}$$

其中

$$\boldsymbol{\Sigma}=diag(\sigma_1,\ \sigma_2,\cdots,\sigma_{m_p}) \tag{5.4}$$

如果 $\sigma_i=1$，表示直升机的每个驱动器都处于正常工作状态下；如果 $0<\sigma_i<1$，表示驱动器控制性能部分失效，并且失效的程度是未知的。

这里设计的基于直接自适应的自愈合控制律的目标就是设计出一个总的控制输入信号 $\boldsymbol{u}(t)$，使得闭环系统中所有信号都有界且四旋翼直升机的输出 $\boldsymbol{y}_p(t)$ 跟踪下述参考模型的输出：

$$\begin{cases}\dot{\boldsymbol{x}}_m(t)=\boldsymbol{A}_m\boldsymbol{x}_m(t)+\boldsymbol{B}_m\boldsymbol{r}(t)\\ \boldsymbol{y}_m(t)=\boldsymbol{C}_m\boldsymbol{x}_m(t)\end{cases} \tag{5.5}$$

式中，$\boldsymbol{x}_m(t)\in\boldsymbol{R}^{n_m}$ 为状态向量；$\boldsymbol{r}(t)\in\boldsymbol{R}^{m_m}$ 为参考输入向量；$\boldsymbol{y}_m(t)\in\boldsymbol{R}^{q_m}$ 为输出向量；$\boldsymbol{A}_m\in\boldsymbol{R}^{n_m\times n_m}$，$\boldsymbol{B}_m\in\boldsymbol{R}^{n_m\times m_m}$，$\boldsymbol{C}_m\in\boldsymbol{R}^{q_m\times n_m}$ 为参考模型系统矩阵。

5.3 自愈合控制方案设计

5.3.1 内环基础控制律设计

针对四旋翼直升机控制系统建模存在不确定性和外部干扰的问题，在内环控制器中，设计具有稳定裕度的线性二次型反馈控制器来解决此问题。

对于式（5.1）描述的系统，设计具有预设稳定度的二次型性能指标如下：

$$J=\frac{1}{2}\int_0^{\infty}e^{2\alpha t}[\boldsymbol{x}_p^{\mathrm{T}}\boldsymbol{Q}_1x_p+\boldsymbol{u}^{\mathrm{T}}\boldsymbol{R}_1\boldsymbol{u}]\mathrm{d}t \tag{5.6}$$

式中，$\boldsymbol{Q}_1\in\boldsymbol{R}^{n_p\times n_p}$ 为非负定矩阵；$\boldsymbol{R}_1\in\boldsymbol{R}^{m_p\times m_p}$ 为正定矩阵；$\alpha<0$ 为已知的参数。为了使得式（5.6）中的性能指标取得最小值，设计如下的二次型最优反馈控制律 $\boldsymbol{u}_o^*(\boldsymbol{t})$：

$$\boldsymbol{u}_o^*(t)=\boldsymbol{K}_{lqr}\boldsymbol{x}_p(t)=-\boldsymbol{R}_1^{-1}\boldsymbol{B}_p^{\mathrm{T}}\boldsymbol{P}_1\boldsymbol{x}_p(t) \tag{5.7}$$

式中，$\boldsymbol{K}_{lqr}=-\boldsymbol{R}_1^{-1}\boldsymbol{B}_p^{\mathrm{T}}\boldsymbol{P}_1$ 为反馈增益矩阵。$\boldsymbol{P}_1$ 为如下 Riccati 方程的唯一对称正定解。

$$\boldsymbol{P}_1(\boldsymbol{A}_p+\alpha\boldsymbol{I})+(\boldsymbol{A}_p^{\mathrm{T}}+\alpha\boldsymbol{I})\boldsymbol{P}_1-\boldsymbol{P}_1\boldsymbol{B}_p\boldsymbol{R}_1^{-1}\boldsymbol{B}_p^{\mathrm{T}}\boldsymbol{P}_1+\boldsymbol{Q}_1=0 \tag{5.8}$$

在最优反馈控制律 $\boldsymbol{u}_o^*(t)$ 的作用下，整个闭环系统 $(\boldsymbol{A}_p-\boldsymbol{B}_p\boldsymbol{K}_{lqr},\boldsymbol{B}_p,\boldsymbol{C}_p)$ 能够实现渐近稳定并且具有稳定度 α。

备注 5.1：合理的选择 $\boldsymbol{Q}_1$，$\boldsymbol{R}_1$ 和 α 能够获得很好的控制性能，这样在通常情况下，具有有界建模不确定性和外部干扰的四旋翼直升机系统也能良好地运行。

5.3.2 直接自适应重构控制器设计

为了解决驱动器 LOE 问题，这里设计直接自适应重构控制律来补偿驱动器故障。设计的直接自适应控制器控制矩阵是根据运行过程中的跟踪误差，并通过 PI 调节律来进行在线调整的。参考模型也可设计为低阶的线性模型。用这种重构控制律来重构故障系统不需要提前知道故障发生的情况和程度。与通常的自适应控制律相比，设计的直接自适应重构控制律具有结构简单、可调参数少的特点。在 5.3.3 节的稳定性分析中，实现了与参考模型的轨迹跟踪，相关的证明也会给出。前馈补偿和直接自适应重构控制系统的结构如图 5.1 所示。

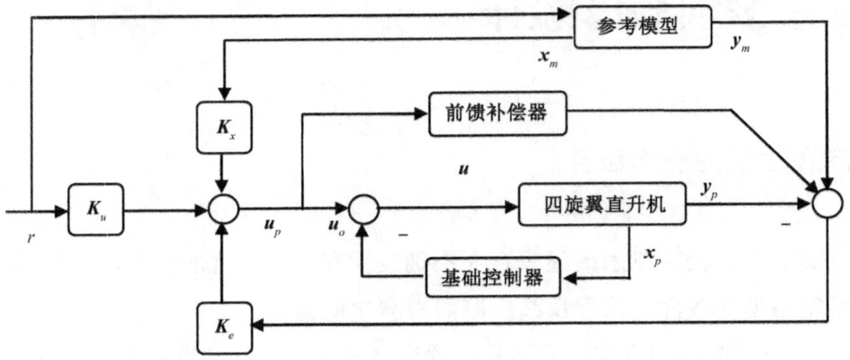

图 5.1　前馈补偿和直接自适应重构控制系统的结构

针对式（5.3）系统，设计如下直接自适应重构控制律：

$$\boldsymbol{u}_p(t)=\boldsymbol{K}_x(t)\boldsymbol{x}_m(t)+\boldsymbol{K}_u(t)\boldsymbol{r}(t)+\boldsymbol{K}_e(t)\boldsymbol{e}_y(t) \tag{5.9}$$

式中，$\boldsymbol{K}_x(t)\in\boldsymbol{R}^{m_p\times n_m}$，$\boldsymbol{K}_u(t)\in\boldsymbol{R}^{m_p\times m_m}$，$\boldsymbol{K}_e(t)\in\boldsymbol{R}^{m_p\times q_m}$ 为自适应增益；输出误差 $\boldsymbol{e}_y(t)=\boldsymbol{y}_m(t)-\boldsymbol{y}_p(t)$。

将自适应增益归并至一个统一的矩阵 $\boldsymbol{K}(t)$ 可以得到如下定义：

$$\boldsymbol{K}(t)=[\boldsymbol{K}_e(t)\ \ \boldsymbol{K}_x(t)\ \ \boldsymbol{K}_u(t)]\in\boldsymbol{R}^{m_p\times(n_m+m_m+q_m)} \tag{5.10}$$

$$\boldsymbol{K}(t)=\boldsymbol{K}_P(t)+\boldsymbol{K}_I(t),\ \boldsymbol{u}_p(t)=\boldsymbol{K}(t)\boldsymbol{u}_m(t) \tag{5.11}$$

其中

$$\boldsymbol{K}_P(t)=\boldsymbol{e}_y(t)\boldsymbol{u}_m^{\mathrm{T}}(t)\boldsymbol{T}_P \tag{5.12}$$

$$\dot{\boldsymbol{K}}_I(t)=\boldsymbol{e}_y(t)\boldsymbol{u}_m^{\mathrm{T}}(t)\boldsymbol{T}_I-\sigma\boldsymbol{K}_I(t) \tag{5.13}$$

$$\boldsymbol{u}_m^{T}(t)=[\boldsymbol{e}_y^{\mathrm{T}}(t),\ \boldsymbol{x}_m^{\mathrm{T}}(t),\ \boldsymbol{r}^{\mathrm{T}}(t)]\in\boldsymbol{R}^{1\times(n_m+m_m+q_m)} \tag{5.14}$$

且 $\boldsymbol{T}_P=\boldsymbol{T}_P^{\mathrm{T}}\in\boldsymbol{R}^{(n_m+m_m+q_m)\times(n_m+m_m+q_m)}>0$，$\boldsymbol{T}_I=\boldsymbol{T}_I^{\mathrm{T}}\in\boldsymbol{R}^{(n_m+m_m+q_m)\times(n_m+m_m+q_m)}>0$。

式（5.13）中的 σ 项是用来避免在存在干扰或噪声的情况下积分增益可能会存在发散的问题，以保证控制系统的鲁棒性。

对于式（5.3）系统，可定义如下的理想控制输入：

$$\boldsymbol{u}_p^*(t)=\tilde{\boldsymbol{K}}_x\boldsymbol{x}_m(t)+\tilde{\boldsymbol{K}}_u\boldsymbol{r}(t)+\tilde{\boldsymbol{K}}_e\boldsymbol{e}_y(t) \tag{5.15}$$

式中，$\tilde{\boldsymbol{K}}_e \in \boldsymbol{R}^{m_p \times q_m}$ 为稳定的跟踪误差增益矩阵；$\tilde{\boldsymbol{K}}_x \in \boldsymbol{R}^{m_p \times n_m}$ 和 $\tilde{\boldsymbol{K}}_u \in \boldsymbol{R}^{m_p \times m_m}$ 为理想的自适应增益矩阵。当系统输入理想的控制信号 $\boldsymbol{u}_p^*(t)$ 时，实际输出能够很好地跟踪参考模型的输出，即：

$$\boldsymbol{e}_y(t) = \boldsymbol{y}_m(t) - \boldsymbol{y}_p(t) = 0 \tag{5.16}$$

$$\boldsymbol{u}_p^*(t) = \tilde{\boldsymbol{K}}_x \boldsymbol{x}_m(t) + \tilde{\boldsymbol{K}}_u \boldsymbol{r}(t) \tag{5.17}$$

同理，可定义理想的状态轨迹如下：

$$\boldsymbol{x}_p^*(t) = \boldsymbol{X}_{11} \boldsymbol{x}_m(t) + \boldsymbol{X}_{12} \boldsymbol{r}(t) \tag{5.18}$$

$$\begin{cases} \dot{\boldsymbol{x}}_p^*(t) = \boldsymbol{A}_p \boldsymbol{x}_p^*(t) + \boldsymbol{B}_p u_p^*(t) \\ \boldsymbol{y}_p^*(t) = \boldsymbol{C}_p \boldsymbol{x}_p^*(t) \end{cases} \tag{5.19}$$

式中，$\boldsymbol{X}_{11} \in \boldsymbol{R}^{n_p \times n_m}$，$X_{12} \in \boldsymbol{R}^{n_p \times m_m}$ 为满足跟踪匹配条件的矩阵。接着可得到：

$$\boldsymbol{y}_p^*(t) = \boldsymbol{C}_p \boldsymbol{x}_p^*(t) = \boldsymbol{C}_m \boldsymbol{x}_m(t) = \boldsymbol{y}_m(t) \tag{5.20}$$

据此可得到状态误差方程和状态误差导数方程为：

$$\boldsymbol{e}_x(t) = \boldsymbol{x}_p^*(t) - \boldsymbol{x}_p(t) \tag{5.21}$$

$$\boldsymbol{e}_y(t) = \boldsymbol{C}_p \boldsymbol{e}_x(t) \tag{5.22}$$

$$\dot{\boldsymbol{e}}_x(t) = (\boldsymbol{A}_p - \boldsymbol{B}_p \tilde{\boldsymbol{K}}_e \boldsymbol{C}_p)\boldsymbol{e}_x(t) - \boldsymbol{B}_p[\boldsymbol{K}(t) - \tilde{\boldsymbol{K}}]\boldsymbol{u}_m(t) \tag{5.23}$$

式中，$\tilde{\boldsymbol{K}} = [\tilde{K}_e, \tilde{K}_x, \tilde{K}_u]$。

控制律式（5.9）要求被控对象必须满足几乎严格的正实性（Almost Strictly Passive Real，ASPR）条件[109]。为了保证所设计的直接自适应重构控制律能够有效地应用到被控对象中，现给出系统关于正实性的一些定义[110]。

定义 5.1：对于下面的严格最小实现系统

$$\begin{cases} \dot{\boldsymbol{x}}(t) = \boldsymbol{A}\boldsymbol{x}(t) + \boldsymbol{B}\boldsymbol{u}(t) \\ \boldsymbol{y}(t) = \boldsymbol{C}\boldsymbol{x}(t) \end{cases} \tag{5.24}$$

可被称作严格无源的（Strictly Passive，SP）。如果它的传递函数满足下述条件：
如果存在 $\boldsymbol{P}$、$\boldsymbol{Q} > 0$，使得：

$$\begin{aligned} \boldsymbol{P}\boldsymbol{A} + \boldsymbol{A}^{\mathrm{T}}\boldsymbol{P} &= -\boldsymbol{Q} \\ \boldsymbol{P}\boldsymbol{B} &= \boldsymbol{C}^{\mathrm{T}} \end{aligned} \tag{5.25}$$

则式（5.24）的传递函数被称为是严格正实的（Strictly Positive Real，SPR）。

由于 SPR 条件十分苛刻，在现实系统当中很难找到满足这个条件的系统。因此，SPR 约束条件被缓化为 ASPR 条件，定义如下：

定义 5.2：对于系统（5.24），如果存在一个反馈增益矩阵 $\tilde{K}_e$，使得如下闭环系统：

$$\begin{aligned}\dot{\boldsymbol{x}}(t) &= (\boldsymbol{A} - \boldsymbol{B}\tilde{\boldsymbol{K}}_e\boldsymbol{C})\boldsymbol{x}(t) + \boldsymbol{B}\boldsymbol{u}(t) \\ \boldsymbol{y}(t) &= \boldsymbol{C}\boldsymbol{x}(t)\end{aligned} \tag{5.26}$$

是严格无源的且传递函数是 SPR 的，则式（5.24）系统被称作是几乎严格无源的（Almost Strictly Passive，ASP），同时它的传递函数被看作是 ASPR 的，即几乎严格正实的。

备注 5.2：根据上述定义，四旋翼直升机系统 $\{\boldsymbol{A}_p, \boldsymbol{B}_p, \boldsymbol{C}_p\}$ 可通过常值反馈使得其传递函数是 SPR 的，这个条件可通过设计基础控制律来满足。为了使得系统满足 ASPR 条件，将在 5.3.3 节中通过设计前馈补偿器来解决，同时也将给出闭环系统的稳定性证明。

5.3.3 前馈补偿器设计

为了使得故障系统满足正实性的条件，本小节通过为自适应重构控制律设计前馈补偿来满足控制要求。当系统处于正常工作状态时，利用内环基础控制器可以保证系统具有良好的性能。但是当直升机的驱动器发生故障时，系统参数以及正实性都会受到影响。为了保证直接自适应重构控制器对系统自愈合控制的顺利进行，可设计一个并联前馈补偿矩阵来满足 ASPR 条件。首先给出下面的正实性引理[111]：

引理 5.1：如果同时存在正定对称矩阵 P_v 和正定矩阵 $\boldsymbol{W} = \boldsymbol{S}^{\mathrm{T}}\boldsymbol{S}$，它们满足

$$\boldsymbol{P}_v\boldsymbol{A}_d + \boldsymbol{A}_d^{\mathrm{T}}\boldsymbol{P}_v < 0 \tag{5.27}$$

$$\boldsymbol{P}_v\boldsymbol{B}_p = \boldsymbol{C}_p^{\mathrm{T}}\boldsymbol{W} \tag{5.28}$$

那么闭环系统传递函数 $\boldsymbol{G}_p(s) = \boldsymbol{C}_p(s\boldsymbol{I} - \boldsymbol{A}_d)^{-1}\boldsymbol{B}_p$ 就是 SPR 的，其中 $\boldsymbol{A}_d = \boldsymbol{A}_p - \boldsymbol{B}_p\boldsymbol{K}_f\boldsymbol{C}_p$。

那么根据定义 5.2 和备注 5.2，便可针对式（5.3）故障系统得到一个前馈补偿器，即这里的 $\boldsymbol{K}_f^{-1}$。这样，闭环故障系统 $(\boldsymbol{A}_p - \boldsymbol{B}_p\boldsymbol{\Sigma}\boldsymbol{K}_{lqr}\boldsymbol{C}_p, \boldsymbol{B}_p\boldsymbol{\Sigma}, \boldsymbol{C}_p)$ 和具有前馈补偿的增广系统都可以满足 ASPR 条件，得到的增广系统为：

$$\dot{\boldsymbol{x}}_p(t) = [\boldsymbol{A}_p - \boldsymbol{B}_p\boldsymbol{\Sigma}(\boldsymbol{K}_{lqr} + \boldsymbol{K}_f)\boldsymbol{C}_p]\boldsymbol{x}_p(t) \tag{5.29}$$

假设每个发生驱动器故障的子系统可用下述状态方程表示：

$$\dot{\boldsymbol{x}}_{pi}(t)=\boldsymbol{A}_{pi}\boldsymbol{x}_{pi}(t)+\boldsymbol{B}_{pi}\boldsymbol{u}_i(t)\qquad i=1,2,\cdots,m_p \tag{5.30}$$

那么通过对每个子系统解引理 5.1 中的矩阵不等式可分别得到一个 K_{fi}，可以保证每个子系统满足 ASPR 条件并保持稳定。然后，便可求解出一个统一的前馈增益使得每个故障子系统都满足控制需求。具体做法如下：

对于子系统系列式（5.30），可以变形矩阵不等式（5.27）和方程（5.28）为：

$$\boldsymbol{A}_{pi}\boldsymbol{X}+\boldsymbol{X}\boldsymbol{A}_{pi}^{\mathrm{T}}-\boldsymbol{B}_{pi}\boldsymbol{Y}-\boldsymbol{Y}^{\mathrm{T}}\boldsymbol{B}_{pi}^{\mathrm{T}}<0 \tag{5.31}$$

式中，$\boldsymbol{X}=\boldsymbol{P}_v^{-1}$，$\boldsymbol{P}_v=\boldsymbol{P}_v^{\mathrm{T}}>0$，$\boldsymbol{K}_f=\boldsymbol{Y}\boldsymbol{P}_v\boldsymbol{C}_p^{-1}$。通过求解线性矩阵不等式（Linear Matrix Inequality，LMI）的可行解问题，可求出 $\boldsymbol{X}$，$\boldsymbol{Y}$。进而求出前馈增益 $\boldsymbol{K}_f^{-1}$。

备注 5.3：为了保证控制裕度，这里考虑每个子系统的驱动器发生 50%控制性能失效来求解前馈增益，这样得到的统一前馈增益可以保证每个子系统趋于稳定。

定理 5.1：对于具有前馈补偿的故障系统，若采用直接自适应重构控制算法式（5.9）以及自适应参数调节律式（5.11）~式（5.12），可以保证四旋翼直升机故障闭环系统的所有信号都有界，且

$$\lim_{t\to\infty}e_x(t)=0\text{，}\ \lim_{t\to\infty}e_y(t)=0 \tag{5.32}$$

证明 5.1：

为了自适应控制系统的稳定性和准确跟踪，选择如下形式的正定李雅普诺夫函数：

$$V(t)=\boldsymbol{e}_x^{\mathrm{T}}(t)\boldsymbol{P}_v\boldsymbol{e}_x(t)+trace[\boldsymbol{S}(\boldsymbol{K}_I(t)-\tilde{\boldsymbol{K}})\boldsymbol{T}_I^{-1}[\boldsymbol{K}_I(t)-\tilde{\boldsymbol{K}}]^{\mathrm{T}}\boldsymbol{S}^{\mathrm{T}}] \tag{5.33}$$

式中，$\boldsymbol{P}_v\in\boldsymbol{R}^{n_p\times n_p}$。

对式（5.33）求导可得到：

$$\begin{aligned}\dot{V}(t)&=\dot{\boldsymbol{e}}_x^{\mathrm{T}}(t)\boldsymbol{P}_v\boldsymbol{e}_x(t)+\boldsymbol{e}_x^{\mathrm{T}}(t)\boldsymbol{P}_v\dot{\boldsymbol{e}}_x(t)\\&+trace\{\boldsymbol{S}[\dot{\boldsymbol{K}}_I(t)\boldsymbol{T}_I^{-1}(\boldsymbol{K}_I(t)-\tilde{\boldsymbol{K}})^{\mathrm{T}}+(\boldsymbol{K}_I(t)-\tilde{\boldsymbol{K}})T_I^{-1}\dot{\boldsymbol{K}}_I^{\mathrm{T}}(t)]\boldsymbol{S}^{\mathrm{T}}\}\\&=\boldsymbol{e}_x^{\mathrm{T}}(t)(\boldsymbol{P}_v\boldsymbol{A}_d+\boldsymbol{A}_d^{\mathrm{T}}\boldsymbol{P}_v)\boldsymbol{e}_x(t)+\boldsymbol{e}_x^{\mathrm{T}}(t)\boldsymbol{P}_v\boldsymbol{B}_p\tilde{\boldsymbol{K}}\boldsymbol{u}_m-\boldsymbol{e}_x^{T}(t)\boldsymbol{P}_v\boldsymbol{B}_p\boldsymbol{K}\boldsymbol{u}_m\\&\quad+\boldsymbol{e}_y^{\mathrm{T}}(t)\boldsymbol{S}^{\mathrm{T}}\boldsymbol{S}(\boldsymbol{K}_I(t)-\tilde{\boldsymbol{K}})\boldsymbol{u}_m\\&=\boldsymbol{e}_x^{\mathrm{T}}(t)(\boldsymbol{P}_v\boldsymbol{A}_d+\boldsymbol{A}_d^{\mathrm{T}}\boldsymbol{P}_v)\boldsymbol{e}_x(t)+\boldsymbol{e}_x^{\mathrm{T}}(t)\boldsymbol{P}_v\boldsymbol{B}_p\tilde{\boldsymbol{K}}\boldsymbol{u}_m-\boldsymbol{e}_x^{\mathrm{T}}(t)\boldsymbol{P}_v\boldsymbol{B}_p\boldsymbol{K}\boldsymbol{u}_m\\&\quad+\boldsymbol{e}_x^{\mathrm{T}}(t)\boldsymbol{C}_p^{\mathrm{T}}\boldsymbol{S}^{\mathrm{T}}\boldsymbol{S}(\boldsymbol{K}_I(t)-\tilde{\boldsymbol{K}})\boldsymbol{u}_m\end{aligned} \tag{5.34}$$

将式（5.12）、式（5.13）及式（5.28）代入式（5.34）可得：

$$
\begin{aligned}
\dot{V}(t) &= \boldsymbol{e}_x^{\mathrm{T}}(t)(\boldsymbol{P}_v\boldsymbol{A}_d + \boldsymbol{A}_d^{\mathrm{T}}\boldsymbol{P}_v)\boldsymbol{e}_x(t) - \boldsymbol{e}_x^{\mathrm{T}}(t)\boldsymbol{P}_v\boldsymbol{B}_p\boldsymbol{K}_p\boldsymbol{u}_m \\
&= \boldsymbol{e}_x^{\mathrm{T}}(t)(\boldsymbol{P}_v\boldsymbol{A}_d + \boldsymbol{A}_d^{\mathrm{T}}\boldsymbol{P}_v)\boldsymbol{e}_x(t) - \boldsymbol{e}_x^{\mathrm{T}}(t)\boldsymbol{P}_v\boldsymbol{B}_p\boldsymbol{C}_p\boldsymbol{e}_x(t)\boldsymbol{u}_m^{\mathrm{T}}\boldsymbol{T}_p\boldsymbol{u}_m \\
&= \boldsymbol{e}_x^{\mathrm{T}}(t)(\boldsymbol{P}_v\boldsymbol{A}_d + \boldsymbol{A}_d^{\mathrm{T}}\boldsymbol{P}_v)\boldsymbol{e}_x(t) \\
&\quad - \boldsymbol{e}_x^{\mathrm{T}}(t)\boldsymbol{P}_v\boldsymbol{B}_p(\boldsymbol{S}^{\mathrm{T}}\boldsymbol{S})^{-1}\boldsymbol{B}_p^{\mathrm{T}}\boldsymbol{P}_v\boldsymbol{e}_x(t)\boldsymbol{u}_m^{\mathrm{T}}\boldsymbol{T}_p\boldsymbol{u}_m
\end{aligned} \tag{5.35}
$$

考虑到通过设计前馈补偿，矩阵不等式（5.25）可以被满足，故可得到：

$$
\dot{V}(t) < 0 \tag{5.36}
$$

这样便保证了 $\boldsymbol{e}_x(t)$ 和 $\boldsymbol{e}_y(t)$ 的渐近稳定，即

$$
\lim_{t\to\infty}\boldsymbol{e}_x(t) = 0\text{，}\ \lim_{t\to\infty}\boldsymbol{e}_y(t) = \lim_{t\to\infty}\boldsymbol{C}_p\boldsymbol{e}_x(t) = 0 \tag{5.37}
$$

由上述证明可知，本章设计的基于前馈补偿的直接自适应重构控制律能够有效地解决四旋翼直升机的驱动器 LOE 故障，并保证了闭环系统的稳定性。

5.4 系统仿真验证与分析

选取自适应控制律式（5.7）和式（5.8）的仿真参数为：$\boldsymbol{T}_P = \boldsymbol{T}_I = \boldsymbol{I}_{13}$，$\sigma = 0.01$。基础控制器的仿真参数选取为：

$$
\boldsymbol{Q}_1 = diag(0.1, 0.1, 0.1, 500, 500, 500)
$$

$$
\boldsymbol{R}_1 = diag(500, 500, 500, 500)\text{，}\ \alpha = -1
$$

由此可得到反馈增益矩阵为 $\boldsymbol{K}_{lqr} = \begin{bmatrix} \boldsymbol{K}_{11} & \boldsymbol{K}_{12} \\ \boldsymbol{K}_{21} & \boldsymbol{K}_{22} \end{bmatrix}$。其中 $\boldsymbol{K}_{11} = \begin{bmatrix} 0.01 & 0 & -0.0071 \\ -0.01 & 0 & -0.0071 \\ 0 & 0.01 & 0.0071 \end{bmatrix}$，$\boldsymbol{K}_{12} = \begin{bmatrix} 0.7317 & 0 & -0.642 \\ -0.7317 & 0 & -0.642 \\ 0 & 0.7317 & 0.642 \end{bmatrix}$，$\boldsymbol{K}_{21} = \begin{bmatrix} 0 & -0.01 & 0.0071 \end{bmatrix}$，$\boldsymbol{K}_{22} = \begin{bmatrix} 0 & -0.7317 & 0.642 \end{bmatrix}$。

运用 MATLAB LMI 工具箱求解不等式（5.31）可得到前馈补偿矩阵为：

$$\boldsymbol{K}_f=\begin{bmatrix} -5.0047 & 0.1041 & -29.2365 & -31.9850 \\ -13.3437 & 0.1041 & -27.7906 & -36.6177 \\ 0.2001 & 4.8655 & 25.5037 & 0.071 \\ 0.200 & -3.4734 & 25.5950 & 0.071 \end{bmatrix}$$

对于参考模型式（5.5），选取系统矩阵如下：

$$\boldsymbol{A}_m=\begin{bmatrix} 0 & 0 & 0 & 1 & 0 & 0 \\ 0 & 0 & 0 & 0 & 1 & 0 \\ 0 & 0 & 0 & 0 & 0 & 1 \\ -8.323 & 0 & 0 & -3.639 & 0 & 0 \\ 0 & -85.564 & 0 & 0 & -34.546 & 0 \\ 0 & 0 & -95.612 & 0 & 0 & -25.423 \end{bmatrix}$$

$$\boldsymbol{B}_m=\boldsymbol{B}_p\text{，}\quad \boldsymbol{C}_m=\boldsymbol{C}_p\text{，}\quad \boldsymbol{D}_m=\boldsymbol{D}_p$$

为了验证所设计控制器的有效性，分为以下几个模式来进行数值仿真：

（1）在没有发生驱动器故障和外部干扰的情况下，原始四旋翼直升机系统在所设计重构控制器作用下的姿态角跟踪误差，仿真曲线如图 5.2 所示。

（2）在具有外部干扰和建模不确定情况下，其中 $\boldsymbol{d}_i(t)=[2.4\ \ 1.2\ \ 2.3\ \ 1.5\ \ 0.2\ \ 1.8]^{\mathrm{T}}$ $t\geqslant 5$，$\boldsymbol{d}_o(t)=[2.2\ 0.9\ \ 1.7\ \ 2.1]^{\mathrm{T}}$ $t\geqslant 5$ 参数摄动（$\Delta\boldsymbol{A},\Delta\boldsymbol{B}$）的矩阵范数相对于原始系统选取为 10%。系统的姿态角跟踪误差曲线如图 5.3 所示。

（3）分别考虑在前侧电机和右侧电机发生 20%和 50%的驱动器 LOE 故障，四旋翼直升机在所设计直接自适应重构控制律的作用下，得到其中两个姿态角的跟踪误差曲线，分别如图 5.4 和图 5.5 所示。

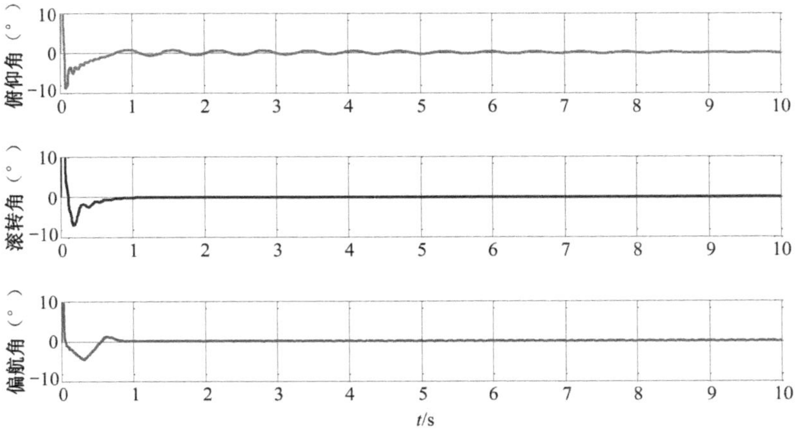

图 5.2　重构控制律作用下原始系统的姿态角跟踪误差曲线

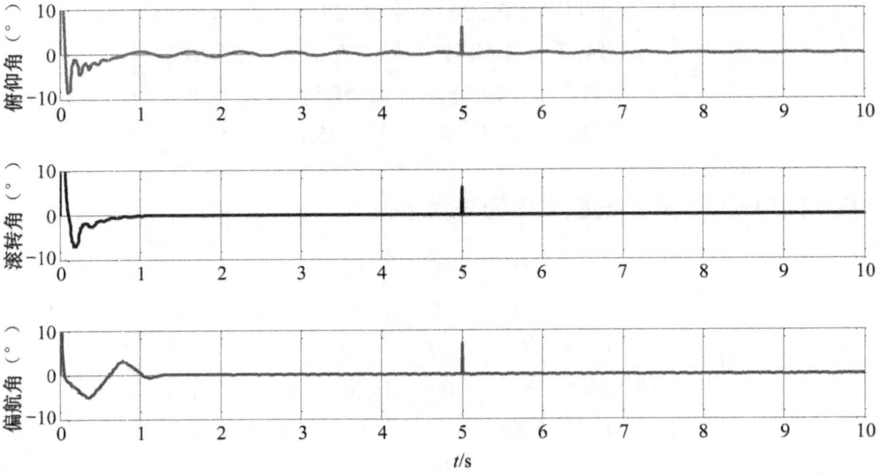

图 5.3　存在建模不确定性及外部干扰情况下的姿态角跟踪误差曲线

由图 5.2 可看出，原始系统在设计的重构控制器的作用下，用 1s 左右的时间便完成了渐近跟踪，三个姿态角的跟踪误差收敛为零。图 5.3 给出了在存在建模误差和外部干扰的情况下，系统在所设计的重构控制器作用下的跟踪误差曲线。可看出，系统的动态性能几乎没有什么太大的变化，只是在 5s 干扰发生的时刻有一个跳变，但跟踪误差又很快收敛为零，几乎没有受到干扰的影响。这说明了本章设计的基于前馈补偿的直接自适应控制器具有良好的抗干扰以及克服建模不确定性的能力。

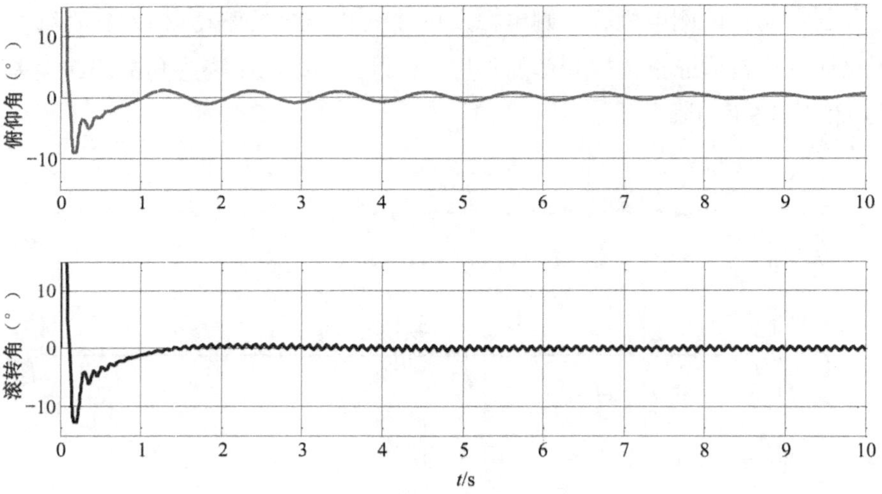

图 5.4　前侧电机 20%驱动器 LOE 故障下姿态角跟踪误差曲线

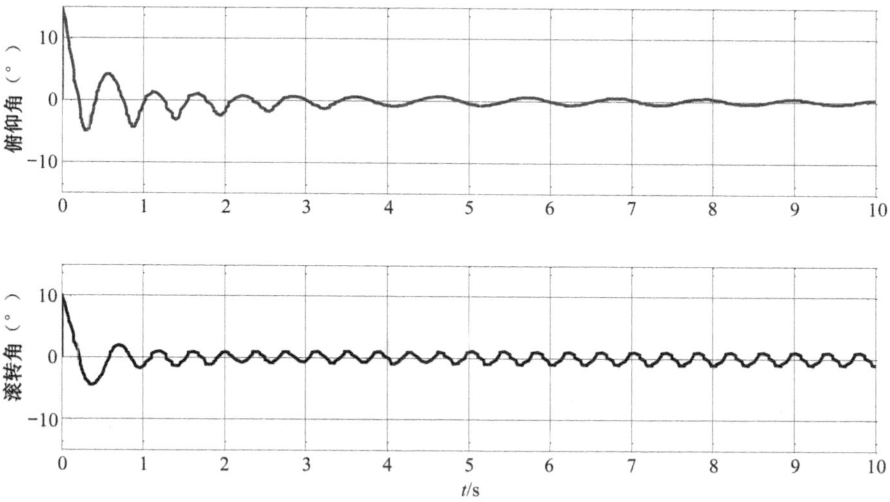

图 5.5　右侧电机 50%驱动器 LOE 故障下姿态角跟踪误差曲线

由图 5.4 可看出，当系统出现 20%的驱动器 LOE 故障时，在重构控制器的作用下，系统的姿态角稳态误差在大概 2s 之后便趋于一个稳定的状态，渐近收敛为零，动态性能优异；当系统出现 50%驱动器 LOE 故障时，系统的性能受到了比较大的影响，但是在本章设计的自愈合控制器作用下，仍能保证系统的渐近收敛，使得稳态误差能保持在一个很小的范围之内，如图 5.5 所示。所以本章所设计的基于前馈补偿的直接自适应控制器具有很好的自愈合能力。

5.5　本章小结

本章提出了一种基于前馈补偿和直接自适应控制的自愈合控制算法。同时考虑了系统具有建模不确定性、外部干扰和驱动器 LOE 故障的情况，即系统的鲁棒控制问题和容错控制问题。该控制方案以参考模型的输入输出及状态量为控制量设计直接自适应律，形成控制信号。针对系统建模的不确定性和外部干扰，保证系统能够在正常状态下能有效运行，设计了线性二次型控制来作为内环反馈控制器。同时设计了前馈补偿器以满足系统几乎严格正实性的要求，该补偿器是根据每一个发生故障的子系统来综合设计，可使得所有的故障子系统稳定。在仿真中，针对系统在不同的情况下，包括有参数不确定性和外部干扰以及发生不同程度的故障等一系列情况进行数值仿真，验证了所提方法的有效性。

第 6 章

基于组合多模型的四旋翼直升机自愈合控制

6.1 引 言

采用单一模型的控制器，在面对比较严重的驱动器故障时，控制器将会花费比较长的时间来补偿故障带来的影响，因此响应时间慢，瞬态性能差。近几年，越来越多的学者开始关注多模型控制方法[112-114]。文献[114]针对非线性飞行器模型，应用多模型自适应控制方法来设计重构控制器。文献[115]针对线性离散飞行器模型，设计一个基于多模型切换的容错控制算法，来解决系统的舵面故障，实现自愈合控制。多模型控制方法采用多个模型来覆盖参数区域，建立模型集来逼近系统故障模型。然后基于切换逻辑，选择与当前故障系统最匹配的模型来表征飞控系统，并利用设计的自适应控制器来完成自愈合控制。这样，便可以获得更快的收敛速度和更加优越的控制效果。

本章针对具有驱动器卡死故障的四旋翼直升机线性化模型，并考虑外部干扰，设计了一种基于组合式多模型方法的自适应优化重构控制方案。该控制方案以自适应控制方法为基础，结合参考模型优化设计以及改进的多模型方法，确保了系统良好的跟踪性能。在参考模型设计中，基于最优控制以及最小值原则，将原始系统依据最优性能指标进行优化，进而得到了可以使得系统实现渐近跟踪的参考模型。设计的自适应重构控制律以及自适应参数调整律也进行了稳定性的证明，确保系统的跟踪误差收敛。在传统的多模型方法的基础上，将固定模型与自适应模型的结合进行了扩充，加入了重新初始化的自适应模型，采用这种改进式的多模型方法，根据当前系统的状态，将自适应模型重置为距离对象真实模型最近的固定模型，以达到提高收敛速度的目的。最后的仿真结果证明了所提出重构控制方案的有效性和实用性。

6.2　飞行控制系统问题描述

考虑如下形式的四旋翼直升机数学模型：

$$\begin{cases}\dot{\boldsymbol{x}}_p(t)=\boldsymbol{A}_p\boldsymbol{x}_p(t)+\boldsymbol{B}_p\boldsymbol{u}_p(t)+\boldsymbol{D}_p\boldsymbol{d}(t)\\ \boldsymbol{y}_p(t)=\boldsymbol{C}_p\boldsymbol{x}_p(t)\end{cases} \tag{6.1}$$

式中，$\boldsymbol{x}_p(t)\in\boldsymbol{R}^{n_p}$ 为系统状态向量；$\boldsymbol{u}_p(t)\in\boldsymbol{R}^{m_p}$ 为控制输入向量；$\boldsymbol{y}_p(t)\in\boldsymbol{R}^{q_p}$ 为输出向量；$\boldsymbol{A}_p\in\boldsymbol{R}^{n_p\times n_p}$，$\boldsymbol{B}_p\in\boldsymbol{R}^{n_p\times m_p}$，$\boldsymbol{C}_p\in\boldsymbol{R}^{q_p\times n_p}$，$\boldsymbol{D}_p\in\boldsymbol{R}^{n_p}$；$\boldsymbol{d}(t)$ 为有界的未知输入干扰。

驱动器卡死（Lock-in-place，LIP）故障是飞行器故障种类中比较常见的一种，发生 LIP 故障后，驱动器被卡死在某一位置上，没有响应。当四旋翼直升机发生这种故障时，可将式（6.1）系统变换为：

$$\dot{\boldsymbol{x}}_p(t)=\boldsymbol{A}_p\boldsymbol{x}(t)+\boldsymbol{B}_p\boldsymbol{k}(\boldsymbol{I}-\boldsymbol{\sigma})\boldsymbol{u}(t)+\boldsymbol{B}_p\boldsymbol{\sigma}\bar{\boldsymbol{u}}+\boldsymbol{D}_p\boldsymbol{d}(t) \tag{6.2}$$

式中，$\boldsymbol{k}=diag\{k_1,k_2,\cdots,k_{m_p}\}\in\boldsymbol{R}^{m_p\times m_p}$，$\boldsymbol{\sigma}=diag\{\sigma_1,\sigma_2,\cdots,\sigma_{m_p}\}\in\boldsymbol{R}^{m_p\times m_p}$，$k_i$ 为直升机执行器的失效系数；$\bar{\boldsymbol{u}}=[\bar{u}_1,\bar{u}_2,\cdots,\bar{u}_{m_p}]^{\mathrm{T}}$ 为卡死故障的输出。其中的 $\boldsymbol{\sigma}$ 项做如下说明：

$$\sigma_i=\begin{cases}1 & \text{第}i\text{个执行器发生故障;} & u_i=\bar{u}_i\\ 0 & \text{其他}(\boldsymbol{k}=\boldsymbol{I}); & \bar{u}_i=u_i(t)\end{cases}$$

自愈合控制的目标就是使得闭环系统里的所有信号都有界且四旋翼直升机的输出 $\boldsymbol{y}_p(t)$ 跟踪下述参考模型的输出：

$$\begin{cases}\dot{\boldsymbol{x}}_m(t)=\boldsymbol{A}_m\boldsymbol{x}_m(t)+\boldsymbol{B}_m\boldsymbol{r}(t)\\ \boldsymbol{y}_m(t)=\boldsymbol{C}_m\boldsymbol{x}_m(t)\end{cases} \tag{6.3}$$

式中，$\boldsymbol{x}_m(t)\in\boldsymbol{R}^{n_m}$ 为状态向量；$\boldsymbol{r}(t)\in\boldsymbol{R}^{m_m}$ 为参考输入向量；$\boldsymbol{y}_m(t)\in\boldsymbol{R}^{q_m}$ 为输出向量。

6.3 自愈合控制系统设计

6.3.1 参考模型优化设计

标准的线性时不变飞行控制系统可用如下的状态方程来构建：

$$\begin{cases}\dot{\boldsymbol{x}}(t)=\boldsymbol{A}\boldsymbol{x}(t)+\boldsymbol{B}\boldsymbol{u}(t)\\ \boldsymbol{y}(t)=\boldsymbol{C}\boldsymbol{x}(t)+\boldsymbol{D}\boldsymbol{u}(t)\end{cases} \tag{6.4}$$

式中，$\boldsymbol{x}(t)$ 表示系统状态向量，$\boldsymbol{u}(t)$ 是控制输入向量，$\boldsymbol{y}(t)$ 是输出向量。对于系统（6.1），可定义如下的优化性能指标：

$$J(x,u)=\frac{1}{2}\boldsymbol{x}_p^{\mathrm{T}}(t_f)\boldsymbol{Q}_f\boldsymbol{x}_p(t_f)+\frac{1}{2}\int_{t_0}^{t_f}[\boldsymbol{x}_p^{\mathrm{T}}(t_f)\boldsymbol{Q}(t)\boldsymbol{x}_p(t_f)+\boldsymbol{u}_p^{\mathrm{T}}(t_f)\boldsymbol{R}(t)\boldsymbol{u}_p(t_f)]\mathrm{d}t \tag{6.5}$$

式中，$\boldsymbol{Q}(t)$ 和 $\boldsymbol{R}(t)$ 分别为状态向量和控制输入向量的权值矩阵。对于 $\boldsymbol{Q}_f$、$\boldsymbol{Q}(t)$ 和 $R(t)$，有：

$$\begin{aligned}&\boldsymbol{Q}_f=\boldsymbol{Q}_f^{\mathrm{T}}\in\boldsymbol{R}^{n_p\times n_p}\geqslant 0\\ &\boldsymbol{Q}(t)=\boldsymbol{Q}^{\mathrm{T}}(t)\in\boldsymbol{R}^{n_p\times n_p}\geqslant 0\\ &\boldsymbol{R}(t)=\boldsymbol{R}^{\mathrm{T}}(t)\in\boldsymbol{R}^{m_p\times m_p}>0\end{aligned} \tag{6.6}$$

最优控制的目标是计算出一个控制信号 $\boldsymbol{u}(t)$，使得性能指标 $\boldsymbol{J}(x,u)$ 取得最小值。因此，可定义如下的 Hamilton 函数[115]：

$$H=\frac{1}{2}\boldsymbol{x}_p^{\mathrm{T}}(t_f)\boldsymbol{Q}(T)\boldsymbol{x}_p(t_f)+\frac{1}{2}\boldsymbol{u}_p^{\mathrm{T}}(t_f)\boldsymbol{R}(t)\boldsymbol{u}_p(t_f)+\boldsymbol{\lambda}^{\mathrm{T}}(t)[\boldsymbol{A}_p\boldsymbol{x}_p(t)+\boldsymbol{B}_p\boldsymbol{u}_p(t)] \tag{6.7}$$

应用最小值原理，求得最优控制律和控制增益矩阵如下：

$$\begin{cases}\boldsymbol{u}^*(t)=\boldsymbol{K}\boldsymbol{x}_p(t)\\ \boldsymbol{K}=-\boldsymbol{R}^{-1}\boldsymbol{B}_p^{\mathrm{T}}\boldsymbol{P}\end{cases} \tag{6.8}$$

式中，$\boldsymbol{K}$ 为线性最优控制增益矩阵；$\boldsymbol{P}$ 为下述 Riccati 方程的唯一对称正定解：

$$\boldsymbol{A}_p^{\mathrm{T}}\boldsymbol{P}+\boldsymbol{P}\boldsymbol{A}_p-\boldsymbol{P}\boldsymbol{B}_p\boldsymbol{R}^{-1}\boldsymbol{B}_p^{\mathrm{T}}\boldsymbol{P}+\boldsymbol{Q}_f=0 \tag{6.9}$$

考虑到解方程（6.9）可得到式（6.8），所以可根据特征向量值法得到优化的状态控制矩阵如下：

$$\boldsymbol{A}_m = \boldsymbol{A}_{optimal} = \boldsymbol{A}_p - \boldsymbol{B}\boldsymbol{R}^{-1}\boldsymbol{B}_p^{\mathrm{T}}\boldsymbol{P} \tag{6.10}$$

备注 6.1：由于线性化的飞行器动力学特性不能够完全反映出实际系统的控制特性，因此选择优化后的控制状态矩阵式（6.10）作为参考模型式（6.3）的系统矩阵，参考模型就和式（6.1）系统表征相同的物理意义。

6.3.2 自适应重构控制律设计

为了重构故障系统以补偿故障带来的影响，选择如下自适应重构控制律：

$$\boldsymbol{u}_{ad}(t) = \boldsymbol{K}\boldsymbol{r}(t) + \boldsymbol{F}\boldsymbol{x}_p(t) \tag{6.11}$$

式中，$\boldsymbol{K} \in \boldsymbol{R}^{m_p \times m_p}$ 和 $\boldsymbol{F} \in \boldsymbol{R}^{m_p \times n_p}$ 为自适应控制增益矩阵。

当驱动器发生故障时，重构控制系统的控制输入可写成如下的形式：

$$\boldsymbol{u}(t) = \boldsymbol{u}_{ad}(t) + \boldsymbol{\sigma}\left[\bar{\boldsymbol{u}} - \boldsymbol{u}_{ad}(t)\right] \tag{6.12}$$

式（6.2）系统则变为：

$$\dot{\boldsymbol{x}}_p(t) = \boldsymbol{A}_p\boldsymbol{x}(t) + \boldsymbol{B}_p\boldsymbol{k}(\boldsymbol{I}-\boldsymbol{\sigma})\boldsymbol{u}_{ad}(t) + \boldsymbol{B}_p\boldsymbol{\sigma}\bar{\boldsymbol{u}} + \boldsymbol{D}_p\boldsymbol{d}(t) \tag{6.13}$$

定义系统的状态跟踪误差为 $\boldsymbol{e} = \boldsymbol{x}_p - \boldsymbol{x}_m$，可得到其导数为：

$$\begin{aligned}
\dot{\boldsymbol{e}} = \dot{\boldsymbol{x}}_p - \dot{\boldsymbol{x}}_m = {} & \boldsymbol{A}_p\boldsymbol{x}_p + \boldsymbol{B}_p\boldsymbol{k}(\boldsymbol{I}-\boldsymbol{\sigma})(\boldsymbol{K}\boldsymbol{r} + \boldsymbol{F}\boldsymbol{x}_p) + \boldsymbol{B}_p\boldsymbol{\sigma}\bar{\boldsymbol{u}} \\
& + \boldsymbol{D}_p\boldsymbol{d} - \boldsymbol{A}_m\boldsymbol{x}_m - \boldsymbol{B}_m\boldsymbol{r} \\
= {} & \left[\boldsymbol{A}_p + \boldsymbol{B}_p\boldsymbol{k}(\boldsymbol{I}-\boldsymbol{\sigma})\boldsymbol{F}\right]\boldsymbol{x}_p + \left[\boldsymbol{B}_p\boldsymbol{k}(\boldsymbol{I}-\boldsymbol{\sigma})\boldsymbol{K} - \boldsymbol{B}_m\right]\boldsymbol{r} \\
& + \boldsymbol{B}_p\boldsymbol{\sigma}\bar{\boldsymbol{u}} + \boldsymbol{D}_p\boldsymbol{d} - \boldsymbol{A}_m\boldsymbol{x}_m \\
= {} & \left[\boldsymbol{A}_p + \boldsymbol{B}_p\boldsymbol{k}(\boldsymbol{I}-\boldsymbol{\sigma})\boldsymbol{F} - \boldsymbol{A}_m\right]\boldsymbol{x}_p + \left[\boldsymbol{B}_p\boldsymbol{k}(\boldsymbol{I}-\boldsymbol{\sigma})\boldsymbol{K} - \boldsymbol{B}_m\right]\boldsymbol{r} \\
& + \boldsymbol{B}_p\boldsymbol{\sigma}\bar{\boldsymbol{u}} + \boldsymbol{D}_p\boldsymbol{d} + \boldsymbol{A}_m\boldsymbol{e}
\end{aligned} \tag{6.14}$$

为了保证状态误差的渐近收敛，需要满足下面的匹配条件：

$$\boldsymbol{A}_p + \boldsymbol{B}_p\boldsymbol{k}(\boldsymbol{I}-\boldsymbol{\sigma})\boldsymbol{F} = \boldsymbol{A}_m \tag{6.15}$$

$$\boldsymbol{B}_p\boldsymbol{k}(\boldsymbol{I}-\boldsymbol{\sigma})\boldsymbol{K} = \boldsymbol{B}_m \tag{6.16}$$

$$\boldsymbol{B}_p\sigma\bar{\boldsymbol{u}}+\boldsymbol{D}_p\boldsymbol{d}=\boldsymbol{B}_m\boldsymbol{K}^{-1}\tilde{\boldsymbol{F}}\boldsymbol{x}_p+\boldsymbol{B}_m\boldsymbol{K}^{-1}\tilde{\boldsymbol{K}}\boldsymbol{r} \tag{6.17}$$

将上述条件代入式（6.14），得到：

$$\dot{\boldsymbol{e}}=\boldsymbol{A}_m\boldsymbol{e}+\boldsymbol{B}_m\boldsymbol{K}^{-1}\tilde{\boldsymbol{F}}\boldsymbol{x}_p+\boldsymbol{B}_m\boldsymbol{K}^{-1}\tilde{\boldsymbol{K}}\boldsymbol{r} \tag{6.18}$$

式中，$\tilde{\boldsymbol{F}}=\boldsymbol{F}_0-\boldsymbol{F}$，$\tilde{\boldsymbol{K}}=\boldsymbol{K}_0-\boldsymbol{K}$。

针对自适应控制器，设计如下自适应参数调节律：

$$\begin{cases}\dot{\boldsymbol{F}}=-\boldsymbol{P}_F\boldsymbol{K}_0^{-\mathrm{T}}\boldsymbol{B}_m^{\mathrm{T}}\boldsymbol{P}\boldsymbol{e}\boldsymbol{x}_p^{\mathrm{T}}\\ \dot{\boldsymbol{K}}=-\boldsymbol{P}_K\boldsymbol{K}_0^{-\mathrm{T}}\boldsymbol{B}_m^{\mathrm{T}}Per^{\mathrm{T}}\end{cases} \tag{6.19}$$

式中，$\boldsymbol{P}_F\in\boldsymbol{R}^{m_p\times m_p}$ 和 $\boldsymbol{P}_K\in\boldsymbol{R}^{m_p\times m_p}$ 为对称正定矩阵。

定理 6.1：针对四旋翼直升机故障系统，若采用自适应重构控制器式（6.11）以及自适应律式（6.19），可以保证闭环系统的所有信号均有界，且满足以下条件：

$$\lim_{t\to\infty}\boldsymbol{e}(t)=0,\quad \lim_{t\to\infty}\boldsymbol{e}_y(t)=\lim_{t\to\infty}C_p\boldsymbol{e}(t)=0 \tag{6.20}$$

证明 6.1：

选取如下形式的李雅普诺夫函数：

$$V=\boldsymbol{e}^{\mathrm{T}}\boldsymbol{P}\boldsymbol{e}+\boldsymbol{tr}(\tilde{\boldsymbol{F}}^{\mathrm{T}}\boldsymbol{P}_F^{-1}\tilde{\boldsymbol{F}})+tr(\tilde{\boldsymbol{K}}^{\mathrm{T}}\boldsymbol{P}_K^{-1}\tilde{\boldsymbol{K}}) \tag{6.21}$$

式中，$\boldsymbol{P}=\boldsymbol{P}^{\mathrm{T}}\in\boldsymbol{R}^{n_p\times n_p}>0$，它满足对于任意的常矩阵$\boldsymbol{Q}=\boldsymbol{Q}^{\mathrm{T}}\in\boldsymbol{R}^{n_p\times n_p}>0$，有：

$$\boldsymbol{A}_m^{\mathrm{T}}\boldsymbol{P}+\boldsymbol{P}\boldsymbol{A}_m=-\boldsymbol{Q} \tag{6.22}$$

结合式（6.18）和式（6.19），可得到$\boldsymbol{V}$ 的导数为：

$$\begin{aligned}\dot{V}&=\dot{\boldsymbol{e}}^{\mathrm{T}}\boldsymbol{P}\boldsymbol{e}+\boldsymbol{e}^{\mathrm{T}}\boldsymbol{P}\dot{\boldsymbol{e}}+\boldsymbol{tr}(\dot{\tilde{\boldsymbol{F}}}^{\mathrm{T}}\boldsymbol{P}_F^{-1}\tilde{\boldsymbol{F}}+\tilde{\boldsymbol{F}}^{\mathrm{T}}\boldsymbol{P}_F^{-1}\dot{\tilde{\boldsymbol{F}}})\\&\quad+\boldsymbol{tr}(\dot{\tilde{\boldsymbol{K}}}^{\mathrm{T}}\boldsymbol{P}_K^{-1}\tilde{\boldsymbol{K}}+\tilde{\boldsymbol{K}}^{\mathrm{T}}\boldsymbol{P}_K^{-1}\dot{\tilde{\boldsymbol{K}}})\\&=\boldsymbol{e}^{\mathrm{T}}(\boldsymbol{A}_m^{\mathrm{T}}\boldsymbol{P}+\boldsymbol{P}\boldsymbol{A}_m)\boldsymbol{e}+2\boldsymbol{tr}(\dot{\tilde{\boldsymbol{F}}}^{\mathrm{T}}\boldsymbol{P}_F^{-1}\tilde{\boldsymbol{F}}+\boldsymbol{x}_p\boldsymbol{e}^{\mathrm{T}}\boldsymbol{P}\boldsymbol{B}_m\boldsymbol{K}^{-1}\tilde{\boldsymbol{F}})\\&\quad+2\boldsymbol{tr}(\dot{\tilde{\boldsymbol{K}}}^{\mathrm{T}}\boldsymbol{P}_K^{-1}\tilde{\boldsymbol{K}}+\boldsymbol{r}\boldsymbol{e}^{\mathrm{T}}\boldsymbol{P}\boldsymbol{B}_m\boldsymbol{K}^{-1}\tilde{\boldsymbol{K}})\\&=-\boldsymbol{e}^{\mathrm{T}}\boldsymbol{Q}\boldsymbol{e}+2\boldsymbol{tr}[(\dot{\tilde{\boldsymbol{F}}}^{\mathrm{T}}\boldsymbol{P}_F^{-1}\tilde{\boldsymbol{F}}+\boldsymbol{x}_p e^{\mathrm{T}}\boldsymbol{P}\boldsymbol{B}_m\boldsymbol{K}^{-1}\tilde{\boldsymbol{F}})\\&\quad+(\dot{\tilde{\boldsymbol{K}}}^{\mathrm{T}}\boldsymbol{P}_K^{-1}\tilde{\boldsymbol{K}}+\boldsymbol{r}\boldsymbol{e}^{\mathrm{T}}\boldsymbol{P}\boldsymbol{B}_m\boldsymbol{K}^{-1}\tilde{\boldsymbol{K}})]\\&=-\boldsymbol{e}^{\mathrm{T}}\boldsymbol{Q}\boldsymbol{e}\leqslant 0\end{aligned} \tag{6.23}$$

这样可以进一步得出$0\leqslant V(t)\leqslant V(0)$，从而$\boldsymbol{V}(t)\in\boldsymbol{L}_\infty$。

通过将式（6.23）积分可得到：

$$\int_0^{\infty} -e^{\mathrm{T}} Qe = -\int_0^{\infty} \dot{V} \mathrm{d}t = V(0) - V(\infty) < \infty \tag{6.24}$$

由此可知，闭环系统的全局稳定性可以被保证。因此 $e \in L_2, L_\infty$。L_2 为所有平方可积函数构成的空间，L_∞ 空间保证了闭环信号的有界性。

同时有：$\lim\limits_{t\to\infty} e(t) = 0$，$\lim\limits_{t\to\infty} e_y(t) = \lim\limits_{t\to\infty} C_p e(t) = 0$。

6.3.3　多模型集建立及控制器设计

在特定的飞行条件下，由于发生了驱动器故障，系统的参数跳变可能会十分地显著。那么对于单模型自适应控制方法来说，可能会需要很长的时间间隔来补偿故障损失。在这个时间间隔中，系统的性能很可能会退化，甚至出现不可接受的实际结果，这样单模型自适应控制方法就达不到预期的控制目标，此时多模型控制便体现出了它的优越性。

这里建立的模型集包括固定模型、自适应模型以及可重新初始化的模型。固定模型的参数不会随时间变化，可根据不同的故障条件来建立固定辨识模型并设计相应的控制器。自适应模型可以自动更新参数来跟踪被控对象，系统自动选择自适应重构控制器。可重新初始化的模型在每段时间间隔内被重置为距离被控对象真实模型最近的固定模型，以达到更快的收敛速度。基于多模型方法的四旋翼直升机自适应重构系统结构如图 6.1 所示。

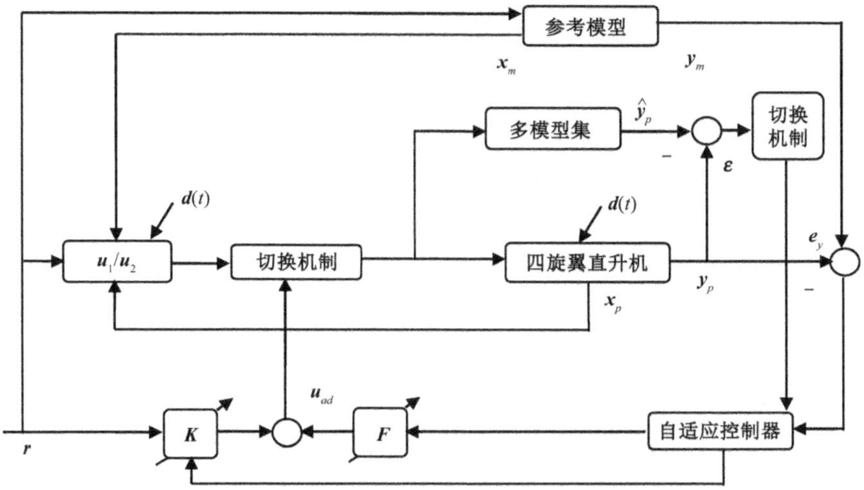

图 6.1　基于多模型方法的四旋翼直升机自适应重构系统结构

1．固定模型及控制器设计

设计两个不同故障条件下的固定模型，即分别考虑前向电机和右侧电机发生驱动器LIP故障，为如下形式：

$$\begin{cases}\dot{\boldsymbol{x}}_p(t)=\boldsymbol{A}_{f_1}\boldsymbol{x}_p(t)+\boldsymbol{B}_{f_1}\boldsymbol{u}_p(t)+\boldsymbol{D}_{f_1}\boldsymbol{d}(t)\\ \boldsymbol{y}_p(t)=\boldsymbol{C}_{f_1}\boldsymbol{x}_p(t)\end{cases} \tag{6.25}$$

$$\begin{cases}\dot{\boldsymbol{x}}_p(t)=\boldsymbol{A}_{f_2}\boldsymbol{x}_p(t)+\boldsymbol{B}_{f_2}\boldsymbol{u}_p(t)+\boldsymbol{D}_{f_2}\boldsymbol{d}(t)\\ \boldsymbol{y}_p(t)=\boldsymbol{C}_{f_2}\boldsymbol{x}_p(t)\end{cases} \tag{6.26}$$

为了得到参数化的形式，可以定义变量$\varTheta=(\boldsymbol{A}_f,\boldsymbol{B}_f,\boldsymbol{D}_f)$和$\boldsymbol{W}(t)=[\boldsymbol{x}_p^{\mathrm{T}}(t),\boldsymbol{u}_p^{\mathrm{T}}(t),\boldsymbol{d}^{\mathrm{T}}(t)]^{\mathrm{T}}$。模型可写成如下的形式：

$$\dot{\boldsymbol{x}}_{p1}(t)=\varTheta_1\boldsymbol{W}(t) \tag{6.27}$$

$$\dot{\boldsymbol{x}}_{p2}(t)=\varTheta_2\boldsymbol{W}(t) \tag{6.28}$$

所要达到的控制目标是跟踪参考模型，即：

$$\boldsymbol{y}_p(t)=\boldsymbol{y}_m(t) \tag{6.29}$$

这样，可以得到控制器：

$$\boldsymbol{u}_p(t)=(\boldsymbol{C}_p\boldsymbol{B}_p)^{-1}[\boldsymbol{C}_m\boldsymbol{A}_m\boldsymbol{x}_m(t)+\boldsymbol{C}_m\boldsymbol{B}_m\boldsymbol{r}(t)-\boldsymbol{C}_p\boldsymbol{A}_p\boldsymbol{x}_p(t)-\boldsymbol{D}_p\boldsymbol{d}(t)] \tag{6.30}$$

对于固定模型式（6.27）和式（6.28）可分别得到相应的控制器为：

$$\boldsymbol{u}_1(t)=(\boldsymbol{C}_{f_1}\boldsymbol{B}_{f_1})^{-1}[\boldsymbol{C}_m\boldsymbol{A}_m\boldsymbol{x}_m(t)+\boldsymbol{C}_m\boldsymbol{B}_m\boldsymbol{r}(t)-\boldsymbol{C}_{f_1}\boldsymbol{A}_{f_1}\boldsymbol{x}_p(t)-\boldsymbol{D}_{f_1}\boldsymbol{d}(t)] \tag{6.31}$$

$$\boldsymbol{u}_2(t)=(\boldsymbol{C}_{f_2}\boldsymbol{B}_{f_2})^{-1}[\boldsymbol{C}_m\boldsymbol{A}_m\boldsymbol{x}_m(t)+\boldsymbol{C}_m\boldsymbol{B}_m\boldsymbol{r}(t)-\boldsymbol{C}_{f_2}\boldsymbol{A}_{f_2}\boldsymbol{x}_p(t)-\boldsymbol{D}_{f_2}\boldsymbol{d}(t)] \tag{6.32}$$

2．自适应模型设计

假设有n个驱动器发生了故障，即：

$$\boldsymbol{u}_j(t)=\bar{\boldsymbol{u}}_j(j=j_1,j_2,\cdots,j_n;1\leqslant n\leqslant m_p-1) \tag{6.33}$$

得到的故障系统为：

$$\dot{\boldsymbol{x}}_p(t)=\boldsymbol{A}_p\boldsymbol{x}_p(t)+\sum_{i\neq j_1,\cdots,j_n}\boldsymbol{b}_i\boldsymbol{u}_i+\sum_{i=j_1,\cdots,j_n}\boldsymbol{b}_i\bar{\boldsymbol{u}}_i+\boldsymbol{D}_p\boldsymbol{d}(t) \tag{6.34}$$

式中，$\boldsymbol{b}_i$是$\boldsymbol{B}_p$的第i列。

针对故障系统，可构建如下的自适应辨识模型集：

$$\begin{aligned}&\dot{\hat{\boldsymbol{x}}}_{pk}=\boldsymbol{A}_p\hat{\boldsymbol{x}}_{pk}+\sum_{i\neq j_1,\cdots j_n}\boldsymbol{b}_{ki}\boldsymbol{u}_{ki}+\sum_{i=j_1,\cdots j_n}\boldsymbol{b}_{ki}\hat{\boldsymbol{u}}_{ki}+\boldsymbol{L}(\boldsymbol{y}_p-\hat{\boldsymbol{y}}_{pk})\\&\hat{\boldsymbol{y}}_{pk}=\boldsymbol{C}_p\hat{\boldsymbol{x}}_{pk}\quad(i=1,2,\cdots,m_p;k=0,1,2,\cdots,n)\end{aligned}\tag{6.35}$$

式中，$\hat{\boldsymbol{u}}_{ki}$ 是 $\overline{\boldsymbol{u}}_{ki}$ 的估计。

根据式（6.34）和式（6.35）可得到状态估计误差方程为：

$$\hat{\boldsymbol{e}}_k=\hat{\boldsymbol{x}}_{pk}-\boldsymbol{x}_p\tag{6.36}$$

$$\dot{\hat{\boldsymbol{e}}}_k=(\boldsymbol{A}_p-\boldsymbol{LC}_p)\hat{\boldsymbol{e}}_k+\sum_{i=j_1,\cdots,j_n}\boldsymbol{b}_{ki}\psi_{u_{ki}}-\boldsymbol{D}_p\boldsymbol{d}\tag{6.37}$$

这里 $\psi_{u_{ki}}=\hat{\boldsymbol{u}}_{ki}-\overline{\boldsymbol{u}}_{ki}$ 以及 $\hat{\boldsymbol{u}}_{ki}$ 的参数调整率为：

$$\dot{\hat{\boldsymbol{u}}}_{ki}=Proj_{[u_{i\min},u_{i\max}]}\{-\gamma_{u_{ki}}\hat{\boldsymbol{e}}_k\boldsymbol{P}_0\boldsymbol{b}_{ki}\}\tag{6.38}$$

式中，$\gamma_{u_{ki}}>0$ 为权值系数，$\boldsymbol{P}_0$ 为如下的李雅普诺夫矩阵方程的一个对称正定解

$$\begin{cases}(\boldsymbol{A}_p-\boldsymbol{LC}_p)^{\mathrm{T}}\boldsymbol{P}_0+\boldsymbol{P}_0(\boldsymbol{A}_p-\boldsymbol{LC}_p)=-\boldsymbol{Q}_0\quad(\boldsymbol{Q}_0>0)\\\boldsymbol{P}_0\boldsymbol{B}_p=\boldsymbol{C}_p\end{cases}\tag{6.39}$$

备注 6.2：考虑到式（6.37）和式（6.38）的稳定性，可设计如下切换函数[116]：

$$J_k(t)=\boldsymbol{c}_1\|\varepsilon_k\|^2+\boldsymbol{c}_2\int_{t_0}^{t}\exp[-\lambda(\tau-t_0)]\|\varepsilon_k\|^2\,\mathrm{d}\tau\tag{6.40}$$

式中，$\boldsymbol{\varepsilon}_k=\hat{\boldsymbol{y}}_{pk}-\boldsymbol{y}_p$；$\boldsymbol{c}_1,\boldsymbol{c}_2>0$；$\lambda>0$。可以证明，在此切换机制下，可保证 $\lim\limits_{t\to\infty}J_k(t)=0$，且在第 k 个驱动器发生故障时，有 $\lim\limits_{t\to\infty}(\hat{\boldsymbol{u}}_{ki}-\overline{\boldsymbol{u}}_{ki})=0$。

3．可重新初始化模型设计

当被控系统与固定模型存在较大的误差时，可重新初始化的自适应模型可以根据跟踪控制目标自动调节参数，它的初值被重置为与被控系统模型最匹配的固定模型。设计如下的可重新初始化自适应模型：

$$\dot{\boldsymbol{x}}_{pa}(t)=\hat{\boldsymbol{\Theta}}(t)\boldsymbol{W}(t)\tag{6.41}$$

式中，$\hat{\boldsymbol{\Theta}}(t)=[\hat{\boldsymbol{A}}_f(t),\hat{\boldsymbol{B}}_f(t),\hat{\boldsymbol{D}}_f(t)]$，$\hat{\boldsymbol{\Theta}}(t_0)=\boldsymbol{\Theta}_1$。

定义 $\hat{\boldsymbol{e}}_a=\hat{\boldsymbol{x}}_{pa}-\boldsymbol{x}_p$，设计基于梯度理论[117]的模型参数调节律设计如下：

$$\dot{\hat{\boldsymbol{\Theta}}}(t)=\hat{\boldsymbol{\Theta}}(t)-\eta(t)\frac{\hat{\boldsymbol{e}}_a(t)\boldsymbol{W}^{\mathrm{T}}(t)}{1+\boldsymbol{W}^{\mathrm{T}}(t)\boldsymbol{W}(t)}\tag{6.42}$$

式中，$\eta(t)$的值为正实数，且$\eta(t)\in(0,2)$。

备注 6.3：式（6.41）模型和固定模型式（6.27）、式（6.28）一样具有线性的结构，但它的参数$\hat{\Theta}(t)$是沿着调节律式（6.42）中的梯度函数而变化的，以达到精确跟踪的目的。式（6.42）中的梯度方法已经被证明是一种具有很快收敛速度的参数设计方法[118]，所以选择它可得到更好的模型匹配。应用重新初始化的自适应模型来进行故障系统模型辨识，控制系统的瞬态性能获得了很大提高，在下一节的仿真中可清晰体现。

6.4 系统仿真验证与分析

考虑四旋翼直升机在飞行过程中，某一个电机发生 LIP 故障或者控制部分失效来构建模型集，具体为如下的不同故障模式：

（0）没有发生故障。

（1）$\sigma=\begin{bmatrix}0.5 & & & \\ & 0 & & \\ & & 0 & \\ & & & 0\end{bmatrix}$，$\bar{u}_1=0.5u_1$，前向电机控制部分失效。

（2）$\sigma=\begin{bmatrix}0 & & & \\ & 0.5 & & \\ & & 0 & \\ & & & 0\end{bmatrix}$，$\bar{u}_2=0.5u_2$，后向电机控制部分失效。

（3）$\sigma=\begin{bmatrix}0 & & & \\ & 0 & & \\ & & 0.5 & \\ & & & 0\end{bmatrix}$，$\bar{u}_3=0.5u_3$，右侧电机控制部分失效。

（4）$\sigma=\begin{bmatrix}0 & & & \\ & 0 & & \\ & & 0 & \\ & & & 0.5\end{bmatrix}$，$\bar{u}_4=0.5u_4$，左侧电机控制部分失效。

（5）$\sigma=\begin{bmatrix}1 & & & \\ & 0 & & \\ & & 0 & \\ & & & 0\end{bmatrix}$，$\bar{u}_1=1$，$t<4$，前向电机 LIP 故障。

（6）$\boldsymbol{\sigma}=\begin{bmatrix}0 & & & \\ & 1 & & \\ & & 0 & \\ & & & 0\end{bmatrix}$，$\bar{u}_2=1$，$4\leqslant t\leqslant 8$，后向电机 LIP 故障。

（7）$\boldsymbol{\sigma}=\begin{bmatrix}0 & & & \\ & 0 & & \\ & & 0 & \\ & & & 1\end{bmatrix}$，$\bar{u}_4=2$，$t>8$，左侧电机 LIP 故障。

通过在不同故障模式下的故障模型切换，所设计的重构控制器具有很好的控制性能。在模式（5）情况下，图 6.2~图 6.4 分别给出了俯仰角、滚转角以及偏航角的跟踪误差曲线。在外部干扰（如下形式）的作用下有：

$$\boldsymbol{d}(t)=0.5+0.5\sin 10t, t\geqslant 5$$

图 6.5~图 6.7 也分别给出了三个姿态角的跟踪误差曲线。

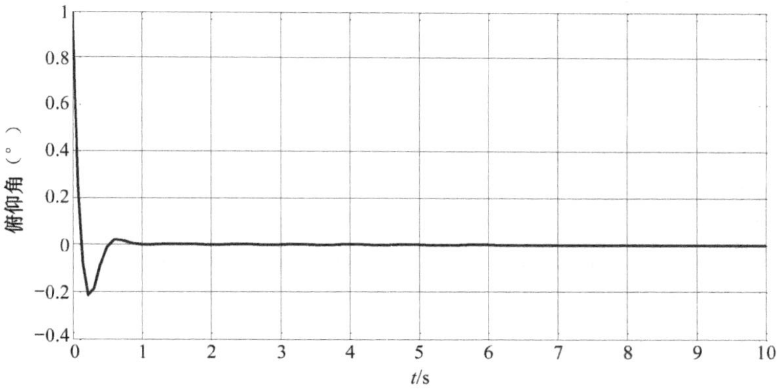

图 6.2　俯仰角跟踪误差曲线

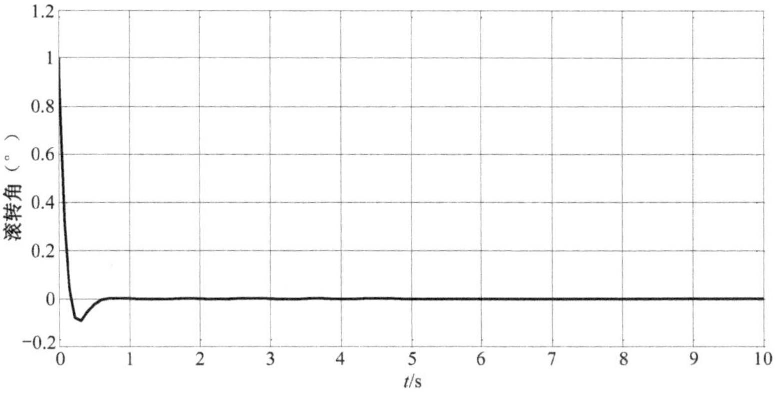

图 6.3　滚转角跟踪误差曲线

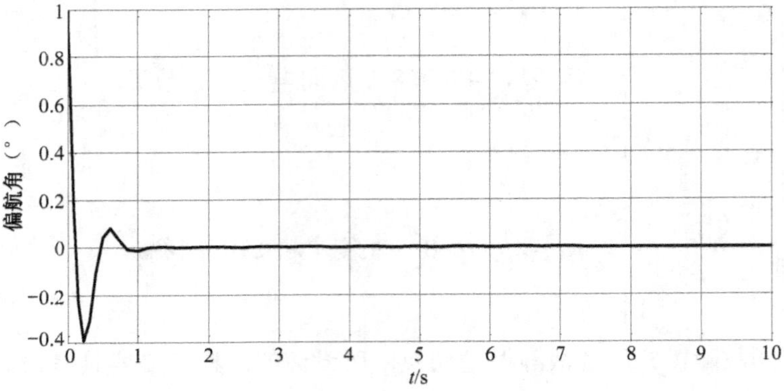

图 6.4　偏航角跟踪误差曲线

由以上曲线可看出，当四旋翼直升机出现驱动器 LIP 故障时，在设计的自愈合控制器作用下，系统仍能实现稳定跟踪，并且具有良好的动态特性。

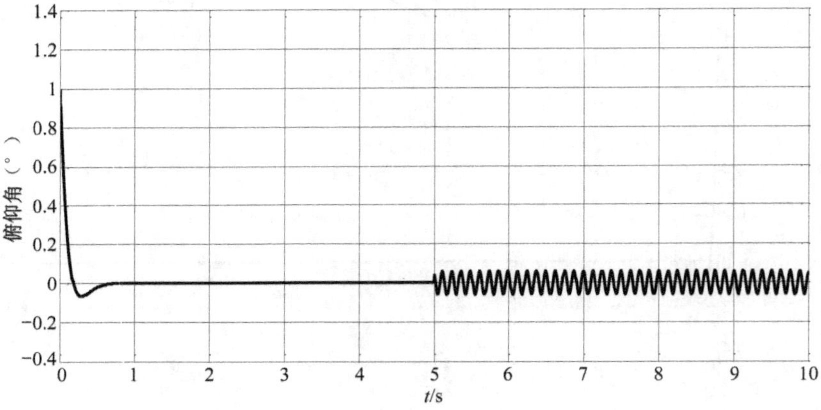

图 6.5　存在外部干扰时的俯仰角跟踪误差曲线

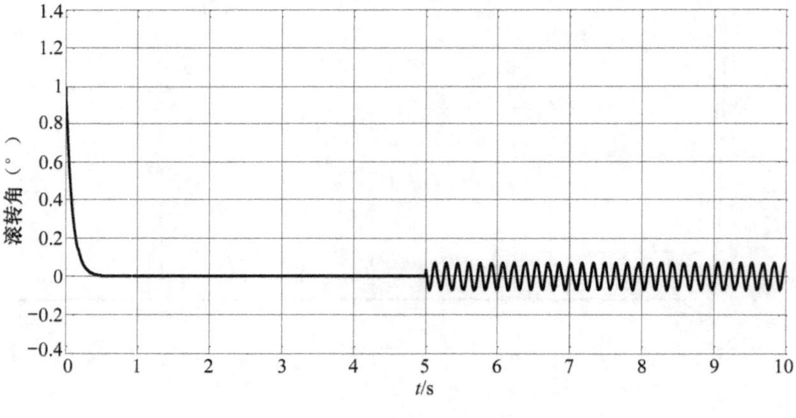

图 6.6　存在外部干扰时的滚转角跟踪误差曲线

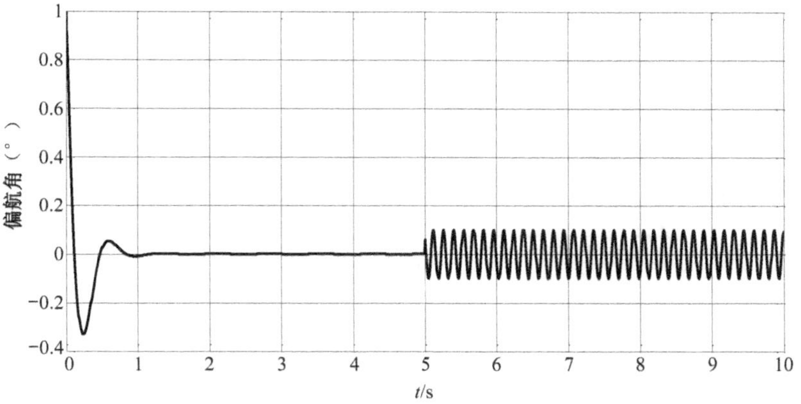

图 6.7　存在外部干扰时的偏航角跟踪误差曲线

由上面的曲线可看出，当系统同时存在正弦干扰（5s 时刻发生）时，在设计的自愈合控制器作用下，可将姿态角的稳态误差控制在一个较小的范围之内，不至于使机身发生过强的抖动，保证了飞行品质。

将所设计的控制器应用于四旋翼直升机 Quanser 仿真平台，分别得到了俯仰角和偏航角的跟踪误差曲线，如图 6.8 和图 6.9 所示。

与数值仿真相比，平台仿真曲线中出现了一些波动，这是由平台硬件系统里的一些非线性因素造成，因此不可避免地会出现。但是，在本章设计的自愈合控制算法作用下，系统还是能大体上实现稳定跟踪，跟踪误差保持在［-1°，1°］。仿真结果证明，本章提出的基于多模型方法的四旋翼直升机自愈合控制方法，具有很好的解决 LIP 故障的愈合能力。

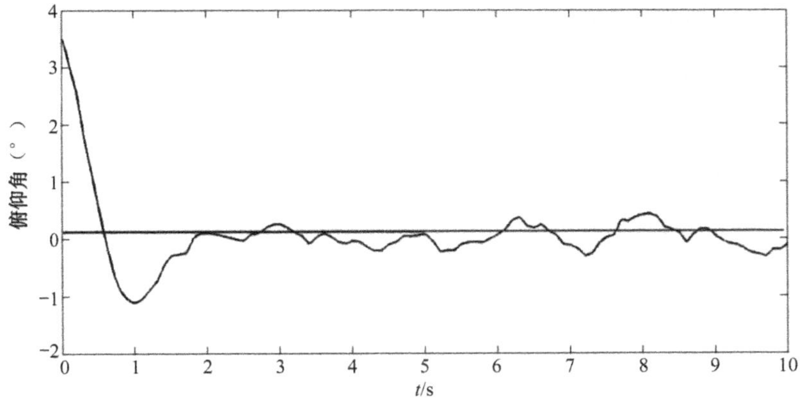

图 6.8　Quanser 四旋翼直升机仿真平台俯仰角跟踪误差曲线

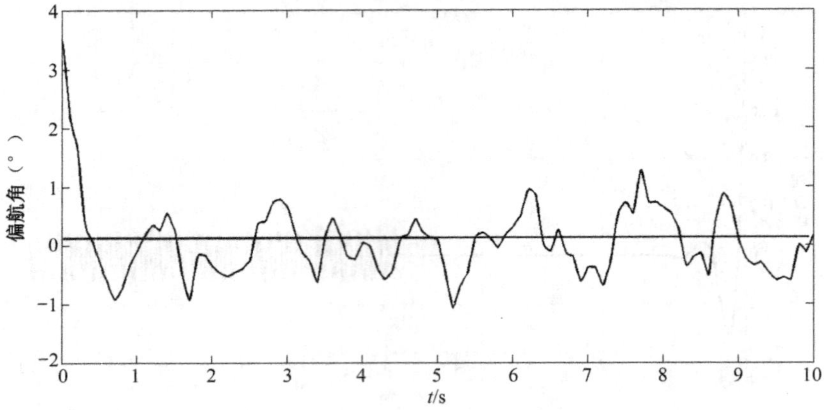

图 6.9　Quanser 四旋翼直升机仿真平台偏航角跟踪误差曲线

6.5　本章小结

针对具有驱动器卡死故障和外部干扰的四旋翼直升机线性化模型，设计了基于自适应控制和组合多模型方法的自愈合控制方案。基于最优控制以及最小值原则，将原始系统依据最优性能指标进行优化，进而得到了可以使得系统实现渐近跟踪的参考模型。对自适应重构控制律以及自适应参数调整律的设计进行了稳定性的证明，用来确保系统的跟踪误差收敛。在传统的多模型方法的基础上，将固定模型与自适应模型的结合进行了扩充，加入了重新初始化的自适应模型，可根据当前系统的状态，将自适应模型重置为距离对象真实模型最近的固定模型，以达到提高收敛速度的目的。最后的仿真结果证明了所提出的自愈合控制方案的优越控制性能。

第 7 章

基于 H^{∞} 故障观测器的四旋翼直升机自愈合控制

7.1 引　言

为了让发生故障的飞行器仍然能够保持良好的飞行品质，可以设计自适应重构控制律来补偿故障带来的不确定性。如果能够利用故障辨识环节对故障信息进行准确的估计，那么将会大幅度提高重构控制系统的控制性能。近年来，利用观测器进行故障辨识和控制律设计受到了多数学者们的认可和研究[119-121]。文献[119]提出了一种基于故障观测器的重构控制算法来解决飞行器的角速率跟踪问题，设计高增益故障观测器来辨识故障。文献[120]针对微型四旋翼飞行器，设计了一个多项式故障观测器来实现故障检测和诊断，提高了系统的重构控制能力。在采用观测器对系统发生的故障进行在线辨识时，辨识算法的收敛速度也是影响重构控制系统控制性能的一个重要的因素。H^{∞} 性能指标被认为具有很快渐近收敛速度的一种控制器性能指标，如果在观测器中引入 H^{∞} 性能指标，使得故障估计误差能够按指数收敛，那么故障观测器对于实际故障的检测和辨识将会更加地快速和准确。

本章提出了一种基于 H^{∞} 故障观测器的自愈合控制方法来解决四旋翼直升机的故障容错控制问题。针对四旋翼直升机发生 LIP 故障，设计带有故障补偿项的自适应重构控制律。为了减轻自适应重构控制律的控制负担，设计引入 H^{∞} 性能指标的故障观测器。采用这样的故障辨识算法，可提高故障辨识误差的收敛速度，同时也提高整个系统的鲁棒性和自愈合能力。同时可以证明，估计误差只与故障的变化率、初始估计误差以及性能指标指数有关，而与故障幅值无关。

7.2 控制系统及故障描述

忽略由于机身旋转带来的非线性因素以及姿态角之间的耦合，可得到如下形式的四旋翼直升机线性模型：

$$\begin{cases} \dot{\boldsymbol{x}}_p(t) = \boldsymbol{A}_p\boldsymbol{x}_p(t) + \boldsymbol{B}_p\boldsymbol{u}_p(t) + \boldsymbol{B}_p\boldsymbol{d}(t) \\ \boldsymbol{y}_p(t) = \boldsymbol{C}_p\boldsymbol{x}_p(t) \end{cases} \tag{7.1}$$

式中，$\boldsymbol{x}_p(t) \in \boldsymbol{R}^{n_p}$ 为系统状态向量；$\boldsymbol{u}_p(t) \in \boldsymbol{R}^{m_p}$ 为控制输入向量；$\boldsymbol{y}_p(t) \in \boldsymbol{R}^{q_p}$ 为输出向量；这里 $\boldsymbol{A}_p \in \boldsymbol{R}^{n_p \times n_p}$，$\boldsymbol{B}_p \in \boldsymbol{R}^{n_p \times m_p}$，$\boldsymbol{C}_p \in \boldsymbol{R}^{q_p \times n_p}$；$\boldsymbol{d}(t)$ 为有界的未知输入干扰以及建模误差。

根据严重情况，将驱动器故障分为两种：完全失效和部分失效。前者包括：卡死故障（LIP）、饱和故障（Hard-over Fault，HOF）以及松浮故障（Float）；后者是指控制器部分失效（LOE）。这里所描述的故障可以用如下的二阶模型[122]来表示：

$$\begin{aligned} \dot{\boldsymbol{u}}_{1i} &= \boldsymbol{u}_{2i} \\ \dot{\boldsymbol{u}}_{2i} &= -[\lambda_{2i} + (1-\sigma_i)\beta_i]\boldsymbol{u}_{2i} + \sigma_i\lambda_{1i}(k_i\boldsymbol{u}_{ci} - \boldsymbol{u}_{1i}) \end{aligned} \tag{7.2}$$

式中，$\boldsymbol{u}_1$ 为执行器位置；$\boldsymbol{u}_2$ 为执行器变化率。驱动器操纵性系数用 σ_i 表示，来判断驱动器是否发生了故障。当 $\sigma_i = 1$ 时，表示四旋翼直升机的各个电机都正常运行。当 $\sigma_i = 0$ 时，表示驱动器发生 LIP 故障或者 HOF 故障。直升机的驱动器效力系数用 k_i 表示，发生 LOE 故障时，$k_i \in [\varepsilon, 1]$，$\varepsilon \ll 1, i = 1,2,\cdots,m_p$；当 $k_i = \sigma_i = 1$ 时，表示没有故障发生。另外，$\lambda_{1i} \gg \lambda_{2i}$，$\lambda_{1i}/\lambda_{2i} \geqslant 20$，$\lambda_{1i} \gg 1$，$\lambda_{2i} + \beta_i \gg 1$，$i = 1,2,\cdots,m_p$。

备注 7.1：自愈合控制算法仅依赖于驱动器的动态特性以及模型（7.2）中的参数 σ_i 和 k_i，可以设计故障观测器来对故障情况进行在线估计。基于故障观测器的四旋翼直升机自愈合控制系统结构如图 7.1 所示。

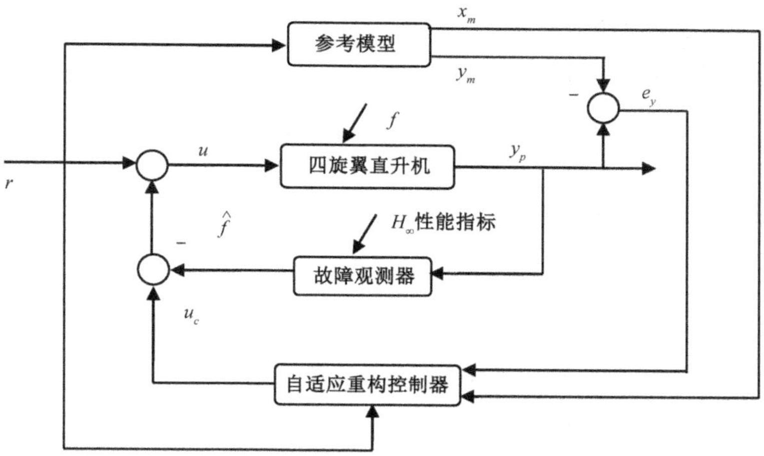

图 7.1　基于故障观测器的四旋翼直升机自愈合控制系统结构

7.3　自愈合控制系统设计

7.3.1　带故障补偿项的自适应控制律设计

当系统动态过程出现未知故障时，自适应重构控制律可自动修改控制器参数以获得更好的性能，达到功能自愈合效果。考虑如下线性的四旋翼直升机故障模型：

$$\begin{aligned}\dot{\boldsymbol{x}}_p(t) &= \boldsymbol{A}_p\boldsymbol{x}_p(t)+\boldsymbol{B}_p\boldsymbol{\Lambda}\boldsymbol{u}(t)+\boldsymbol{B}_p\boldsymbol{\Lambda}(\boldsymbol{I}-\boldsymbol{\sigma})\bar{\boldsymbol{u}}+\boldsymbol{B}_p\boldsymbol{d}(t)\\ \boldsymbol{y}_p(t) &= \boldsymbol{C}_p\boldsymbol{x}_p(t)\end{aligned} \tag{7.3}$$

其中

$$\boldsymbol{\Lambda}=diag\{k_1,k_2,\cdots,k_{m_p}\}\in\boldsymbol{R}^{m_p\times m_p}$$

$$\boldsymbol{\sigma}=diag\{\sigma_1,\sigma_2,\cdots,\sigma_{m_p}\}\in\boldsymbol{R}^{m_p\times m_p}$$

驱动器故障用未知矩阵 $\boldsymbol{\Lambda}$、$\boldsymbol{\sigma}$ 以及未知向量 $\boldsymbol{u}(t)$ 来描述。$\bar{\boldsymbol{u}}$ 表示驱动器 LIP 故障的位置。

备注 7.2： 由于发生了未知的驱动器故障，四旋翼直升机的气动参数会发生改变，造成系统矩阵 $\boldsymbol{A}_p$ 的不确定性，假设由此引起的 $\boldsymbol{A}_p$ 的不确定性是有界的。系统方程（7.3）

可被看成在平衡位置的摄动动态方程。

令 $\boldsymbol{f}(t)=\boldsymbol{\Lambda}(\boldsymbol{I}-\boldsymbol{\sigma})\bar{\boldsymbol{u}}+\boldsymbol{d}(t)$，系统方程（7.3）可变形为：

$$\dot{\boldsymbol{x}}_p(t)=\boldsymbol{A}_p\boldsymbol{x}_p(t)+\boldsymbol{B}_p\boldsymbol{\Lambda}\boldsymbol{u}(t)+\boldsymbol{B}_p\boldsymbol{f}(t) \tag{7.4}$$

自适应控制系统的参考模型描述为：

$$\begin{cases}\dot{\boldsymbol{x}}_m(t)=\boldsymbol{A}_m\boldsymbol{x}_m(t)+\boldsymbol{B}_m\boldsymbol{r}(t)\\ \boldsymbol{y}_m(t)=\boldsymbol{C}_m\boldsymbol{x}_m(t)\end{cases} \tag{7.5}$$

式中，$\boldsymbol{x}_m(t)\in\boldsymbol{R}^{n_m}$ 为状态向量；$\boldsymbol{r}(t)\in\boldsymbol{R}^{m_m}$ 为参考输入向量；$\boldsymbol{y}_m(t)\in\boldsymbol{R}^{q_m}$ 为输出向量；$\boldsymbol{A}_m\in\boldsymbol{R}^{n_m\times n_m}$，$\boldsymbol{B}_m\in\boldsymbol{R}^{n_m\times m_m}$，$\boldsymbol{C}_m\in\boldsymbol{R}^{q_m\times n_m}$ 为参考模型系统矩阵。

设计如下带故障补偿项的自适应重构控制器：

$$\boldsymbol{u}_c(t)=\boldsymbol{K}_x\boldsymbol{x}_m(t)+\boldsymbol{K}_r\boldsymbol{r}(t)+\boldsymbol{K}_e\boldsymbol{e}_y(t)+\hat{\boldsymbol{f}}(t) \tag{7.6}$$

式中，$\boldsymbol{K}_x\in\boldsymbol{R}^{m_p\times n_m}$，$\boldsymbol{K}_r\in\boldsymbol{R}^{m_p\times m_m}$，$\boldsymbol{K}_e\in\boldsymbol{R}^{m_p\times q_p}$ 分别为自适应矩阵。

定义 $\boldsymbol{e}=\boldsymbol{x}_p-\boldsymbol{x}_m$ 为状态误差，$\boldsymbol{e}_y=\boldsymbol{y}_p-\boldsymbol{y}_m$ 为输出误差，可得：

$$\begin{aligned}\dot{\boldsymbol{e}}=\dot{\boldsymbol{x}}_p-\dot{\boldsymbol{x}}_m=\ &\boldsymbol{A}_p\boldsymbol{x}_p(t)+\boldsymbol{B}_p\boldsymbol{\Lambda}\boldsymbol{u}(t)+\boldsymbol{B}_p\boldsymbol{f}(t)\\ &-\boldsymbol{A}_m\boldsymbol{x}_m(t)-\boldsymbol{B}_m r(t)\\ =\ &(\boldsymbol{A}_p+\boldsymbol{B}_p\boldsymbol{\Lambda}\boldsymbol{K}_e\boldsymbol{C}_p)\boldsymbol{e}+(\boldsymbol{A}_p-\boldsymbol{A}_m+\boldsymbol{B}_p\boldsymbol{\Lambda}\boldsymbol{K}_x)\boldsymbol{x}_m(t)\\ &+(\boldsymbol{B}_p\boldsymbol{\Lambda}\boldsymbol{K}_r-\boldsymbol{B}_m)\boldsymbol{r}(t)+\boldsymbol{B}_p\left[\boldsymbol{\Lambda}\hat{\boldsymbol{f}}(t)+\boldsymbol{f}(t)\right]\end{aligned} \tag{7.7}$$

考虑模型参考匹配条件，定义：

$$\boldsymbol{A}_p+\boldsymbol{B}_p\boldsymbol{\Lambda}\boldsymbol{K}_e^*\boldsymbol{C}_p=\boldsymbol{A}_e \tag{7.8}$$

$$\boldsymbol{A}_p+\boldsymbol{B}_p\boldsymbol{\Lambda}\boldsymbol{K}_x^*=\boldsymbol{A}_m \tag{7.9}$$

$$\boldsymbol{B}_p\boldsymbol{\Lambda}\boldsymbol{K}_r^*=\boldsymbol{B}_m \tag{7.10}$$

$$\boldsymbol{\Lambda}\boldsymbol{f}^*(t)+\boldsymbol{f}(t)=0 \tag{7.11}$$

式中，$\boldsymbol{K}_x^*$、$\boldsymbol{K}_r^*$、$\boldsymbol{K}_e^*$ 及 $\boldsymbol{f}^*(t)$ 为模型完全匹配时的自适应矩阵及故障补偿向量；$\boldsymbol{A}_e$ 为稳定的任意系统矩阵。同时给出下列误差矩阵的定义：

$$\tilde{\boldsymbol{K}}_x=\boldsymbol{K}_x-\boldsymbol{K}_x^*,\quad \tilde{\boldsymbol{K}}_r=\boldsymbol{K}_r-\boldsymbol{K}_r^*$$

$$\tilde{\boldsymbol{K}}_e=\boldsymbol{K}_e-\boldsymbol{K}_e^*,\quad \tilde{\boldsymbol{f}}=\hat{\boldsymbol{f}}(t)-\boldsymbol{f}^*(t)$$

将式（7.8）~式（7.11）及上述误差矩阵代入误差矩阵（7.7）可得到：

$$\dot{\boldsymbol{e}} = \boldsymbol{A}_e\boldsymbol{e} + \boldsymbol{B}_p\boldsymbol{\Lambda}\left[\tilde{\boldsymbol{K}}_x\boldsymbol{x}_m(t) + \tilde{\boldsymbol{K}}_r\boldsymbol{r}(t) + \tilde{\boldsymbol{K}}_r\boldsymbol{e}_y(t) + \hat{\boldsymbol{f}}(t)\right] \tag{7.12}$$

针对自适应重构控制系统，设计如下自适应参数律：

$$\dot{\boldsymbol{K}}_x = -\boldsymbol{\Gamma}_1\boldsymbol{B}_p^{\mathrm{T}}\boldsymbol{P}\boldsymbol{e}\boldsymbol{x}_m^{\mathrm{T}}(t) \tag{7.13}$$

$$\dot{\boldsymbol{K}}_r = -\boldsymbol{\Gamma}_2\boldsymbol{B}_p^{\mathrm{T}}\boldsymbol{P}\boldsymbol{e}\boldsymbol{r}^{\mathrm{T}}(t) \tag{7.14}$$

$$\dot{\boldsymbol{K}}_e = -\boldsymbol{\Gamma}_3\boldsymbol{B}_p^{\mathrm{T}}\boldsymbol{P}\boldsymbol{e}\boldsymbol{e}_y^{\mathrm{T}}(t) \tag{7.15}$$

$$\dot{\hat{\boldsymbol{f}}} = -\boldsymbol{\Gamma}_4\boldsymbol{B}_p^{\mathrm{T}}\boldsymbol{P}\boldsymbol{e} \tag{7.16}$$

式中，权值矩阵 $\boldsymbol{\Gamma}_i\,(i=1, 2, 3,4\,)$为对角正定矩阵； $\boldsymbol{P}$ 为如下方程的对称正定解：

$$\boldsymbol{A}_e^{\mathrm{T}}\boldsymbol{P} + \boldsymbol{P}\boldsymbol{A}_e = -\boldsymbol{Q} \tag{7.17}$$

式中， $\boldsymbol{Q}$ 为任意的正定对称矩阵。

定理 7.1：对于发生驱动器 LIP 或者 LOE 故障的四旋翼直升机系统，采用自适应重构控制器式（7.6）以及自适应参数律式（7.13）~式（7.16），可确保四旋翼直升机故障闭环系统的所有信号都有界，且有：

$$\lim_{t\to\infty}\boldsymbol{e}(t) = 0\,,\quad \lim_{t\to\infty}\boldsymbol{e}_y(t) = 0 \tag{7.18}$$

证明 7.1：选择如下形式的正定李雅普诺夫函数：

$$V = \frac{1}{2}[\boldsymbol{e}^{\mathrm{T}}\boldsymbol{P}\boldsymbol{e} + \boldsymbol{tr}(\tilde{\boldsymbol{K}}_x^{\mathrm{T}}\boldsymbol{\Gamma}_1^{-1}\boldsymbol{\Lambda}\tilde{\boldsymbol{K}}_x) + \boldsymbol{tr}(\tilde{\boldsymbol{K}}_r^{\mathrm{T}}\boldsymbol{\Gamma}_2^{-1}\boldsymbol{\Lambda}\tilde{\boldsymbol{K}}_r) + \boldsymbol{tr}(\tilde{\boldsymbol{K}}_e^{\mathrm{T}}\boldsymbol{\Gamma}_3^{-1}\boldsymbol{\Lambda}\tilde{\boldsymbol{K}}_e) + \tilde{\boldsymbol{f}}^{\mathrm{T}}\boldsymbol{\Gamma}_4^{-1}\boldsymbol{\Lambda}\tilde{\boldsymbol{f}}] \tag{7.19}$$

其导数为：

$$\begin{aligned}\dot{V} &= \boldsymbol{e}^{\mathrm{T}}\boldsymbol{P}\dot{\boldsymbol{e}} + \boldsymbol{tr}(\tilde{\boldsymbol{K}}_x^{\mathrm{T}}\boldsymbol{\Gamma}_1^{-1}\boldsymbol{\Lambda}\dot{\tilde{\boldsymbol{K}}}_x) + \boldsymbol{tr}(\tilde{\boldsymbol{K}}_r^{\mathrm{T}}\boldsymbol{\Gamma}_2^{-1}\boldsymbol{\Lambda}\dot{\tilde{\boldsymbol{K}}}_r) + \boldsymbol{tr}(\tilde{\boldsymbol{K}}_e^{\mathrm{T}}\boldsymbol{\Gamma}_3^{-1}\boldsymbol{\Lambda}\dot{\tilde{\boldsymbol{K}}}_e) + \tilde{\boldsymbol{f}}^{\mathrm{T}}\boldsymbol{\Gamma}_4^{-1}\boldsymbol{\Lambda}\dot{\tilde{\boldsymbol{f}}}\\
&= -\frac{1}{2}\boldsymbol{e}^{\mathrm{T}}\boldsymbol{Q}\boldsymbol{e} + \boldsymbol{tr}[\tilde{\boldsymbol{K}}_x^{\mathrm{T}}\boldsymbol{\Gamma}_1^{-1}\boldsymbol{\Lambda}(\dot{\tilde{\boldsymbol{K}}}_x + \boldsymbol{\Gamma}_1\boldsymbol{B}_p^{\mathrm{T}}\boldsymbol{P}\boldsymbol{e}\boldsymbol{x}_m^{\mathrm{T}}(t)) + \tilde{\boldsymbol{K}}_r^{\mathrm{T}}\Gamma_2^{-1}\boldsymbol{\Lambda}(\dot{\tilde{\boldsymbol{K}}}_r + \boldsymbol{\Gamma}_2\boldsymbol{B}_p^{\mathrm{T}}\boldsymbol{P}\boldsymbol{e}\boldsymbol{r}^{\mathrm{T}}(t)) +\\
&\quad \tilde{\boldsymbol{K}}_e^{\mathrm{T}}\boldsymbol{\Gamma}_3^{-1}\boldsymbol{\Lambda}(\dot{\tilde{\boldsymbol{K}}}_e + \boldsymbol{\Gamma}_3\boldsymbol{B}_p^{\mathrm{T}}\boldsymbol{P}\boldsymbol{e}\boldsymbol{e}_y^{\mathrm{T}}(t)] + \tilde{\boldsymbol{f}}^{\mathrm{T}}\boldsymbol{\Gamma}_4^{-1}(\dot{\hat{\boldsymbol{f}}} + \boldsymbol{\Gamma}_4\boldsymbol{B}_p^{\mathrm{T}}\boldsymbol{P}\boldsymbol{e})\\
&= -\frac{1}{2}\boldsymbol{e}^{\mathrm{T}}\boldsymbol{Q}\boldsymbol{e} < 0\end{aligned} \tag{7.20}$$

因此 V 的值是衰减的，即：

$$0 \leqslant V(t) \leqslant V(0)\,,\quad V(t) \in \boldsymbol{L}_\infty \tag{7.21}$$

通过将式（7.20）积分可得：

$$\int_0^{\infty} -\boldsymbol{e}^{\mathrm{T}}\boldsymbol{Q}\boldsymbol{e} = -\int_0^{\infty} \dot{V}\mathrm{d}t = V(0) - V(\infty) < \infty \tag{7.22}$$

备注 7.3：由式（7.22）可知系统的全局稳定性可以被保证，同时定理 7.1 中的式（7.18）也被满足，且有：

$$\boldsymbol{e} \in \boldsymbol{L}_2 \cap \boldsymbol{L}_{\infty}, \quad \boldsymbol{e} \in \boldsymbol{L}_{\infty} \tag{7.23}$$

7.3.2 H^{∞}故障观测器设计

由自适应观测器实现的故障估计，不仅可获得系统的状态信息，还可准确地对故障情况进行辨识。对于故障观测器来说，期望观测误差能够收敛至零且收敛速度尽可能地快。H^{∞}跟踪性能指标具有让估计误差以指数收敛的能力，可大幅度提高观测器的性能。为设计自适应观测器，对系统（7.3）有如下假设。

假设 7.1：

（1）$(\boldsymbol{A}_p,\boldsymbol{C}_p)$完全可观测。

（2）$\boldsymbol{C}_p$的行是满秩的。

（3）$\|\dot{\boldsymbol{f}}(t)\| \leqslant \boldsymbol{f}_0, \boldsymbol{f}_0$是个已知的正常数。

对于四旋翼直升机控制系统来说，假设 7.1 都是合理且可实现。

设计如下形式故障观测器：

$$\dot{\hat{\boldsymbol{x}}}_p(t) = \boldsymbol{A}_p\hat{\boldsymbol{x}}_p(t) + \boldsymbol{B}_p\boldsymbol{u}(t) + \boldsymbol{K}_p\left[\boldsymbol{y}_p(t) - \hat{\boldsymbol{y}}_p(t)\right] + \boldsymbol{B}_p\hat{\boldsymbol{f}}(t) \tag{7.24}$$

$$\hat{\boldsymbol{y}}_p(t) = \boldsymbol{C}_p\hat{\boldsymbol{x}}_p(t) \tag{7.25}$$

$$\dot{\hat{\boldsymbol{f}}}(t) = \boldsymbol{K}_i\left[\boldsymbol{y}_p(t) - \hat{\boldsymbol{y}}_p(t)\right] + \boldsymbol{K}_v\left[\dot{\boldsymbol{y}}_p(t) - \dot{\hat{\boldsymbol{y}}}_p(t)\right] \tag{7.26}$$

式中，$\hat{\boldsymbol{x}}_p(t)$为状态估计；$\hat{\boldsymbol{y}}_p(t)$和$\dot{\hat{\boldsymbol{y}}}_p(t)$分别为输出估计和输出估计的导数。$\hat{\boldsymbol{f}}(t)$为故障估计，$\boldsymbol{K}_p$、$\boldsymbol{K}_i$、$\boldsymbol{K}_v$为待设计的适维观测器增益。

定义系统的状态估计误差和驱动器故障估计误差为如下形式：

$$\boldsymbol{e}_x(t) = \hat{\boldsymbol{x}}_p(t) - \boldsymbol{x}_p(t) \tag{7.27}$$

$$\boldsymbol{e}_f(t) = \hat{\boldsymbol{f}}(t) - \boldsymbol{f}(t) \tag{7.28}$$

可得

$$\dot{\boldsymbol{e}}_x(t) = \dot{\hat{\boldsymbol{x}}}_p(t) - \dot{\boldsymbol{x}}_p(t) = (\boldsymbol{A}_p - \boldsymbol{K}_p\boldsymbol{C}_p)\boldsymbol{e}_x(t) + \boldsymbol{B}_p\boldsymbol{e}_f(t) \tag{7.29}$$

$$\dot{e}_f(t)=\dot{\hat{f}}(t)-\dot{f}(t)=-\left[K_iC_p+K_vC_p(A_p-K_pC_p)\right]e_x(t) \\ -K_vC_pB_pe_f(t)-\dot{f}(t) \tag{7.30}$$

据此构建误差系统：

$$\begin{aligned}\begin{bmatrix}\dot{e}_x(t)\\ \dot{e}_f(t)\end{bmatrix}&=\begin{bmatrix}A_p-K_pC_p & B_p\\ -[K_iC_p+K_vC_p(A_p-K_pC_p)] & -K_vC_pB_p\end{bmatrix}\begin{bmatrix}e_x(t)\\ e_f(t)\end{bmatrix}+\begin{bmatrix}0\\ I\end{bmatrix}\dot{f}(t)\\ &=A_{ef}\begin{bmatrix}e_x(t)\\ e_f(t)\end{bmatrix}+B_{ef}\dot{f}(t)\end{aligned} \tag{7.31}$$

备注 7.4： 合理的选择观测器增益 K_p、K_i、K_v 可保证 A_{ef} 的稳定性，也可保证对系统的状态以及故障的准确估计。

定理 7.2： 对于误差系统（7.31），如果存在矩阵 $P=P^{\mathrm{T}}>0$，$Q=Q^{\mathrm{T}}>0$ 以及 K_p、K_i、K_v 使得下面的矩阵不等式满足：

$$\begin{bmatrix}A_{11} & A_{12} & 0\\ A_{12}^{\mathrm{T}} & A_{22} & -Q\\ 0 & -Q^{\mathrm{T}} & -\gamma I_1\end{bmatrix}<0 \tag{7.32}$$

那么观测器的估计误差就会有如下的 H_{∞} 跟踪性能[123]：

$$\left\|\begin{bmatrix}e_x(t)\\ e_f(t)\end{bmatrix}\right\|\leqslant\gamma\left\|\dot{f}(t)\right\|^2+V(0),\quad t\in[0,\ \infty] \tag{7.33}$$

其中

$$A_{11}=P(A_p-K_pC_p)+(A_p-K_pC_p)^{\mathrm{T}}P+I_e \tag{7.34}$$

$$A_{12}=PB_p-[Q(K_iC_p+K_vC_p(A_p-K_pC_p))]^{\mathrm{T}} \tag{7.35}$$

$$A_{22}=-QK_vC_pB_p-(K_vC_pB_p)^{\mathrm{T}}Q^{\mathrm{T}}+I_s \tag{7.36}$$

式中，$\left\|\begin{bmatrix}e_x(t)\\ e_f(t)\end{bmatrix}\right\|^2=\int_0^{t_1}\left\langle\begin{bmatrix}e_x(t)\\ e_f(t)\end{bmatrix}^{\mathrm{T}}\begin{bmatrix}e_x(t)\\ e_f(t)\end{bmatrix}\right\rangle\mathrm{d}t$，$\left\|\dot{f}(t)\right\|^2=\int_0^{t_1}\left\langle\dot{f}^{\mathrm{T}}(t)\dot{f}(t)\right\rangle\mathrm{d}t$；$\|.\|$ 为 $\|.\|_2$ 矩阵范数；H^{∞} 跟踪性能指数 $\gamma>0$；I_e、I_s 分别为适维的单位矩阵。

证明 7.2： 选取如下正定李雅普诺夫函数：

$$V=\begin{bmatrix}e_x(t)\\ e_f(t)\end{bmatrix}^{\mathrm{T}}P_1\begin{bmatrix}e_x(t)\\ e_f(t)\end{bmatrix} \tag{7.37}$$

沿着误差系统对其求导可得：

$$\dot{\boldsymbol{V}}=\begin{bmatrix}\boldsymbol{e}_x(t)\\ \boldsymbol{e}_f(t)\end{bmatrix}^{\mathrm{T}}[\boldsymbol{A}_{ef}^{\mathrm{T}}\boldsymbol{P}_1+\boldsymbol{P}_1\boldsymbol{A}_{ef}]\begin{bmatrix}\boldsymbol{e}_x(t)\\ \boldsymbol{e}_f(t)\end{bmatrix}+2\begin{bmatrix}\boldsymbol{e}_x(t)\\ \boldsymbol{e}_f(t)\end{bmatrix}^{\mathrm{T}}\boldsymbol{P}_1\boldsymbol{B}_{ef}\dot{\boldsymbol{f}}(t) \tag{7.38}$$

定义如下的 H^{∞} 跟踪性能指标：

$$J=\int_0^{t_1}\left\langle\begin{bmatrix}\boldsymbol{e}_x(t)\\ \boldsymbol{e}_f(t)\end{bmatrix}^{\mathrm{T}}\begin{bmatrix}\boldsymbol{e}_x(t)\\ \boldsymbol{e}_f(t)\end{bmatrix}-\gamma\dot{\boldsymbol{f}}^{\mathrm{T}}(t)\dot{\boldsymbol{f}}(t)\right\rangle\mathrm{d}t \tag{7.39}$$

考虑到（7.38）将性能指标变形为：

$$\begin{aligned}J&=\int_0^{t_1}\left\langle\begin{bmatrix}\boldsymbol{e}_x(t)\\ \boldsymbol{e}_f(t)\end{bmatrix}^{\mathrm{T}}\begin{bmatrix}\boldsymbol{e}_x(t)\\ \boldsymbol{e}_f(t)\end{bmatrix}-\gamma\dot{\boldsymbol{f}}^{\mathrm{T}}(t)\dot{\boldsymbol{f}}(t)+\dot{\boldsymbol{V}}\right\rangle\mathrm{d}t-\int_0^{t_1}\dot{\boldsymbol{V}}\mathrm{d}t\\
&<\int_0^{t_1}\left\langle\begin{bmatrix}\boldsymbol{e}_x(t)\\ \boldsymbol{e}_f(t)\end{bmatrix}^{\mathrm{T}}\begin{bmatrix}\boldsymbol{e}_x(t)\\ \boldsymbol{e}_f(t)\end{bmatrix}-\gamma\dot{\boldsymbol{f}}^{\mathrm{T}}(t)\dot{\boldsymbol{f}}(t)+\dot{\boldsymbol{V}}\right\rangle\mathrm{d}t+\boldsymbol{V}(0)\\
&=\int_0^{t_1}\left\langle\begin{bmatrix}\boldsymbol{e}_x(t)\\ \boldsymbol{e}_f(t)\\ \dot{\boldsymbol{f}}(t)\end{bmatrix}^{\mathrm{T}}\begin{bmatrix}\boldsymbol{A}_{ef}^{\mathrm{T}}\boldsymbol{P}_1+\boldsymbol{P}_1\boldsymbol{A}_{ef}+\boldsymbol{I} & \boldsymbol{P}_1\boldsymbol{B}_{ef}\\ \boldsymbol{B}_{ef}^{T}\boldsymbol{P}_1 & -\gamma\boldsymbol{I}_1\end{bmatrix}\times\begin{bmatrix}\boldsymbol{e}_x(t)\\ \boldsymbol{e}_f(t)\\ \dot{\boldsymbol{f}}(t)\end{bmatrix}\right\rangle\mathrm{d}t+\boldsymbol{V}(0)\end{aligned} \tag{7.40}$$

如果不等式$\begin{bmatrix}\boldsymbol{A}_{ef}^{\mathrm{T}}\boldsymbol{P}_1+\boldsymbol{P}_1\boldsymbol{A}_{ef}+\boldsymbol{I} & \boldsymbol{P}_1\boldsymbol{B}_{ef}\\ \boldsymbol{B}_{ef}^{\mathrm{T}}\boldsymbol{P}_1 & -\gamma\boldsymbol{I}_1\end{bmatrix}<0$成立，可得：

$$\begin{aligned}&J=\int_0^{t_1}\left\langle\begin{bmatrix}\boldsymbol{e}_x(t)\\ \boldsymbol{e}_f(t)\end{bmatrix}^{\mathrm{T}}\begin{bmatrix}\boldsymbol{e}_x(t)\\ \boldsymbol{e}_f(t)\end{bmatrix}-\gamma\dot{\boldsymbol{f}}^{\mathrm{T}}(t)\dot{\boldsymbol{f}}(t)\right\rangle\mathrm{d}t\leqslant\boldsymbol{V}(0)\\
&\int_0^{t_1}\left\langle\begin{bmatrix}\boldsymbol{e}_x(t)\\ \boldsymbol{e}_f(t)\end{bmatrix}^{\mathrm{T}}\begin{bmatrix}\boldsymbol{e}_x(t)\\ \boldsymbol{e}_f(t)\end{bmatrix}\right\rangle\mathrm{d}t\leqslant\int_0^{t_1}[\gamma\dot{\boldsymbol{f}}^{\mathrm{T}}(t)\dot{\boldsymbol{f}}(t)]\mathrm{d}t+\boldsymbol{V}(0)\end{aligned} \tag{7.41}$$

这样式（7.33）的 H^{∞} 跟踪性能就可被满足。

定义 $\boldsymbol{P}_1=\begin{bmatrix}\boldsymbol{P} & 0\\ 0 & \boldsymbol{Q}\end{bmatrix}=\boldsymbol{P}_1^{\mathrm{T}}>0$，以及使得：

$$\boldsymbol{P}_1\boldsymbol{B}_{ef}=\begin{bmatrix}0\\ -\boldsymbol{Q}\end{bmatrix} \tag{7.42}$$

$$\boldsymbol{A}_{ef}^{\mathrm{T}}\boldsymbol{P}_1+\boldsymbol{P}_1\boldsymbol{A}_{ef}+\boldsymbol{I}=\begin{bmatrix}\boldsymbol{A}_{11} & \boldsymbol{A}_{12}\\ \boldsymbol{A}_{12}^{T} & \boldsymbol{A}_{22}\end{bmatrix} \tag{7.43}$$

即通过设计 $\boldsymbol{K}_p$、$\boldsymbol{K}_i$、$\boldsymbol{K}_v$，使得不等式（7.32）成立，就可使得估计误差具有形如式（7.33）的性能指标，同时也可得出 $\dot{V}<0$。$\boldsymbol{A}_{11}$、$\boldsymbol{A}_{12}$、$\boldsymbol{A}_{22}$ 的定义分别见式（7.34）~式（7.36）。

备注 7.5：根据文献[124]提出的方法，可得到估计误差的上界为：

$$\left\|\begin{bmatrix}\boldsymbol{e}_x(t)\\ \boldsymbol{e}_f(t)\end{bmatrix}\right\| \leqslant \frac{2\boldsymbol{f}_0[\lambda_{\max}(\boldsymbol{P}_1)]^2}{\lambda_{\min}(\boldsymbol{P}_1)\lambda_{\max}(\boldsymbol{Q}_1)} \tag{7.44}$$

式中，$\lambda_{\min}(\boldsymbol{P}_1)$ 和 $\lambda_{\max}(\boldsymbol{P}_1)$ 分别为 $\boldsymbol{P}_1$ 的最小和最大特征值。同时 $\boldsymbol{P}_1$ 和 $\boldsymbol{Q}_1$ 满足：

$$\boldsymbol{A}_{ef}^{\mathrm{T}}\boldsymbol{P}_1+\boldsymbol{P}_1\boldsymbol{A}_{ef}=-\boldsymbol{Q}_1 \tag{7.45}$$

根据定理 7.2 可看出，估计误差仅取决于故障的变化率、初始估计误差以及 H^∞ 性能指标指数，而与故障幅值无关。

7.4　系统仿真验证与分析

考虑四旋翼直升机的前向电机发生 LIP 故障，故障发生的时刻是 3s，即：

$$\sigma(1,1)=0, f_1(t)=\begin{cases}4 & t\geqslant 3\\ 0 & 3>t\geqslant 0\end{cases}$$

相关的控制参数选取为：

$$\boldsymbol{\varGamma}_1=\boldsymbol{\varGamma}_2=\boldsymbol{\varGamma}_3=\boldsymbol{\varGamma}_4=diag[0.2,0.4,0.1,0.1],\ \gamma=0.01$$

观测器的参数选取为：

$$\boldsymbol{K}_p=\begin{bmatrix}-3.42 & 93.08 & 34.44\\ 6.33 & -2.84 & -98.23\\ -33.987 & 4.785 & -24.73\\ 98.45 & -36.38 & 0.0043\\ 76.43 & 0.903 & 0.763\\ -0.735 & -19.45 & -63.41\end{bmatrix},\quad \boldsymbol{K}_i=\begin{bmatrix}64.32 & 43.56 & 0.0045\\ 43.24 & 3.94 & -0.946\\ -6.63 & -35.32 & 3.274\\ -0.342 & -49.25 & 4.264\end{bmatrix}$$

$$\boldsymbol{K}_v = \begin{bmatrix} 6.462 & 34.25 & 23.92 \\ 43.21 & 6.93 & -0.234 \\ -5.723 & -31.87 & 5.823 \\ -1.472 & -3.92 & -0.621 \end{bmatrix}$$

理想的姿态控制角（俯仰、滚转、偏航）分别为［0°，0.4°，0.9°］、［0°，0.4°，4.6°］。则系统的响应分别如图 7.2 和图 7.3 所示，故障估计曲线如图 7.4 所示（仿真时间分别为 10s、20s）。

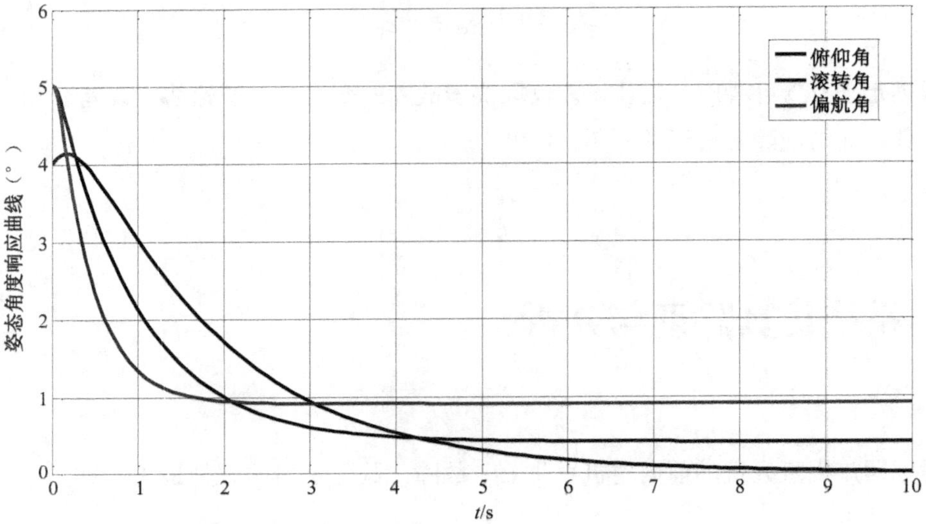

图 7.2　四旋翼直升机系统姿态角响应曲线（Ⅰ）

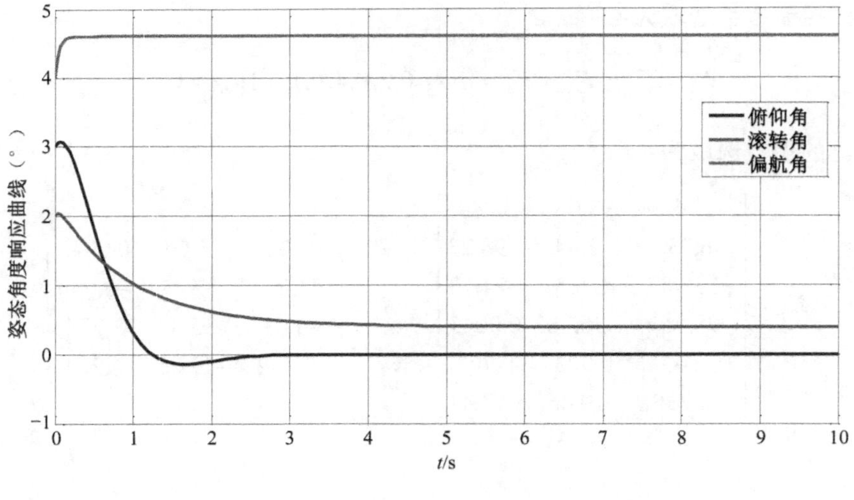

图 7.3　四旋翼直升机系统姿态角响应曲线（Ⅱ）

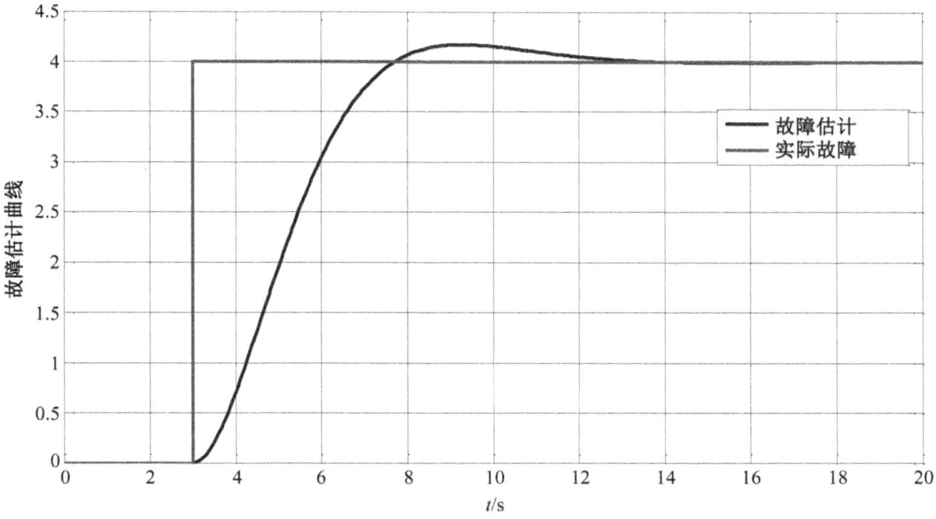

图 7.4　四旋翼直升机系统故障估计曲线

由图 7.2 和图 7.3 可知，在本章设计的重构算法控制下，四旋翼直升机在实现姿态跟踪和姿态变化方面具有优越的控制系统，稳态误差快速收敛，且波动较少。图 7.4 证明了所设计的故障观测器（当 $\gamma = 0.01$ ）也具有很好的 LIP 故障估计能力。

同时给出在仿真平台上的姿态角跟踪误差曲线以及故障估计曲线分别如图 7.5 和图 7.6 所示。

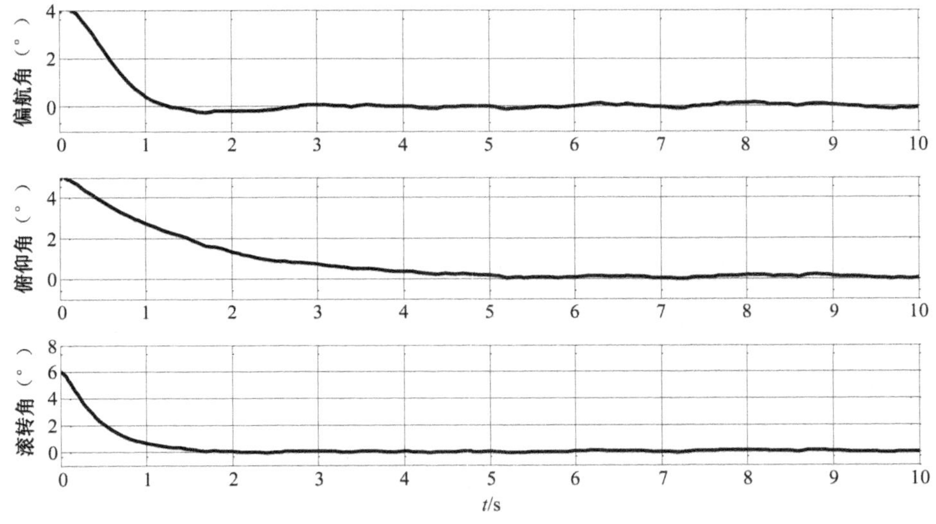

图 7.5　Quanser 四旋翼直升机仿真平台姿态角跟踪误差曲线

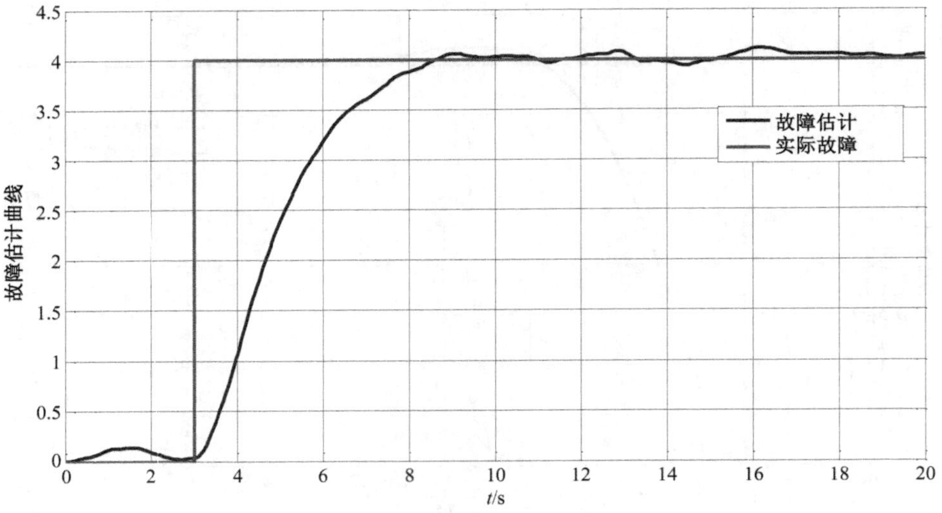

图 7.6　Quanser 四旋翼直升机仿真平台故障估计曲线

图中，平台硬件系统的非线性项造成了仿真结果的一点波动，但仍可看出，本章设计的基于 H^∞ 故障观测器的四旋翼直升机自愈合控制具有很好的故障补偿能力和故障估计能力。

7.5　本章小结

针对发生驱动器故障的四旋翼直升机，设计了基于 H^∞ 故障观测器和自适应控制的自愈合控制方法。针对执行器 LIP 故障，设计带有故障补偿项的自适应重构控制律；设计引入 H^∞ 性能指标的故障观测器，获取准确的故障估计信息来实现控制系统重构，以减轻自适应重构控制律的控制负担。采用这样的故障辨识算法，可使估计误差按指数收敛，提高整个系统的鲁棒性和自愈合能力，在仿真中验证了其有效性。

第 8 章

基于反步控制与干扰观测器的四旋翼无人机自愈合控制

8.1 引 言

四旋翼无人机在交通控制系统信息采集中具有重要的地位，作为一种空中可移动设备，通过装载各种传感器、摄像机及通信设备，可完成特定路段路况的实时监测和连续交通信息的采集工作。在城市交通控制系统中利用无人机进行信息采集可以弥补现有交通信息采集技术的不足，补充固定式检测设备造成的部分路段重要信息缺失，是有效采集连续交通信息的新手段，具有侦测范围广、机动灵活、操作方便的优势和特点[125-127]。

四旋翼无人机系统是典型的静不稳定系统，且系统具有非线性和强耦合的特点，这两种负面效应的累加为控制系统的稳定和设计增加了难度。另外，四旋翼无人机是一种典型的欠驱动系统，其拥有四个独立可控的电机作为控制输入，却有六个输出自由度、三个方向的平动自由度和三个方向的转动自由度。由于四旋翼无人机在采集交通信息时会遇到工作环境多样化的问题，如在飞行过程中容易受到时变的空气阻力和阻力矩的影响，受到阵风等不确定因素的影响[128-129]，以及高频旋翼转动所产生的抖动影响，所有这些不可预知以及不可控的外部扰动都增加了四旋翼无人机系统控制器的设计难度。如果再考虑到因螺旋桨保护装置过于简易而发生的旋翼受损及执行器失效故障，四旋翼无人机的控制问题就更加困难了。总之，上述的系统欠驱动问题、系统外界干扰问题、执行器失效问题以及系统固有的模型不确定性问题都会给无人机的正常飞行带来干扰，造成飞行品质的下降，为航拍工作以及无线通信带来不利影响。从信息采集的角度来讲，会影响到航拍视频的清晰度，为交通信息的提取带来困难；从通信角度来讲，会影响到无人机与地面控制中心的通信流畅度。因此，要为四旋翼无人机设计具有抵抗外界干扰能力的飞行器，确保四旋翼无人机在飞行过程中的飞行品质。

本章提出了基于反步控制和干扰观测器的四旋翼无人机控制方法，利用干扰估计值对常规反步控制器进行干扰补偿，并对控制器进行容错设计，能够较好解决扰动和执行器故障问题，保证无人机在外界干扰下的飞行品质，实现无人机的位置轨迹和偏航角的跟踪控制，提高功能自愈合能力。

8.2 带干扰块的四旋翼无人机数学模型

四旋翼无人机在实际工作环境中会遇到多种外部干扰，常见的有阵风、阻力及阻力矩等，导致标称模型并不能完全描述无人机的动力学和运动学特性，因而针对标称模型所设计的控制器常常不能应对真实的工作环境。本节将考虑为四旋翼无人机的外部干扰建立模型，以便给出更加真实的四旋翼无人机非线性模型，从而能够通过观测器方法实现对控制设计的干扰补偿。

四旋翼无人机是典型的欠驱动系统，控制输入量数目为 4，即四个可以独立控制的小型直流电机，每个电机驱动一个固定攻角的螺旋桨来产生升力。系统有六个输出，包括三维位置变量和绕轴的三个姿态角变量。四旋翼无人机的结构特征十分突出，如图 8.1 所示，四个旋翼对称地安置在 X 形支架的末端，且位于同一根支架上的两个旋翼被划分为一组，即旋翼 1、3 为第一组，旋翼 2、4 为第二组。四个螺旋桨的旋转可产生无人机所必需的升力，同时也会因速度不匹配而产生反转力矩，为同时产生升力和抵消反转力矩，旋翼 1、3 按照逆时针方向转动，旋翼 2、4 按照顺时针方向转动。增加四个旋翼的旋转速度，可以提高螺旋桨所产生的升力，无人机就可沿垂直方向运动。保证两组旋翼中的任意一组的转速不变，改变另一组旋翼的转速，使该组中的两个旋翼转速不匹配，就可改变飞行器的旋转力矩，使得四旋翼无人机实现俯仰/滚转运动。四旋翼无人机的水平运动（前飞和侧飞）是利用升力和旋转力矩之间的耦合关系实现的。四旋翼无人机其他的各种复杂运动都可通过上述几种简单运动的组合来实现。

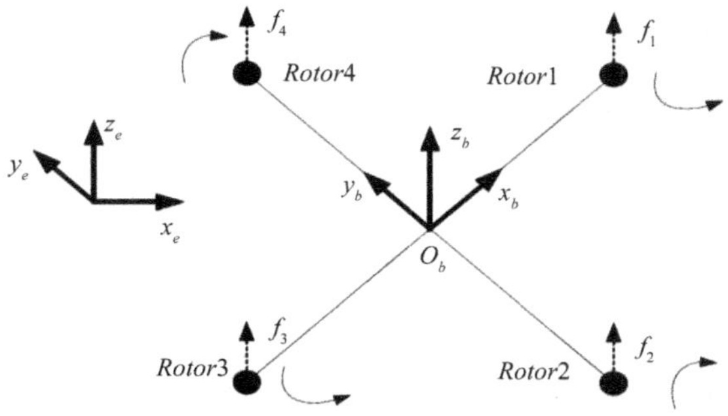

图 8.1 四旋翼无人机结构示意图

为了便于描述本章所提出的控制方法，本节将对四旋翼无人飞行器的运动学及动力学模型进行描述。

首先，给出两个关于四旋翼无人机结构性质的假设，①上述四旋翼无人机具有刚体结构且完全对称；②上述四个旋翼具有相同的模型参数。在此假设下，给出建模时用到的两个参考坐标系，如图 8.1 所示。$Ox_ey_ez_e$ 表示惯性坐标系，$Ox_by_bz_b$ 表示机体坐标系，其中惯性坐标系固定于地表某一点，机体坐标系以四旋翼无人机的重心为原点。四旋翼无人机的位置向量 $\boldsymbol{X}=[x,y,z]^{\mathrm{T}}\in\mathfrak{R}^3$ 和欧拉角向量 $\boldsymbol{\Theta}=[\psi,\theta,\phi]^{\mathrm{T}}\in\mathfrak{R}^3$ 定义在惯性坐标系之内，ψ、θ、ϕ 分别为偏航角、俯仰角和滚转角。速度向量 $\boldsymbol{V}=[v_1,v_2,v_3]^{\mathrm{T}}\in\mathfrak{R}^3$ 定义在机体坐标系 $Ox_by_bz_b$ 内，v_1、v_2、v_3 分别为沿着 Ox_b、Oy_b 和 Oz_b 的线速度分量，角速度向量 $\boldsymbol{\Omega}=[\Omega_1,\Omega_2,\Omega_3]^{\mathrm{T}}\in\mathfrak{R}^3$ 定义在机体坐标系 $Ox_by_bz_b$ 内，Ω_1、Ω_2、Ω_3 分别为沿着 Ox_b、Oy_b 和 Oz_b 的角速度分量。机体坐标系 $Ox_by_bz_b$ 的速度向量对 $(\boldsymbol{V},\boldsymbol{\Omega})$ 和惯性坐标系 $Ox_ey_ez_e$ 的向量对 $(\dot{\boldsymbol{X}},\dot{\boldsymbol{\Theta}})$ 存在下面的对应关系：

$$\begin{cases}\boldsymbol{V}=\boldsymbol{R}_t(\boldsymbol{\Theta})\dot{\boldsymbol{X}}\\ \Omega=\boldsymbol{R}_r(\boldsymbol{\Theta})\dot{\boldsymbol{\Theta}}\end{cases} \tag{8.1}$$

坐标变化矩阵 $\boldsymbol{R}_t(\boldsymbol{\Theta})$ 和 $\boldsymbol{R}_r(\boldsymbol{\Theta})$ 的定义如下：

$$\begin{cases}\boldsymbol{R}_t(\boldsymbol{\Theta})=\begin{bmatrix}C_\psi C_\theta & C_\psi S_\theta S_\phi-S_\psi C_\phi & C_\psi S_\theta C_\phi+S_\psi S_\phi\\ S_\psi C_\theta & S_\psi S_\theta S_\phi+C_\psi C_\phi & S_\psi S_\theta C_\phi-C_\psi S_\phi\\ -S_\theta & C_\theta S_\phi & C_\theta C_\phi\end{bmatrix}\\ \boldsymbol{R}_r(\boldsymbol{\Theta})=\begin{bmatrix}-S_\theta & 0 & 1\\ C_\theta S_\phi & C_\phi & 0\\ C_\theta C_\phi & -S_\phi & 0\end{bmatrix}\end{cases} \tag{8.2}$$

式中，$S_{(\cdot)}$、$C_{(\cdot)}$ 分别为三角函数 $\sin(\cdot)$ 和 $\cos(\cdot)$ 的缩写。在此需要指出，$\boldsymbol{R}_t(\boldsymbol{\Theta})$ 是正交矩阵，

也就是说，当 $\boldsymbol{R}_t(\boldsymbol{\Theta})$ 非奇异的时候总有 $\boldsymbol{R}_t^{\mathrm{T}}(\boldsymbol{\Theta})=\boldsymbol{R}_t^{-1}(\boldsymbol{\Theta})$ 成立。

利用欧拉-牛顿公式对四旋翼无人机在机体坐标系进行力学分析，得到如下动力学方程：

$$\begin{cases}\boldsymbol{F}_{ext}=m\dot{\boldsymbol{V}}+\boldsymbol{\Omega}\times(m\boldsymbol{V})\\ \boldsymbol{T}_{ext}=\boldsymbol{J}\dot{\boldsymbol{\Omega}}+\boldsymbol{\Omega}\times(\boldsymbol{J}\boldsymbol{\Omega})\end{cases}\tag{8.3}$$

式中，$\boldsymbol{F}_{ext}$ 和 $\boldsymbol{T}_{ext}$ 分别为作用在四旋翼无人机上的外力矢量和以及力矩矢量之和；对角矩阵 $\boldsymbol{J}=diag\{I_x,I_y,I_z\}$ 为四旋翼无人机的转动惯量矩阵；m 为四旋翼无人机的质量。$\boldsymbol{F}_{ext}$ 和 $\boldsymbol{T}_{ext}$ 可以用下式表示：

$$\begin{cases}\boldsymbol{F}_{ext}=\boldsymbol{F}_{rotor}-\boldsymbol{F}_{aero}-\boldsymbol{F}_{grav}\\ \boldsymbol{T}_{ext}=\boldsymbol{T}_{rotor}-\boldsymbol{T}_{aero}\end{cases}\tag{8.4}$$

式中，$\boldsymbol{F}_{rotor}=\begin{bmatrix}0 & 0 & \sum_{i=1}^{4}F_i\end{bmatrix}^{\mathrm{T}}\in\mathfrak{R}^3$，$F_i$，$i=1,2,3,4$，是由旋翼 1、2、3、4 产生的推力。$\boldsymbol{F}_{aero}=\boldsymbol{K}_t(\boldsymbol{V}-\boldsymbol{V}_{air})$ 为气动阻力；对角阵 $\boldsymbol{K}_t$ 为空气阻力系数；向量 $\boldsymbol{V}_{air}$ 在机体坐标系 $Ox_by_bz_b$ 内定义，为外部阵风的风速；$\boldsymbol{F}_{grav}=m\boldsymbol{R}_t^{\mathrm{T}}\boldsymbol{G}$ 表示重力，其中重力加速度矩阵定义为 $\boldsymbol{G}=[0\quad 0\quad 9.81]^{\mathrm{T}}$ 单位为 $\mathrm{m/s^2}$；$\boldsymbol{T}_{rotor}=\begin{bmatrix}d(F_2-F_4) & d(F_1-F_3) & c\sum_{i=1}^{4}(-1)^{i+1}F_i\end{bmatrix}^{\mathrm{T}}$ 为由螺旋桨产生的旋转力矩，其中 d 为从螺旋桨中心到四旋翼无人机重心的距离；c 为力矩系数；$\boldsymbol{T}_{aero}=\boldsymbol{K}_r(\boldsymbol{\Omega}-\boldsymbol{\Omega}_{air})$ 为空气阻力力矩，其中向量 $\boldsymbol{\Omega}_{air}$ 定义在机体坐标系 $Ox_by_bz_b$ 内，对角阵 $\boldsymbol{K}_r$ 表示空气阻力矩系数矩阵；符号 $\times$ 为向量的叉乘。

将式（8.3）代入式（8.4），有下式成立：

$$\begin{cases}\boldsymbol{F}_{rotor}=m\dot{\boldsymbol{V}}+\boldsymbol{\Omega}\times(m\boldsymbol{V})+\boldsymbol{F}_{aero}+\boldsymbol{F}_{grav}\\ \boldsymbol{T}_{rotor}=\boldsymbol{J}\dot{\boldsymbol{\Omega}}+\boldsymbol{\Omega}\times(\boldsymbol{J}\boldsymbol{\Omega})+\boldsymbol{T}_{aero}\end{cases}\tag{8.5}$$

考虑到式（8.1）所描述的矩阵关系，进一步得到：

$$\begin{cases}\boldsymbol{F}_{rotor}=m\boldsymbol{R}_t^{\mathrm{T}}\ddot{\boldsymbol{X}}+m(\dot{\boldsymbol{R}}_t^{\mathrm{T}}\dot{\boldsymbol{X}}+\boldsymbol{\Omega}\times\boldsymbol{V})+\boldsymbol{K}_t\boldsymbol{R}_t^{\mathrm{T}}(\dot{\boldsymbol{X}}-\dot{\boldsymbol{X}}_{air})+m\boldsymbol{R}_t^{\mathrm{T}}\boldsymbol{G}\\ \boldsymbol{T}_{rotor}=\boldsymbol{J}\boldsymbol{R}_r\ddot{\boldsymbol{\Omega}}+\boldsymbol{J}(\dfrac{\partial\boldsymbol{R}_r}{\partial\phi}\dot{\phi}+\dfrac{\partial\boldsymbol{R}_r}{\partial\theta}\dot{\theta})\dot{\boldsymbol{\Theta}}+(\boldsymbol{R}_r\dot{\boldsymbol{\Theta}})\times(\boldsymbol{J}\boldsymbol{R}_r\dot{\boldsymbol{\Theta}})+\boldsymbol{K}_r\boldsymbol{R}_r(\dot{\boldsymbol{\Theta}}-\dot{\boldsymbol{\Theta}}_{air})\end{cases}\tag{8.6}$$

另外，坐标变换矩阵 $\boldsymbol{R}_t(\boldsymbol{\Theta})$ 和其导数 $\dot{\boldsymbol{R}}_t(\boldsymbol{\Theta})$ 之间存在下面的数学关系

$$\dot{\boldsymbol{R}}_t(\boldsymbol{\Theta})=\boldsymbol{R}_t(\boldsymbol{\Theta})\boldsymbol{S}(\boldsymbol{\Omega})\tag{8.7}$$

式中，$\boldsymbol{S}(\boldsymbol{\Omega})\in\mathfrak{R}^{3\times3}$ 是反对称矩阵，满足 $\boldsymbol{S}^{\mathrm{T}}(\boldsymbol{\Omega})=-\boldsymbol{S}(\boldsymbol{\Omega})$，并且具有下面的形式

$$S(\Omega)=\begin{bmatrix}0 & -\Omega_3 & \Omega_2\\ \Omega_3 & 0 & -\Omega_1\\ -\Omega_2 & \Omega_1 & 0\end{bmatrix} \tag{8.8}$$

根据 $S(\Omega)$ 的定义以及符号 $\times$ 的数学含义，对任意给定的 $V=[v_1,v_2,v_3]^{\mathrm{T}}\in\mathfrak{R}^3$ 有下式成立：

$$S(\Omega)\cdot V=\Omega\times V \tag{8.9}$$

同时考虑式（8.1）、式（8.7）、式（8.8）以及 $R_t^{\mathrm{T}}(\Theta)=R_t^{-1}(\Theta)$，可得到下面的等式：

$$\begin{aligned}\dot{R}_t^{\mathrm{T}}\dot{X}+\Omega\times V&=S^{\mathrm{T}}R_t^{\mathrm{T}}R_tV+\Omega\times V\\&=S^{\mathrm{T}}V+\Omega\times V\\&=-SV+\Omega\times V\\&=0\end{aligned} \tag{8.10}$$

将式（8.10）代入式（8.7），可得到四旋翼无人机的动态方程如下：

$$\begin{cases}\ddot{X}=\dfrac{1}{m}R_tF_{rotor}-\dfrac{1}{m}R_t(\dot{X}-\dot{X}_{air})-G\\ \ddot{\Theta}=(JR_r)^{-1}T_{rotor}-(JR_r)^{-1}\left[J(\dfrac{\partial R_r}{\partial\phi}\dot{\phi}+\dfrac{\partial R_r}{\partial\theta}\dot{\theta})\dot{\Theta}+(R_r\dot{\Theta})\times(JR_r\dot{\Theta})+K_rR_r(\dot{\Theta}-\dot{\Theta}_{air})\right]\end{cases} \tag{8.11}$$

将输入 $u=\begin{bmatrix}\dot{F}_1 & \dot{F}_2 & \dot{F}_3 & \dot{F}_4\end{bmatrix}^{\mathrm{T}}$ 增广为状态变量并联合式（8.11），可将四旋翼无人机的动态方程表示由三个子系统构成的成状态空间形式。其中，三个子系统分别为欠驱动子系统、全驱动子系统以及输入控制系统。记 $x_1=[x\quad y]^{\mathrm{T}}$，$x_2=[\dot{x}\quad \dot{y}]^{\mathrm{T}}$，$x_3=[\phi\quad \theta]^{\mathrm{T}}$，$x_4=[\dot{\phi}\quad \dot{\theta}]^{\mathrm{T}}$，$x_5=[\psi\quad z]^{\mathrm{T}}$，$x_6=[\dot{\psi}\quad \dot{z}]^{\mathrm{T}}$，$x_7=[F_1\quad F_2\quad F_3\quad F_4]^{\mathrm{T}}$，则关于位置 x，y 以及欧拉角 ϕ 和 θ 的欠驱动子系统 S_1 可以写成：

$$S_1:\begin{cases}\dot{x}_1=x_2\\ \dot{x}_2=f_0(x_2,x_3,x_5,x_6)+g_0(x_5,x_7)\xi_0(x_3)+d_0\\ \dot{x}_3=x_4\\ \dot{x}_4=f_1(x_3,x_4,x_6,x_7)+g_1(x_3)\xi_1(x_7)+d_1\end{cases} \tag{8.12}$$

关于高度 z 以及偏航角 ψ 的全驱动子系统 S_2 可以写成：

$$S_2:\begin{cases}\dot{x}_5=x_6\\ \dot{x}_6=f_2(x_3,x_4,x_6,x_7)+g_2(x_3)\xi_3(x_7)+d_2\end{cases} \tag{8.13}$$

关于控制输入的子系统 S_3 可写成：

$$S_3 : \dot{x}_7 = u \tag{8.14}$$

在以上三式中首次出现的一些符号描述如下，向量 $g_i (i = 0,1,2)$ 为：

$$g_0 = \frac{\sum_{i=1}^{4} F_i}{m}\begin{bmatrix} S_\psi & C_\psi \\ -C_\psi & S_\psi \end{bmatrix}, \quad g_1 = \begin{bmatrix} \frac{1}{I_x} & \frac{S_\phi T_\theta}{I_y} \\ 0 & \frac{C_\phi}{I_y} \end{bmatrix}, \quad g_2 = \begin{bmatrix} -\frac{C_\phi C_\theta}{m} & 0 \\ 0 & \frac{C_\phi Se_\theta}{I_z} \end{bmatrix} \tag{8.15}$$

式中，T_θ 和 Se_θ 分别为三角函数 tan(·) 和 sec(·) 的缩写。

向量 $\xi_i (i = 0,1,2)$ 具有下面的形式：

$$\xi_0 = \begin{bmatrix} S_\phi \\ C_\phi S_\theta \end{bmatrix}, \quad \xi_1 = \begin{bmatrix} d(F_2 - F_4) \\ d(F_1 - F_3) \end{bmatrix}, \quad \xi_2 = \begin{bmatrix} \sum_{i=1}^{4} F_i \\ c\sum_{i=1}^{4} (-1)^{i+1} F_i \end{bmatrix} \tag{8.16}$$

向量 $d_i = [d_{i1} \quad d_{i2}]^T (i = 0,1,2)$ 是对阻力的整体建模，具有下面的形式：

$$\begin{bmatrix} d_{01} \\ d_{02} \\ d_{22} \end{bmatrix} = \frac{1}{m} \boldsymbol{R}_t \boldsymbol{K}_t \boldsymbol{R}_t^{\mathrm{T}} \dot{\boldsymbol{X}}_{air} + \Delta_t, \quad \begin{bmatrix} d_{11} \\ d_{12} \\ d_{21} \end{bmatrix} = (\boldsymbol{J}\boldsymbol{R}_r)^{-1} \boldsymbol{K}_r \boldsymbol{R}_r \dot{\boldsymbol{\Theta}}_{air} + \Delta_r \tag{8.17}$$

式中，$\{\Delta_t, \Delta_r\}$ 是未建模的参数不确定性。

向量函数 $\boldsymbol{f}_i = [f_{i1} \quad f_{i2}]^{\mathrm{T}} (i = 0,1,2)$ 具有下面形式：

$$\begin{cases} \begin{bmatrix} f_{01} \\ f_{02} \\ f_{21} \end{bmatrix} = -\frac{1}{m} \boldsymbol{R}_t \boldsymbol{K}_t \boldsymbol{R}_t^{\mathrm{T}} \dot{\boldsymbol{X}} - \boldsymbol{G} \\ \begin{bmatrix} f_{11} \\ f_{12} \\ f_{22} \end{bmatrix} = -(\boldsymbol{J}\boldsymbol{R}_r)^{-1} \boldsymbol{\Gamma} + \begin{bmatrix} dS_\phi Se_\theta (F_1 - F_3)/I_y \\ -cS_\phi \sum_{i=1}^{4} (-1)^{i+1} F_i / I_z \\ cC_\phi T_\theta \sum_{i=1}^{4} (-1)^{i+1} F_i / I_z \end{bmatrix} \end{cases} \tag{8.18}$$

式中，$\boldsymbol{\Gamma} = \boldsymbol{J}(\frac{\partial \boldsymbol{R}_r}{\partial \boldsymbol{\phi}} \dot{\boldsymbol{\phi}} + \frac{\partial \boldsymbol{R}_r}{\partial \boldsymbol{\theta}} \dot{\boldsymbol{\theta}}) \dot{\boldsymbol{\Theta}} + (\boldsymbol{R}_r \dot{\boldsymbol{\Theta}}) \times (\boldsymbol{J}\boldsymbol{R}_r \dot{\boldsymbol{\Theta}}) + \boldsymbol{K}_r \boldsymbol{R}_r \dot{\boldsymbol{\Theta}}$。

式（8.12）~式（8.14）对模型外部干扰加以考虑，并将整个系统划分为欠驱动系统、全驱动系统和控制输入系统。下一节将对建模的扰动块进行扰动估计，并将估计值用于之后的反步控制器的设计之中。

8.3　非线性干扰观测器设计

本节将为四旋翼无人机设计非线性干扰观测器，并利用观测器对系统中建模的外部干扰块进行估计。在下一小节设计反步控制器时，会用到干扰项的估计来进行扰动补偿，使得所设计的控制器具有对外部干扰的鲁棒性。带有干扰观测器的反步控制系统结构如图 8.2 所示，可以将四旋翼无人机的跟踪控制问题划分为三个子问题——反步控制器的设计问题、非线性干扰观测器的设计问题、反馈控制器的容错能力设计问题。本节的主要目标是为无人机系统设计非线性干扰观测器。

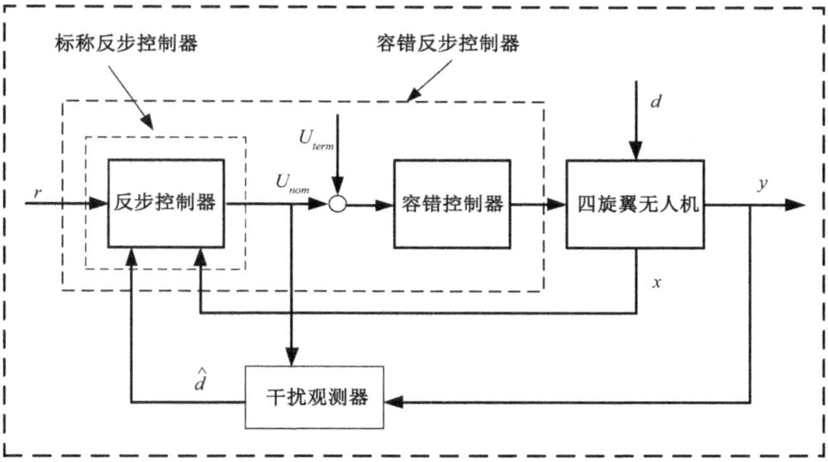

图 8.2　带有扰动补偿的反步控制系统

考虑四旋翼无人机的非线性模型具有如下形式：

$$\begin{cases}\dot{\boldsymbol{x}}(t)=\boldsymbol{f}(x(t))+\boldsymbol{g}_1(x(t))\boldsymbol{u}+\boldsymbol{g}_2(x(t))\boldsymbol{d}\\ \boldsymbol{y}(t)=\boldsymbol{h}(x(t))\end{cases} \tag{8.19}$$

式中，$\boldsymbol{x}\in\Re^n$ 是状态向量；$\boldsymbol{u}$ 和 $\boldsymbol{d}$ 分别为输入和扰动，$\boldsymbol{f}(x)$、$\boldsymbol{g}_1(x)$、$\boldsymbol{g}_2(x)$ 为关于变量 x 的光滑函数，且干扰项是线性外生变量，这完全符合在 8.2 节对外部干扰的建模情形，由下面的线性系统产生：

$$\begin{cases}\dot{\varsigma}=\boldsymbol{A}\varsigma\\ \boldsymbol{0}=\boldsymbol{C}\varsigma\end{cases} \tag{8.20}$$

为了估计式（8.19）中的位置干扰$\boldsymbol{d}$，针对系统（8.19）设计如下的非线性干扰观测器：

$$\begin{cases}\dot{\boldsymbol{\xi}}=(\boldsymbol{A}-\boldsymbol{\alpha}\boldsymbol{g}_2\boldsymbol{C})\boldsymbol{\xi}+\boldsymbol{A}\boldsymbol{\beta}-\boldsymbol{\alpha}(\boldsymbol{g}_2\boldsymbol{C}\boldsymbol{\beta}+\boldsymbol{f}+\boldsymbol{g}_1\boldsymbol{u})\\ \hat{\boldsymbol{\varsigma}}=\boldsymbol{\xi}+\boldsymbol{\beta}\\ \hat{\boldsymbol{d}}=\boldsymbol{C}\hat{\boldsymbol{\varsigma}}\end{cases}\tag{8.21}$$

式中，$\boldsymbol{\xi}\in\mathfrak{R}^m$ 为观测器系统的内部状态变量；$\boldsymbol{\beta}\in\mathfrak{R}^m$ 为需要设计的非线性函数；$\boldsymbol{\alpha}\in\mathfrak{R}^m$ 为非线性观测器的增益函数，由下式确定：

$$\boldsymbol{\alpha}(x)=\frac{\partial\boldsymbol{\beta}(x)}{\partial\boldsymbol{x}}\tag{8.22}$$

定义估计误差$\boldsymbol{e}=\boldsymbol{\varsigma}-\hat{\boldsymbol{\varsigma}}$，根据式（8.21）和式（8.22），可得到误差的动态方程如下：

$$\begin{aligned}\dot{\boldsymbol{e}}&=\dot{\boldsymbol{\varsigma}}-\dot{\hat{\boldsymbol{\varsigma}}}\\&=\boldsymbol{A}\boldsymbol{\varsigma}-(\dot{\boldsymbol{\xi}}+\frac{\partial\boldsymbol{\beta}}{\partial\boldsymbol{x}}\dot{\boldsymbol{x}})=\boldsymbol{A}\boldsymbol{\varsigma}-(\boldsymbol{A}-\boldsymbol{\alpha}\boldsymbol{g}_2\boldsymbol{C})\boldsymbol{\xi}-\boldsymbol{A}\boldsymbol{\beta}+\boldsymbol{\alpha}(\boldsymbol{g}_2\boldsymbol{C}\boldsymbol{\beta}+\boldsymbol{f}+\boldsymbol{g}_1\boldsymbol{u})-\boldsymbol{\alpha}(\boldsymbol{f}+\boldsymbol{g}_1\boldsymbol{u}+\boldsymbol{g}_2\boldsymbol{d})\\&=\boldsymbol{A}\boldsymbol{\varsigma}-\left((\boldsymbol{A}-\boldsymbol{\alpha}\boldsymbol{g}_2\boldsymbol{C})(\hat{\boldsymbol{\varsigma}}-\boldsymbol{\beta})+\boldsymbol{A}\boldsymbol{\beta}-\boldsymbol{\alpha}\boldsymbol{g}_2\boldsymbol{C}\boldsymbol{\beta}+\boldsymbol{\alpha}\boldsymbol{g}_2\boldsymbol{d}\right)\\&=\boldsymbol{A}(\boldsymbol{\varsigma}-\hat{\boldsymbol{\varsigma}})-\boldsymbol{\alpha}\boldsymbol{g}_2(\boldsymbol{d}-\boldsymbol{C}\hat{\boldsymbol{\varsigma}})\\&=\boldsymbol{A}(\boldsymbol{\varsigma}-\hat{\boldsymbol{\varsigma}})-\boldsymbol{\alpha}\boldsymbol{g}_2(\boldsymbol{C}\boldsymbol{\varsigma}-\boldsymbol{C}\hat{\boldsymbol{\varsigma}})\\&=(\boldsymbol{A}-\boldsymbol{\alpha}\boldsymbol{g}_2\boldsymbol{C})e\end{aligned}\tag{8.23}$$

引入系统（8.19）中干扰对输出的相对阶，且满足对状态量x有$\boldsymbol{L}_{g_2}\boldsymbol{L}_f^{r-1}\boldsymbol{h}(x)\neq 0$成立，其中$\boldsymbol{L}$表示李导数。不失一般性，假设$L_{g_2}L_f^{r-1}\boldsymbol{h}(x)>0$，这样就有下式成立：

$$L_{g_2}L_f^{r-1}\boldsymbol{h}(x)=\delta_0+\boldsymbol{\delta}(x)\tag{8.24}$$

式中，$\delta_0>0$是$L_{g_2}L_f^{r-1}\boldsymbol{h}(x)$在状态变量$x$上的最小值，并且$\boldsymbol{\delta}(x)>0$对所有$x$成立，这样非线性函数$\boldsymbol{\beta}\in\mathfrak{R}^m$可以选择为：

$$\boldsymbol{\beta}(x)=\boldsymbol{K}L_f^{r-1}\boldsymbol{h}(x)\tag{8.25}$$

式中，$\boldsymbol{K}=\left[k_1,k_2,\cdots,k_m\right]^{\mathrm{T}}\in\mathfrak{R}^m$ 需要进一步来确定。根据式（8.25）、非线性增益函数（8.22）可写成：

$$\boldsymbol{\alpha}(x)=\frac{\partial\boldsymbol{\beta}(x)}{\partial\boldsymbol{x}}=\boldsymbol{K}\frac{\partial L_f^{r-1}\boldsymbol{h}(x)}{\partial\boldsymbol{x}}\tag{8.26}$$

将式（8.24）和式（8.26）代入观测器误差方程（8.23），可得：

$$\begin{aligned}\dot{\boldsymbol{e}}&=\left(\boldsymbol{A}-\boldsymbol{K}\frac{\partial \boldsymbol{L}_f^{r-1}\boldsymbol{h}(x)}{\partial \boldsymbol{x}}\boldsymbol{g}_2(x)\boldsymbol{C}\right)\boldsymbol{e}\\&=\left(\boldsymbol{A}-\boldsymbol{K}\boldsymbol{L}_{g_2(x)}\boldsymbol{L}_f^{r-1}\boldsymbol{h}(x)\boldsymbol{C}\right)\boldsymbol{e}\\&=\left(\boldsymbol{A}-\boldsymbol{K}\left(\delta_0+\delta(x)\right)\boldsymbol{C}\right)\boldsymbol{e}\end{aligned} \tag{8.27}$$

下面的定理给出了观测误差收敛的充分条件。

定理 8.1：考虑系统（8.19）和干扰（8.20），如果存在增益矩阵 $\boldsymbol{K}$ 使得传递函数 $\boldsymbol{H}(s)=\boldsymbol{C}(s\boldsymbol{I}-\overline{\boldsymbol{A}})^{-1}\boldsymbol{K}$ 是渐近稳定的并且右实的，非线性干扰观测器（8.21）能保证跟踪误差的收敛性，其中

$$\overline{\boldsymbol{A}}=(\boldsymbol{A}-\boldsymbol{K}\delta_0\boldsymbol{C}) \tag{8.28}$$

证明 8.1：根据严格证实引理，式（8.28）的渐近稳定性和正实性可由下式等价保证：

$$\overline{\boldsymbol{A}}^{\mathrm{T}}\boldsymbol{P}+\boldsymbol{P}\overline{\boldsymbol{A}}<0,\quad \boldsymbol{P}\boldsymbol{K}=\boldsymbol{C}^{\mathrm{T}} \tag{8.29}$$

式中，$\boldsymbol{P}$ 为正定矩阵。

为观测器误差方程（8.23）选取李雅普诺夫函数如下：

$$V=\boldsymbol{e}^{\mathrm{T}}\boldsymbol{P}\boldsymbol{e} \tag{8.30}$$

利用式（8.27）和式（8.29），可以得到李雅普诺夫函数的一阶导数：

$$\begin{aligned}\dot{V}&=2\boldsymbol{e}^{\mathrm{T}}\boldsymbol{P}\dot{\boldsymbol{e}}\\&=2\boldsymbol{e}^{\mathrm{T}}\boldsymbol{P}\left(\boldsymbol{A}-\boldsymbol{K}\left(\delta_0+\delta(x)\right)\boldsymbol{C}\right)\boldsymbol{e}\\&=2\boldsymbol{e}^{\mathrm{T}}\boldsymbol{P}(\boldsymbol{A}-\boldsymbol{K}\delta_0\boldsymbol{C})\boldsymbol{e}-2\delta(x)\boldsymbol{e}^{\mathrm{T}}\boldsymbol{P}\boldsymbol{K}\boldsymbol{C}\boldsymbol{e}\\&=\boldsymbol{e}^{\mathrm{T}}(\overline{\boldsymbol{A}}^{\mathrm{T}}\boldsymbol{P}+\boldsymbol{P}\overline{\boldsymbol{A}})\boldsymbol{e}-2\delta(x)\boldsymbol{e}^{\mathrm{T}}\boldsymbol{C}^{\mathrm{T}}\boldsymbol{C}\boldsymbol{e}\\&<-\lambda\boldsymbol{e}^{\mathrm{T}}\boldsymbol{e}-2\delta(x)\boldsymbol{e}^{\mathrm{T}}\boldsymbol{C}^{\mathrm{T}}\boldsymbol{C}\boldsymbol{e}\end{aligned} \tag{8.31}$$

式中，λ 是 $-\left(\overline{\boldsymbol{A}}^{\mathrm{T}}\boldsymbol{P}+\boldsymbol{P}\overline{\boldsymbol{A}}\right)$ 的最小特征值，又因为 $\boldsymbol{\delta}(x)>0$，因此 $\boldsymbol{\delta}(x)\boldsymbol{e}^{\mathrm{T}}\boldsymbol{C}^{\mathrm{T}}\boldsymbol{C}\boldsymbol{e}\geqslant 0$。式（8.31）于是可以写成：

$$\dot{V}<-\lambda\boldsymbol{e}^{\mathrm{T}}\boldsymbol{e} \tag{8.32}$$

定理 8.1 能够保证只要合理选取参数矩阵 $\boldsymbol{K}$，使得传递函数（8.28）渐近稳定且正实，式（8.30）和式（8.32）就能保证干扰估计误差的收敛。更进一步，只要合理选取 $\boldsymbol{P}$ 和 $\boldsymbol{K}$ 使得式（8.29）成立即可。其中，$\boldsymbol{P}$ 可以通过线性矩阵不等式求解，一旦获得 $\boldsymbol{P}$ 矩阵，根据式（8.29），很容易可以求解 $\boldsymbol{K}$。

到目前为止，有关非线性观测器的的设计问题已经解决，并且所设计的干扰观测器能够估计出系统中的扰动项。也就是说，在下面的反步控制器设计过程中，可以使用扰动的估计项进行扰动补偿。

8.4 反步控制器设计

四旋翼无人机的复杂非线性模型使得轨迹跟踪控制器的设计具有一定的难度，常规的工作点线性化方法存在工作范围小和系统控制器需要切换的缺点，反馈线性化的方法也不能有效处理四旋翼无人机的强耦合模型。本节将为四旋翼无人机设计保证轨迹跟踪性能的反步控制器，在控制器的设计过程中，用到了从干扰观测器得到的扰动估计项来进行干扰补偿。所设计的反步控制器在外部干扰存在的情况下，仍然能够稳定系统。本节的控制目标是在确保位置和高度能够跟踪期望值的同时稳定俯仰角和滚转角，同时本节还考虑反步控制的容错能力问题。

8.4.1 反步控制相关知识

反步控制方法自 V. Petar 等人于 20 世纪 90 年代提出以来，获得了控制界的极大关注并且在非线性控制领域中获得了不小的成功。其主要思想正如其字面（backstepping）意义那样，由系统内核开始稳定子系统，一步一步地向外进行系统的稳定设计，直至获得整个系统最终的实际控制律。尤其对于满足严格反馈的复杂非线性系统，可将整个系统分成具有层次结构关系的多个子系统，迭代地为每层子系统设计虚拟控制量并求取李雅普诺夫函数，以满足对该层子系统的稳定性要求和控制性能要求。反步法能够递归地直至最终稳定具有严反馈形式的动力学系统。

1. 严反馈形式

所谓严反馈形式即是下面的倒三角样式：

$$
\begin{cases}
\dot{\boldsymbol{x}} = \boldsymbol{f}_x(\boldsymbol{x}) + \boldsymbol{g}_x(\boldsymbol{x})\boldsymbol{z}_1 \\
\dot{z}_1 = \boldsymbol{f}_1(\boldsymbol{x}, z_1) + \boldsymbol{g}_1(\boldsymbol{x}, z_1)\boldsymbol{z}_2 \\
\dot{z}_2 = \boldsymbol{f}_2(\boldsymbol{x}, z_1, z_2) + \boldsymbol{g}_2(\boldsymbol{x}, z_1, z_2)\boldsymbol{z}_3 \\
\quad\vdots \\
\dot{z}_i = \boldsymbol{f}_i(\boldsymbol{x}, z_1, z_2, \cdots, z_{i-1}, z_i) + \boldsymbol{g}_i(\boldsymbol{x}, z_1, z_2, \cdots, z_{i-1}, z_i)\boldsymbol{z}_{i+1} \\
\quad\vdots \\
\dot{z}_{k-1} = \boldsymbol{f}_{k-1}(\boldsymbol{x}, z_1, z_2, \cdots, z_{k-1}) + \boldsymbol{g}_{k-1}(\boldsymbol{x}, z_1, z_2, \cdots, z_{k-1})\boldsymbol{z}_k \\
\dot{z}_k = \boldsymbol{f}_k(\boldsymbol{x}, z_1, z_2, \cdots, z_{k-1}, z_k) + \boldsymbol{g}_k(\boldsymbol{x}, z_1, z_2, \cdots, z_{k-1}, z_k)\boldsymbol{u}
\end{cases}
\tag{8.33}
$$

式中，$x \in \boldsymbol{R}^n, n \geqslant 1$；$z_1, z_2, \cdots, z_{k-1}, z_k$ 为标量；u 为系统的标量输入；$f_x, f_1, f_2, \cdots, f_i, \cdots, f_{k-1}, f_k$ 在原点处函数值为零，即 $\boldsymbol{f}_i(0,0,\cdots,0)=0$（$i=1,2,\cdots,k$）。$g_x, g_1, g_2, \ldots, g_i, \cdots, g_{k-1}, g_k$ 在其论域内其函数值不为零，即 $\boldsymbol{g}_i(0,0,\cdots,0) \neq 0$（$i=1,2,\cdots,k$）。

其中内核子系统为：

$$\dot{\boldsymbol{x}} = \boldsymbol{f}_x(\boldsymbol{x}) + \boldsymbol{g}_x(\boldsymbol{x})\boldsymbol{u}_x(\boldsymbol{x}) \tag{8.34}$$

该系统可以被某一控制律 $\boldsymbol{u}_x(x)$ 稳定在系统原点处，并且满足 $\boldsymbol{u}_x(0,0,\cdots,0)=0$。另外，保证子系统（8.34）稳定的李雅普诺夫函数 $\boldsymbol{V}_x$ 是已知的。也就是说，关于 $\boldsymbol{x}$ 的子系统能被某些控制方法加以镇定，则整个系统的稳定性问题便外退到外围变量 z 上。

在满足这种严反馈形式的系统中，经由反步法设计的控制律 $\boldsymbol{u}$ 直接作用于变量 z_k 上，z_k 本身作为"虚拟的控制量"，作用于状态变量 z_{k-1} 上。同样地，z_{k-1} 作为虚拟控制量，直接作用于状态变量 z_{k-2} 上。这种级联作用形式会一直传递下去，即任何一个状态变量 $\boldsymbol{z}_i$ 都能够被虚拟控制变量 z_{i+1} 所镇定。

2. 反步控制设计

下面针对系统（8.33），给出反步控制器的设计过程的概括描述：

第一步： 假设低阶系统为

$$\dot{\boldsymbol{x}} = \boldsymbol{f}_x(x) + \boldsymbol{g}_x(x)\boldsymbol{u}_x(x) \tag{8.35}$$

它能被控制律 $\boldsymbol{u}_x(x)$ 稳定在系统原点处，且满足 $\boldsymbol{u}_x(0)=0$，同时系统（8.35）的李雅普诺夫函数 $\boldsymbol{V}_x$ 是已知的，反步控制器的设计过程可以推进到下一步。

第二步： 设计控制量 $\boldsymbol{u}_1(x, z_1)$，使得子系统为

$$\dot{z}_1 = \boldsymbol{f}_1(x, z_1) + \boldsymbol{g}_1(x, z_1)\boldsymbol{u}_1(x, z_1) \tag{8.36}$$

该子系统是稳定的，且状态变量 $\boldsymbol{z}_1$ 能够跟踪控制量 $\boldsymbol{u}_x$，并选取增广后的系统的李雅普诺夫函数如下：

$$\boldsymbol{V}_1(x, z_1) = \boldsymbol{V}_x(x) + \frac{1}{2}(z_1 - \boldsymbol{u}_x(x))^2 \tag{8.37}$$

通过设计控制律 $\boldsymbol{u}_1$，能使得 $\dot{\boldsymbol{V}}_1$ 满足负定性，从而保证上述系统的稳定性。

第三步： 设计控制量 $\boldsymbol{u}_2(x, z_1, z_2)$，使得子系统为

$$\dot{z}_2 = \boldsymbol{f}_2(x, z_1, z_2) + \boldsymbol{g}_2(x, z_1, z_2)\boldsymbol{u}_2(x, z_1, z_2) \tag{8.38}$$

该子系统是稳定的，且状态变量 z_2 能够跟踪期望的控制量 $\boldsymbol{u}_1$。在这一步，增广的李雅普诺夫函数选取如下：

$$V_2(\boldsymbol{x},z_1,z_2)=V_x(\boldsymbol{x})+\frac{1}{2}(z_2-\boldsymbol{u}_1(\boldsymbol{x},z_1))^2 \tag{8.39}$$

通过选取合适的控制量 $\boldsymbol{u}_2$，使得 $\dot{V}_2$ 满足负定性，从而保证上述子系统是稳定的。

第四步： 重复上述过程，直到设计出实际控制律 $\boldsymbol{u}$。

系统（8.33）的实际稳定过程与设计控制律 $\boldsymbol{u}$ 的过程是逆向的，即：

- 实际控制 $\boldsymbol{u}$ 稳定状态变量 z_k，并将 z_k 看作虚拟控制量 $\boldsymbol{u}_{k-1}$
- 虚拟控制量 $\boldsymbol{u}_{k-1}$ 稳定状态变量 z_{k-1}，并将 z_{k-1} 看作虚拟控制量 $\boldsymbol{u}_{k-2}$

……

- 虚拟控制量 $\boldsymbol{u}_1$ 稳定状态变量 z_1，并将 z_1 看作虚拟控制量 $\boldsymbol{u}_x$
- 虚拟控制量 $\boldsymbol{u}_x$ 将状态变量 $\boldsymbol{x}$ 稳定到系统原点

下面给出针对一般严反馈系统的反步控制设计描述，为方便起见，在这里讨论针对较小规模的低阶级联积分器系统。这些低阶的简单系统一般是由一组积分器组成的，针对每一阶子系统可以由反馈控制加以稳定，因而这种反步控制方法也称为积分反步法。改进后的积分反步法可以应用到任何满足严反馈形式的控制系统中。

考虑下面系统：

$$\begin{cases}\dot{\boldsymbol{x}}=\boldsymbol{f}_x(\boldsymbol{x})+\boldsymbol{g}_x(\boldsymbol{x})z_1\\ \dot{z}_1=\boldsymbol{u}_1\end{cases} \tag{8.40}$$

式中，$\boldsymbol{x}\in\boldsymbol{R}^n$，$z_1\in\boldsymbol{R}^1$，这个系统明显是在 $\boldsymbol{x}$ 子系统上串联一个积分环节而来的。假设，$\boldsymbol{f}_x(0)=0$，那么在 $u_1=0$，$x=0$，$z_1=0$ 的情况时有：

$$\begin{cases}\dot{\boldsymbol{x}}=\boldsymbol{f}_x(0)+[\boldsymbol{g}_x(0)](0)=0\\ \dot{z}_1=0\end{cases} \tag{8.41}$$

所以系统的原点 $(x,z_1)=(0,0)$ 是系统的一个静平衡点，一旦系统到达平衡点后，系统就会维持在平衡点处。

下面使用反步法来稳定系统（8.41）在平衡点处。或者说，希望设计出控制律 $\boldsymbol{u}_1(x,z_1)$，使得系统从任意初始状态出发，最后能收敛到 $(0,0)$ 处。反步控制器设计步骤如下：

第一步： $\boldsymbol{x}$ 子系统可以记为

$$\dot{\boldsymbol{x}}=\boldsymbol{F}(\boldsymbol{x}),\boldsymbol{F}(\boldsymbol{x})=\boldsymbol{f}_x(\boldsymbol{x})+\boldsymbol{g}_x(\boldsymbol{x})\boldsymbol{u}_x(\boldsymbol{x}) \tag{8.42}$$

式中，控制律 $\boldsymbol{u}_x(0)=0$，李雅普诺夫函数 $\boldsymbol{V}_x(\boldsymbol{x})>0$，且其一阶导数是非正的。上面这些假设说明了 $\boldsymbol{x}$ 子系统（8.42）本身是一个稳定系统，并且假设其控制律和李雅普诺夫函数对下面的设计步骤来说都是已知的。因此控制任务就变成了设计控制律 $\boldsymbol{u}$，使得级联的 (x,z_1) 系统是稳定的。同时，必须为级联的 (x,z_1) 系统寻找合适的李雅普诺夫函数。

第二步： 向 (x,z_1) 系统中分别加一项 $\boldsymbol{g}_x(\boldsymbol{x})\boldsymbol{u}_x(\boldsymbol{x})$ 和减一项 $\boldsymbol{g}_x(\boldsymbol{x})\boldsymbol{u}_x(\boldsymbol{x})$，系统变成

$$\begin{cases}\dot{\boldsymbol{x}}=\boldsymbol{f}_x(x)+\boldsymbol{g}_x(x)\boldsymbol{z}_1+\underbrace{\left[\boldsymbol{g}_x(x)\boldsymbol{u}_x(x)-\boldsymbol{g}_x(x)\boldsymbol{u}_x(x)\right]}_{0}\\ \dot{\boldsymbol{z}}_1=\boldsymbol{u}_1\end{cases}\tag{8.43}$$

并进一步整理系统如下

$$\begin{cases}\dot{\boldsymbol{x}}=\underbrace{\left[\boldsymbol{f}_x(\boldsymbol{x})+\boldsymbol{g}_x(\boldsymbol{x})\boldsymbol{u}_x(\boldsymbol{x})\right]}_{F(x)}+\boldsymbol{g}_x(\boldsymbol{x})\underbrace{\left[\boldsymbol{z}_1-\boldsymbol{u}_x(\boldsymbol{x})\right]}_{tracking\ \ error}\\ \dot{\boldsymbol{z}}_1=\boldsymbol{u}_1\end{cases}\tag{8.44}$$

级联系统（8.44）涵括了已知且稳定的子系统 $\dot{\boldsymbol{x}}=\boldsymbol{F}(\boldsymbol{x})$，且引入了积分器部分带来的误差扰动项。

第三步： 引入跟踪误差 $\boldsymbol{e}_1=\boldsymbol{z}_1-\boldsymbol{u}_x(\boldsymbol{x})$，则状态变量由 (x,z_1) 变为 (x,e_1)，系统变为

$$\begin{cases}\dot{\boldsymbol{x}}=\left[\boldsymbol{f}_x(\boldsymbol{x})+\boldsymbol{g}_x(\boldsymbol{x})\boldsymbol{u}_x(\boldsymbol{x})\right]+\boldsymbol{g}_x(\boldsymbol{x})\boldsymbol{e}_1\\ \dot{\boldsymbol{e}}_1=\boldsymbol{u}_1-\dot{\boldsymbol{u}}_x\end{cases}\tag{8.45}$$

更进一步，引入虚拟控制量 $\boldsymbol{v}_1=\boldsymbol{u}_1-\dot{\boldsymbol{u}}_x$，系统进而变为

$$\begin{cases}\dot{\boldsymbol{x}}=\left[\boldsymbol{f}_x(\boldsymbol{x})+\boldsymbol{g}_x(\boldsymbol{x})\boldsymbol{u}_x(\boldsymbol{x})\right]+\boldsymbol{g}_x(\boldsymbol{x})\boldsymbol{e}_1\\ \dot{\boldsymbol{e}}_1=\boldsymbol{v}_1\end{cases}\tag{8.46}$$

至此，控制任务变成寻求合适的反馈控制律 v_1，把误差系统（8.46）稳定 $e_1=0$ 处。这样，根据定义式 $\boldsymbol{e}_1=\boldsymbol{z}_1-\boldsymbol{u}_x(\boldsymbol{x})$ 可知，状态变量 $\boldsymbol{z}_1$ 就能够跟踪期望的控制量 $\boldsymbol{u}_x$，从而也就能够稳定 $\boldsymbol{x}$ 子系统。

第四步： 针对系统（8.46），引入增广的李雅普诺夫函数如下

$$\boldsymbol{V}_1(\boldsymbol{x},e_1)=\boldsymbol{V}_x(\boldsymbol{x})+\frac{1}{2}\boldsymbol{e}_1^{\ 2}\tag{8.47}$$

对其求一阶导数有

$$\begin{aligned}\dot{V}_1 &= \dot{V}_x(x)+\frac{1}{2}e_1\dot{e}_1=\dot{V}_x(x)+e_1\dot{e}_1=\dot{V}_x(x)+e_1v_1=\frac{\partial V_x}{\partial x}\dot{x}+e_1v_1\\ &=\frac{\partial V_x}{\partial x}[(f_x(x)+g_x(x)u_x(x)]+g_x(x)e_1)+e_1v_1\\ &=\underbrace{\frac{\partial V_x}{\partial x}[f_x(x)+g_x(x)u_x(x)]}_{\leqslant 0}+\frac{\partial V_x}{\partial x}g_x(x)e_1+e_1v_1\\ &\leqslant\frac{\partial V_x}{\partial x}g_x(x)e_1+e_1v_1\end{aligned} \tag{8.48}$$

为了确保$\dot{V}_1<0$，可以将虚拟控制量设计为

$$v_1=-\frac{\partial V_x}{\partial x}g_x(x)e_1-k_1e_1 \tag{8.49}$$

式中，k_1是可选正实数。从而由式（8.16）可得

$$\begin{aligned}\dot{V}_1&\leqslant -W(x)+\frac{\partial V_x}{\partial x}g_x(x)e_1+e_1\underbrace{\left[-\frac{\partial V_x}{\partial x}g_x(x)e_1-k_1e_1\right]}_{v_1}\\ &=-W(x)-k_1e_1^2\leqslant -W(x)<0\end{aligned} \tag{8.50}$$

式中，$W(x)$非负，由式（8.47）和式（8.50）可知，在控制律（8.49）作用下，(x,z_1)系统（8.40）是稳定的。换句话说，由于定义式$v_1=u_1-\dot{u}_x$，系统（8.40）在实际控制律u_1的作用下是稳定的。用系统中实际变量来替代上述过程中的中间变量，李雅普诺夫函数可以重写为

$$V_1(x,z_1)=V_x(x)+\frac{1}{2}[z_1-u_x(x)]^2 \tag{8.51}$$

第五步： 虚拟控制量v_1完全函数依赖于原始系统的状态变量，特别地，实际反馈控制律u_1如下

$$u_1(x,z_1)=v_1+\dot{u}_x=\underbrace{-\frac{\partial V_x}{\partial x}g_x(x)-k_1[z_1-u_x(x)]}_{v_1}+\underbrace{\frac{\partial u_x}{\partial x}[f_x(x)+g_x(x)z_1]}_{\dot{u}_x} \tag{8.52}$$

式中，x、z_1、f_x、g_x都来自原始系统，控制量u_x用来稳定初始的x子系统$\dot{x}=F(x)$并且是已知的，增益参数$k_1>0$会影响到系统的收敛速度。这样，在控制律u_1作用下，系统（8.40）稳定在原点$(x,z_1)=(0,0)$处。

到目前为止，针对(x,z_1)系统的反馈控制律$u_1(x,z_1)$已经得到，且系统的李雅普诺夫函数$V_1(x,z_1)$经过合理地选取后满足$\dot{V}_1(x,z_1)<0$。因此，可以用它们作为前提条件来递归解

决更大系统的控制和稳定问题。下一小节将利用反步控制的思想为四旋翼无人机的欠驱动系统设计反馈控制器。

8.4.2　欠驱动系统的反步设计

按照 8.4.1 节介绍的反步控制思想，这里将依次在后续的几个小节为四旋翼无人机的欠驱动子系统、全驱动子系统和控制输入子系统设计反步控制律。

考虑欠驱动系统 $\boldsymbol{S}_1$ 有

$$\boldsymbol{S}_1:\begin{cases}\dot{\boldsymbol{x}}_1=\boldsymbol{x}_2\\ \dot{\boldsymbol{x}}_2=\boldsymbol{f}_0(\boldsymbol{x}_2,\boldsymbol{x}_3,\boldsymbol{x}_5,\boldsymbol{x}_6)+\boldsymbol{g}_0(\boldsymbol{x}_5,\boldsymbol{x}_7)\boldsymbol{\xi}_0(\boldsymbol{x}_3)+\boldsymbol{d}_0\\ \dot{\boldsymbol{x}}_3=\boldsymbol{x}_4\\ \dot{\boldsymbol{x}}_4=\boldsymbol{f}_1(\boldsymbol{x}_3,\boldsymbol{x}_4,\boldsymbol{x}_6,\boldsymbol{x}_7)+\boldsymbol{g}_1(\boldsymbol{x}_3)\boldsymbol{\xi}_1(\boldsymbol{x}_7)+\boldsymbol{d}_1\end{cases}\tag{8.53}$$

反步设计过程如下：

第一步： 引入跟踪误差 $z_1=\boldsymbol{x}_1-\boldsymbol{x}_{1d}$，其中 $\boldsymbol{x}_{1d}$ 是期望的位置轨迹，并选取李雅普诺夫函数如下

$$V_1=\frac{1}{2}z_1^{\mathrm{T}}z_1\tag{8.54}$$

对上式求导可得

$$\dot{V}_1=z_1^{\mathrm{T}}\dot{z}_1=z_1^{\mathrm{T}}\left(\dot{x}_1-\dot{x}_{1d}\right)=z_1^{\mathrm{T}}\left(x_2-\dot{x}_{1d}\right)\tag{8.55}$$

为了保证式（8.55）的负定性，需要接着进行反步设计。

第二步： 引入关于 $\boldsymbol{x}_2$ 的跟踪误差 $z_2=\boldsymbol{x}_2-\boldsymbol{\alpha}_1$，其中 $\boldsymbol{\alpha}_1$ 是有待设计的函数。在本步选取李雅普诺夫函数如下

$$V_2=\frac{1}{2}\left(z_1^{\mathrm{T}}z_1+z_2^{\mathrm{T}}z_2\right)\tag{8.56}$$

对式（8.56）求取时间的一阶导数并把 $z_2=\boldsymbol{x}_2-\boldsymbol{\alpha}_1$ 代入，可得

$$\begin{aligned}\dot{V}_2&=z_1^{\mathrm{T}}\left(z_2+\boldsymbol{\alpha}_1-\dot{\boldsymbol{x}}_{1d}\right)+z_2^{\mathrm{T}}\dot{z}_2\\&=z_1^{\mathrm{T}}\left(\boldsymbol{\alpha}_1-\dot{\boldsymbol{x}}_{1d}\right)+z_2^{\mathrm{T}}\left(z_1+\dot{z}_2\right)\end{aligned}\tag{8.57}$$

在这一步，把函数 $\boldsymbol{\alpha}_1$ 选取为

$$\boldsymbol{\alpha}_1=-\boldsymbol{P}_1z_1+\dot{\boldsymbol{x}}_{1d}\tag{8.58}$$

式中，$\boldsymbol{P}_1 \in \Re^{2\times 2}$ 是正定矩阵。根据式（8.53）和式（8.58），式（8.57）可以重写成

$$\begin{aligned}\dot{V}_2 &= -\boldsymbol{z}_1^{\mathrm{T}}\boldsymbol{P}_1\boldsymbol{z}_1 + \boldsymbol{z}_2^{\mathrm{T}}\left(\boldsymbol{z}_1 + \dot{\boldsymbol{z}}_2\right) \\ &= -\boldsymbol{z}_1^{\mathrm{T}}\boldsymbol{P}_1\boldsymbol{z}_1 + \boldsymbol{z}_2^{\mathrm{T}}\left(\boldsymbol{z}_1 + \boldsymbol{f}_0 + \boldsymbol{g}_0\boldsymbol{\xi}_0 + \boldsymbol{d}_0 - \dot{\boldsymbol{\alpha}}_1\right)\end{aligned} \tag{8.59}$$

式中，$-\boldsymbol{z}_1^{\mathrm{T}}\boldsymbol{P}_1\boldsymbol{z}_1$ 是负定的。为了稳定式（8.59），需要进行第三步的设计。

第三步： 引入 $\boldsymbol{z}_3 = \boldsymbol{\xi}_0 - \boldsymbol{\alpha}_2$ 作为第三个跟踪误差，其中 $\boldsymbol{\alpha}_2$ 是有待设计的函数。在本步，李雅普诺夫函数选取如下

$$V_3 = \frac{1}{2}\left(\boldsymbol{z}_1^{\mathrm{T}}\boldsymbol{z}_1 + \boldsymbol{z}_2^{\mathrm{T}}\boldsymbol{z}_2 + \boldsymbol{z}_3^{\mathrm{T}}\boldsymbol{z}_3\right) \tag{8.60}$$

对式（8.60）求取时间的一阶导数，并且把式（8.53）代入，可得

$$\begin{aligned}\dot{V}_3 &= -\boldsymbol{z}_1^{\mathrm{T}}\boldsymbol{P}_1\boldsymbol{z}_1 + \boldsymbol{z}_2^{\mathrm{T}}\left(\boldsymbol{z}_1 + \boldsymbol{f}_0 + \boldsymbol{g}_0\left(\boldsymbol{z}_3 + \boldsymbol{\alpha}_2\right) + \boldsymbol{d}_0 - \dot{\boldsymbol{\alpha}}_1\right) + \boldsymbol{z}_3^{\mathrm{T}}\boldsymbol{z}_3 \\ &= -\boldsymbol{z}_1^{\mathrm{T}}\boldsymbol{P}_1\boldsymbol{z}_1 + \boldsymbol{z}_2^{\mathrm{T}}\left(\boldsymbol{z}_1 + \boldsymbol{f}_0 + \boldsymbol{g}_0\boldsymbol{\alpha}_2 + \boldsymbol{d}_0 - \dot{\boldsymbol{\alpha}}_1\right) + \boldsymbol{z}_3^{\mathrm{T}}\left(\boldsymbol{g}_0^{\mathrm{T}}\boldsymbol{z}_2 + \dot{\boldsymbol{z}}_3\right)\end{aligned} \tag{8.61}$$

在本步，把函数 $\boldsymbol{\alpha}_2$ 选取为

$$\boldsymbol{\alpha}_2 = -\boldsymbol{g}_0^{-1}\left(\boldsymbol{z}_1 + \boldsymbol{f}_0 + \hat{\boldsymbol{d}}_0 - \dot{\boldsymbol{\alpha}}_1 + \boldsymbol{P}_2\boldsymbol{z}_2\right) \tag{8.62}$$

式中，$\boldsymbol{P}_2 \in \Re^{2\times 2}$ 是正定矩阵；$\hat{\boldsymbol{d}}_0$ 为利用上节设计的干扰观测器对式（8.53）中的 $\boldsymbol{d}_0$ 的估计值。

将式（8.62）代入式（8.61），得

$$\begin{aligned}\dot{V}_3 &= -\left(\boldsymbol{z}_1^{\mathrm{T}}\boldsymbol{P}_1\boldsymbol{z}_1 + \boldsymbol{z}_2^{\mathrm{T}}\boldsymbol{P}_2\boldsymbol{z}_2\right) + \boldsymbol{z}_3^{\mathrm{T}}\left(\boldsymbol{g}_0^{\mathrm{T}}\boldsymbol{z}_2 + \dot{\boldsymbol{z}}_3\right) \\ &= -\left(\boldsymbol{z}_1^{\mathrm{T}}\boldsymbol{P}_1\boldsymbol{z}_1 + \boldsymbol{z}_2^{\mathrm{T}}\boldsymbol{P}_2\boldsymbol{z}_2\right) + \boldsymbol{z}_3^{\mathrm{T}}\left(\boldsymbol{g}_0^{\mathrm{T}}\boldsymbol{z}_2 - \dot{\boldsymbol{\alpha}}_2 + \dot{\boldsymbol{\xi}}_0\right) \\ &= -\left(\boldsymbol{z}_1^{\mathrm{T}}\boldsymbol{P}_1\boldsymbol{z}_1 + \boldsymbol{z}_2^{\mathrm{T}}\boldsymbol{P}_2\boldsymbol{z}_2\right) + \boldsymbol{z}_3^{\mathrm{T}}\left(\boldsymbol{g}_0^{\mathrm{T}}\boldsymbol{z}_2 - \dot{\boldsymbol{\alpha}}_2 + \boldsymbol{\Psi}_0\dot{\boldsymbol{x}}_3\right)\end{aligned} \tag{8.63}$$

式中，$\boldsymbol{\Psi}_0$ 经由下式得到

$$\dot{\xi}_0(x_3) = \frac{\partial \boldsymbol{\xi}_0(x_3)}{\partial \boldsymbol{x}_3}\dot{\boldsymbol{x}}_3 = \begin{bmatrix} C_\phi & 0 \\ -S_\phi S_\theta & C_\phi C_\theta \end{bmatrix}\dot{\boldsymbol{x}}_3 = \boldsymbol{\Psi}_0\dot{\boldsymbol{x}}_3 \quad \Rightarrow \quad \boldsymbol{\Psi}_0 = \begin{bmatrix} C_\phi & 0 \\ -S_\phi S_\theta & C_\phi C_\theta \end{bmatrix} \tag{8.64}$$

为了保证（8.63）的负定性，反步控制需要继续，引入第四步。

第四步： 引入针对 $\boldsymbol{x}_4$ 的跟踪误差 $\boldsymbol{z}_4 = \boldsymbol{x}_4 - \boldsymbol{\alpha}_3$，其中 α_3 是待设计的函数。选取增广的李雅普诺夫函数如下

$$V_4 = \frac{1}{2}\left(\boldsymbol{z}_1^{\mathrm{T}}\boldsymbol{z}_1 + \boldsymbol{z}_2^{\mathrm{T}}\boldsymbol{z}_2 + \boldsymbol{z}_3^{\mathrm{T}}\boldsymbol{z}_3 + \boldsymbol{z}_4^{\mathrm{T}}\boldsymbol{z}_4\right) \tag{8.65}$$

对式（8.65）求导，并将 $\boldsymbol{z}_4 = \boldsymbol{x}_4 - \boldsymbol{\alpha}_3$ 代入，可得

$$\begin{aligned}\dot{V}_4 &= -\left(z_1^{\mathrm{T}} \boldsymbol{P}_1 z_1 + z_2^{\mathrm{T}} \boldsymbol{P}_2 z_2\right) + z_3^{\mathrm{T}}\left(\boldsymbol{g}_0^{\mathrm{T}} z_2 - \dot{\boldsymbol{\alpha}}_2 + \boldsymbol{\Psi}_0 \dot{\boldsymbol{x}}_3\right) + z_4^{\mathrm{T}} \dot{z}_4 \\ &= -\left(z_1^{\mathrm{T}} \boldsymbol{P}_1 z_1 + z_2^{\mathrm{T}} \boldsymbol{P}_2 z_2\right) + z_3^{\mathrm{T}}\left(\boldsymbol{g}_0^{\mathrm{T}} z_2 - \dot{\boldsymbol{\alpha}}_2 + \boldsymbol{\Psi}_0 \boldsymbol{\alpha}_3\right) + z_4^{\mathrm{T}}\left(\boldsymbol{\Psi}_1^{\mathrm{T}} z_3 + \dot{z}_4\right)\end{aligned} \tag{8.66}$$

在本步，将函数 $\boldsymbol{\alpha}_3$ 选取为

$$\boldsymbol{\alpha}_3 = -\boldsymbol{\Psi}_0^{-1}\left(\boldsymbol{g}_0^{\mathrm{T}} z_2 - \dot{\boldsymbol{\alpha}}_2 + \boldsymbol{P}_3 z_3\right) \tag{8.67}$$

将式（8.67）代入式（8.66）可得

$$\begin{aligned}\dot{V}_4 &= -\left(z_1^{\mathrm{T}} \boldsymbol{P}_1 z_1 + z_2^{\mathrm{T}} \boldsymbol{P}_2 z_2\right) + z_3^{\mathrm{T}}\left(\boldsymbol{g}_0^{\mathrm{T}} z_2 - \dot{\boldsymbol{\alpha}}_2 + \boldsymbol{\Psi}_0 \dot{\boldsymbol{x}}_3\right) + z_4^{\mathrm{T}} \dot{z}_4 \\ &= -\left(z_1^{\mathrm{T}} \boldsymbol{P}_1 z_1 + z_2^{\mathrm{T}} \boldsymbol{P}_2 z_2 + z_3^{\mathrm{T}} \boldsymbol{P}_3 z_3\right) + z_4^{\mathrm{T}}\left(\boldsymbol{\Psi}_1^{\mathrm{T}} z_3 - \dot{\boldsymbol{\alpha}}_3 + \boldsymbol{f}_1 + \boldsymbol{d}_1 + \boldsymbol{g}_1 \boldsymbol{\xi}_1\right)\end{aligned} \tag{8.68}$$

式中，$-\left(z_1^{\mathrm{T}} \boldsymbol{P}_1 z_1 + z_2^{\mathrm{T}} \boldsymbol{P}_2 z_2 + z_3^{\mathrm{T}} \boldsymbol{P}_3 z_3\right)$ 是负定的。为了镇定式（8.68），继续进行反步设计并引入第五步。

第五步：引入关于 $\boldsymbol{\xi}_1$ 的跟踪误差 $z_5 = \boldsymbol{\xi}_1 - \boldsymbol{\alpha}_4$，其中 α_4 是待设计的未知函数。在这一步我们考虑的李雅普诺夫函数包含误差量 z_5 如下

$$V_5 = \frac{1}{2}\left(z_1^{\mathrm{T}} z_1 + z_2^{\mathrm{T}} z_2 + z_3^{\mathrm{T}} z_3 + z_4^{\mathrm{T}} z_4 + z_5^{\mathrm{T}} z_5\right) \tag{8.69}$$

对式（8.69）求取一阶时间导数，并将 $z_5 = \boldsymbol{\xi}_1 - \boldsymbol{\alpha}_4$ 代入，可得：

$$\begin{aligned}\dot{V}_5 &= -\sum\nolimits_{i=1}^{3} z_i^{\mathrm{T}} \boldsymbol{P}_i z_i + z_5^{\mathrm{T}} \dot{z}_5 + z_4^{\mathrm{T}}\left[\boldsymbol{\Psi}_1^{\mathrm{T}} z_3 - \dot{\boldsymbol{\alpha}}_3 + \boldsymbol{f}_1 + \boldsymbol{d}_1 + \boldsymbol{g}_1\left(z_5 + \boldsymbol{\alpha}_4\right)\right] \\ &= -\sum\nolimits_{i=1}^{3} z_i^{\mathrm{T}} \boldsymbol{P}_i z_i + z_5^{\mathrm{T}}\left(\boldsymbol{g}_1^{\mathrm{T}} z_4 + \dot{z}_5\right) + z_4^{\mathrm{T}}\left(\boldsymbol{\Psi}_1^{\mathrm{T}} z_3 - \dot{\boldsymbol{\alpha}}_3 + \boldsymbol{f}_1 + \boldsymbol{d}_1 + \boldsymbol{g}_1 \boldsymbol{\alpha}_4\right)\end{aligned} \tag{8.70}$$

在本步，将函数 $\boldsymbol{\alpha}_4$ 选取为：

$$\boldsymbol{\alpha}_4 = -\boldsymbol{g}_1^{-1}\left(\boldsymbol{\Psi}_1^{\mathrm{T}} z_3 - \dot{\boldsymbol{\alpha}}_3 + \boldsymbol{f}_1 + \hat{\boldsymbol{d}}_1 + \boldsymbol{P}_4 z_4\right) \tag{8.71}$$

式中，$\boldsymbol{P}_4 \in \mathfrak{R}^{2\times 2}$ 为正定矩阵；$\hat{\boldsymbol{d}}_1$ 为利用上节设计的干扰观测器对式（8.19）中的 d_1 的估计值。

将式（8.71）代入式（8.70）可得：

$$\dot{V}_5 = -\sum_{i=1}^{4} z_i^{\mathrm{T}} \boldsymbol{P}_i z_i + z_5^{\mathrm{T}}\left(\boldsymbol{g}_1^{\mathrm{T}} z_4 - \dot{\boldsymbol{\alpha}}_4 + \dot{\boldsymbol{\xi}}_1\right) \tag{8.72}$$

到目前为止，欠驱动子系统 $\boldsymbol{S}_1$ 的反步控制已经完成，但还无法保证整个系统的收敛特性。接下来将为全驱动子系统 $\boldsymbol{S}_2$ 进行反步设计，另外有几点需要强调：①考虑到 $\boldsymbol{F}_i$ 和 $\boldsymbol{m}$ 实际物理意义，说明式（8.62）中的 $\boldsymbol{g}_0$ 是非奇异的；②考虑到俯仰角和滚转角的实际物理限制，即 $\{\phi,\theta\} \in (-\pi/2, \pi/2)$，式（8.67）中的 $\boldsymbol{\Psi}_0$ 和式（8.71）中的 $\boldsymbol{g}_1$ 是非奇异的。

8.4.3 全驱动系统的反步设计

考虑全驱动子系统$\boldsymbol{S}_2$的反步设计过程，其步骤与上一小节所给出的步骤十分相似。

对于全驱动子系统$\boldsymbol{S}_2$有

$$\boldsymbol{S}_2:\begin{cases}\dot{\boldsymbol{x}}_5=\boldsymbol{x}_6\\ \dot{\boldsymbol{x}}_6=\boldsymbol{f}_2(\boldsymbol{x}_3,\boldsymbol{x}_4,\boldsymbol{x}_6,\boldsymbol{x}_7)+\boldsymbol{g}_2(\boldsymbol{x}_3)\boldsymbol{\xi}_3(\boldsymbol{x}_7)+\boldsymbol{d}_2\end{cases} \tag{8.73}$$

其反步过程接续上一节的设计见第六步。

第六步： 引入关于$\boldsymbol{x}_5$的跟踪误差$\boldsymbol{z}_6=\boldsymbol{x}_5-\boldsymbol{x}_{5d}$，其中$\boldsymbol{x}_{5d}$是期望的高度和偏航角轨迹向量。选取李雅普诺夫函数如下

$$V_6=\frac{1}{2}\boldsymbol{z}_6{}^{\mathrm{T}}\boldsymbol{z}_6 \tag{8.74}$$

对式（8.74）求取时间的一阶导数，可得

$$\dot{V}_6=\boldsymbol{z}_6^{\mathrm{T}}\dot{\boldsymbol{z}}_6=\boldsymbol{z}_6^{\mathrm{T}}\left(\dot{\boldsymbol{x}}_5-\dot{\boldsymbol{x}}_{5d}\right)=\boldsymbol{z}_6^{\mathrm{T}}\left(\boldsymbol{x}_6-\dot{\boldsymbol{x}}_{5d}\right) \tag{8.75}$$

为了镇定式（8.75），引入第七步。

第七步： 引入关于$\boldsymbol{x}_6$的跟踪误差$\boldsymbol{z}_7=\boldsymbol{x}_6-\boldsymbol{\alpha}_5$，其中$\boldsymbol{\alpha}_5$是待设计的未知函数。在本步，李雅普诺夫函数选取如下

$$V_7=\frac{1}{2}\left(\boldsymbol{z}_6^{\mathrm{T}}\boldsymbol{z}_6+\boldsymbol{z}_7^{\mathrm{T}}\boldsymbol{z}_7\right) \tag{8.76}$$

对上式求取时间的一阶导数，并将$\boldsymbol{z}_7=\boldsymbol{x}_6-\boldsymbol{\alpha}_5$代入，可得

$$\begin{aligned}\dot{V}_7&=\boldsymbol{z}_6^{\mathrm{T}}\left(\boldsymbol{z}_7+\boldsymbol{\alpha}_5-\dot{\boldsymbol{x}}_{5d}\right)+\boldsymbol{z}_7^{\mathrm{T}}\dot{\boldsymbol{z}}_7\\&=\boldsymbol{z}_6^{\mathrm{T}}\left(\boldsymbol{\alpha}_5-\dot{\boldsymbol{x}}_{5d}\right)+\boldsymbol{z}_7^{\mathrm{T}}\left(\boldsymbol{z}_6+\dot{\boldsymbol{z}}_7\right)\end{aligned} \tag{8.77}$$

在本步，将函数$\boldsymbol{\alpha}_5$选取为

$$\boldsymbol{\alpha}_5=-\boldsymbol{P}_6\boldsymbol{z}_6+\dot{\boldsymbol{x}}_{5d} \tag{8.78}$$

式中，$\boldsymbol{P}_6\in\mathfrak{R}^{2\times2}$为正定矩阵。将式（8.78）代入式（8.77）可得

$$\begin{aligned}\dot{V}_7&=-\boldsymbol{z}_6^{\mathrm{T}}\boldsymbol{P}_6\boldsymbol{z}_6+\boldsymbol{z}_7^{\mathrm{T}}\dot{\boldsymbol{z}}_7\\&=-\boldsymbol{z}_6^{\mathrm{T}}\boldsymbol{P}_6\boldsymbol{z}_6+\boldsymbol{z}_7^{\mathrm{T}}\left(\boldsymbol{z}_6+\boldsymbol{f}_2+\boldsymbol{g}_2\boldsymbol{\xi}_2+\boldsymbol{d}_2-\dot{\boldsymbol{\alpha}}_5\right)\end{aligned} \tag{8.79}$$

式中，$-z_6^{\mathrm{T}}P_6z_6$ 为负，为了保证（8.79）的非正性，反步控制需要继续下去。

第八步： 引入关于 ξ_2 的跟踪误差 $z_8=\xi_2-\alpha_6$，其中 α_6 是待设计的未知函数。选取新的李雅普诺夫函数如下

$$V_8=\frac{1}{2}\left(z_6^{\mathrm{T}}z_6+z_7^{\mathrm{T}}z_7+z_8^{\mathrm{T}}z_8\right) \tag{8.80}$$

对上式求取时间的一阶导数可得

$$\begin{aligned}\dot{V}_8&=-z_6^{\mathrm{T}}P_6z_6+z_8^{\mathrm{T}}\dot{z}_8+z_7^{\mathrm{T}}\left[z_6+f_2+d_2-\dot{\alpha}_5+g_2\left(\alpha_6+z_7\right)\right]\\&=-z_6^{\mathrm{T}}P_6z_6+z_8^{\mathrm{T}}\left(\dot{z}_8+g_2^{\mathrm{T}}z_7\right)+z_7^{\mathrm{T}}\left(z_6+f_2+d_2-\dot{\alpha}_5+g_2\alpha_6\right)\end{aligned} \tag{8.81}$$

将函数 α_6 选取为

$$\alpha_6=-g_2^{-1}\left(z_6+f_2+\hat{d}_2-\dot{\alpha}_5+P_7z_z\right) \tag{8.82}$$

式中，$P_7\in\mathfrak{R}^{2\times2}$ 是正定矩阵，$\hat{d}_2$ 是利用上节设计的干扰观测器对式（8.73）中的 d_2 的估计值。

将式（8.82）代入式（8.81）可得

$$\begin{aligned}\dot{V}_8&=-(z_6^{\mathrm{T}}P_6z_6+z_7^{\mathrm{T}}P_7z_7)+z_8^{\mathrm{T}}\left(\dot{z}_8+g_2^{\mathrm{T}}z_7\right)\\&=-(z_6^{\mathrm{T}}P_6z_6+z_7^{\mathrm{T}}P_7z_7)+z_8^{\mathrm{T}}\left(g_2^{\mathrm{T}}z_7-\dot{\alpha}_6+\dot{\xi}_2\right)\end{aligned} \tag{8.83}$$

至此，已经针对欠驱动子系统 S_1 和全驱动子系统 S_2 完成了反步设计的过程，接下来将要考虑的是针对输入控制子系统的设计问题，以及获得最终的实际控制律的问题。

8.4.4　反步输入控制

下面针对控制输入子系统给出获取最终的反步控制律的步骤。为四旋翼无人机系统选取李雅普诺夫函数如下

$$V=\sum_{i=1}^{8}z_i^{\mathrm{T}}z_i \tag{8.84}$$

利用式（8.72）、式（8.83）以及已经选取的中间函数 $\alpha_i\left(i=1,2,\cdots,6\right)$，对上式求一阶时间导数可得

$$\begin{aligned}\dot{V} &= -\sum_{i=1}^{4} \boldsymbol{z}_i^{\mathrm{T}} \boldsymbol{P}_i \boldsymbol{z}_i - \sum_{i=6}^{7} \boldsymbol{z}_i^{\mathrm{T}} \boldsymbol{P}_i \boldsymbol{z}_i + \boldsymbol{z}_5^{\mathrm{T}} \left(\boldsymbol{g}_1^{\mathrm{T}} \boldsymbol{z}_4 + \dot{\boldsymbol{\xi}}_1 - \dot{\boldsymbol{\alpha}}_4 \right) + \boldsymbol{z}_8^{\mathrm{T}} \left(\boldsymbol{g}_2^{\mathrm{T}} \boldsymbol{z}_7 + \dot{\boldsymbol{\xi}}_2 - \dot{\boldsymbol{\alpha}}_6 \right) \\ &= -\sum_{i=1}^{4} \boldsymbol{z}_i^{\mathrm{T}} \boldsymbol{P}_i \boldsymbol{z}_i - \sum_{i=6}^{7} \boldsymbol{z}_i^{\mathrm{T}} \boldsymbol{P}_i \boldsymbol{z}_i + \boldsymbol{z}_5^{\mathrm{T}} \left(\boldsymbol{g}_1^{\mathrm{T}} \boldsymbol{z}_4 + \boldsymbol{\varPsi}_1 \boldsymbol{u} - \dot{\boldsymbol{\alpha}}_4 \right) + \boldsymbol{z}_8^{\mathrm{T}} \left(\boldsymbol{g}_2^{\mathrm{T}} \boldsymbol{z}_7 + \boldsymbol{\varPsi}_2 u - \dot{\boldsymbol{\alpha}}_6 \right)\end{aligned} \tag{8.85}$$

式中，$\{\boldsymbol{\varPsi}_1, \boldsymbol{\varPsi}_2\} \in \Re^{2\times4}$ 由下式获取

$$\begin{cases} \dot{\xi}_1(x_7) = \dfrac{\partial \xi_1(x_7)}{\partial \boldsymbol{x}_7} \dot{\boldsymbol{x}}_7 = \begin{bmatrix} 0 & d & 0 & -d \\ d & 0 & d & 0 \end{bmatrix} \boldsymbol{u} = \boldsymbol{\varPsi}_1 \boldsymbol{u} \\ \dot{\xi}_2(x_7) = \dfrac{\partial \xi_2(x_7)}{\partial \boldsymbol{x}_7} \dot{\boldsymbol{x}}_7 = \begin{bmatrix} 1 & 1 & 1 & 1 \\ c & -c & c & -c \end{bmatrix} \boldsymbol{u} = \boldsymbol{\varPsi}_2 \boldsymbol{u} \end{cases} \Rightarrow \begin{cases} \boldsymbol{\varPsi}_1 = \begin{bmatrix} 0 & d & 0 & -d \\ d & 0 & d & 0 \end{bmatrix} \\ \boldsymbol{\varPsi}_2 = \begin{bmatrix} 1 & 1 & 1 & 1 \\ c & -c & c & -c \end{bmatrix} \end{cases} \tag{8.86}$$

为了镇定式（8.85），可选取$\boldsymbol{\varPsi}_1 \boldsymbol{u}$和$\boldsymbol{\varPsi}_2 \boldsymbol{u}$如下

$$\begin{cases} \boldsymbol{\varPsi}_1 \boldsymbol{u} = -(\boldsymbol{g}_1^{\mathrm{T}} \boldsymbol{z}_4 - \dot{\boldsymbol{\alpha}}_4 + \boldsymbol{P}_5 \boldsymbol{z}_5) \\ \boldsymbol{\varPsi}_2 \boldsymbol{u} = -(\boldsymbol{g}_2^{\mathrm{T}} \boldsymbol{z}_7 - \dot{\boldsymbol{\alpha}}_6 + \boldsymbol{P}_8 \boldsymbol{z}_8) \end{cases} \tag{8.87}$$

式中，$\{\boldsymbol{P}_5, \boldsymbol{P}_8\} \in \Re^{2\times2}$ 为正定矩阵。因此，由式（8.87）可得到系统最终的实际控制律为

$$\boldsymbol{u} = -\begin{bmatrix} \boldsymbol{\varPsi}_1 \\ \boldsymbol{\varPsi}_2 \end{bmatrix}^{-1} \begin{bmatrix} \boldsymbol{g}_1^{\mathrm{T}} \boldsymbol{z}_4 - \dot{\boldsymbol{\alpha}}_4 + \boldsymbol{P}_5 \boldsymbol{z}_5 \\ \boldsymbol{g}_2^{\mathrm{T}} \boldsymbol{z}_7 - \dot{\boldsymbol{\alpha}}_6 + \boldsymbol{P}_8 \boldsymbol{z}_8 \end{bmatrix} \tag{8.88}$$

将式实际控制律（8.88）代入式（8.87），可得

$$\dot{V} = -\sum_{i=1}^{8} \boldsymbol{z}_i^{\mathrm{T}} \boldsymbol{P}_i \boldsymbol{z}_i < 0 \tag{8.89}$$

在这些反步过程中需要注意，考虑到$\{\phi,\theta\} \in (-\pi/2, \pi/2)$，很容易验证式（8.82）中的$\boldsymbol{g}_2$是非奇异的。考虑到$\{\boldsymbol{c},\boldsymbol{d}\} \in \Re^{+}$，同样很容易验证式（8.88）中的$[\boldsymbol{\varPsi}_1, \boldsymbol{\varPsi}_2]^{\mathrm{T}} \in \Re^{4\times4}$是非奇异的。

至此，由式（8.12）~式（8.14）表示的四旋翼无人机系统的可以通过选取虚拟函数$\alpha_i (i = 1,2,\cdots,6)$和反步控制律式（8.88）加以稳定。位置和偏航角轨迹向量$\{x, y, z, \psi\}$可以跟踪期望的轨迹向量$\{x_d, y_d, z_d, \psi_d\}$，并且俯仰角和偏航角$\{\phi,\theta\}$可以被稳定。

8.4.5 反步控制器的容错设计

考虑四旋翼无人机反步控制器的容错能力问题。具有容错能力的控制器能够在四旋翼无人机面对扰动甚至故障时，保证系统的一定程度的操作能力，达到自愈合控制效果。由于四旋翼无人机旋翼保护装置并不十分完备，再加上无人机采集道路交通信息时工作环境

的变化，旋翼损伤故障会偶有发生，导致执行器的失效故障，影响了无人机的飞行品质，对航拍和通信也带来了不利影响。因此，有必要增强控制器的容错能力。

考虑具有下面形式的非线性系统：

$$\dot{\boldsymbol{x}} = \boldsymbol{f}(\boldsymbol{x}) + \boldsymbol{g}(\boldsymbol{x})\boldsymbol{u} \tag{8.90}$$

式中，$\boldsymbol{x} \in \mathfrak{R}^n$ 为状态向量；$\boldsymbol{u} \in \mathfrak{R}^m$ 为输入向量。向量函数 $\boldsymbol{f}(\boldsymbol{x})$ 和 $\boldsymbol{g}(\boldsymbol{x})$ 是光滑的，并且 $\boldsymbol{f}(0) = 0$。

针对系统（8.90），给出以下两个假设。

假设 8.1：存在控制律 $\boldsymbol{u}_0(t,\boldsymbol{x})$ 使得闭环系统

$$\dot{\boldsymbol{x}} = \boldsymbol{f}(\boldsymbol{x}) + \boldsymbol{g}(\boldsymbol{x})\boldsymbol{u}_0(t,\boldsymbol{x}) \tag{8.91}$$

对于任意的 $\boldsymbol{x}_{t_0} \in D$ 和任意的 $t \geqslant t_0$ 满足 $\|\boldsymbol{x}(t)\| \leqslant \beta(\|\boldsymbol{x}(t_0)\|, t - t_0)$。其中，$\boldsymbol{D} = \left\{\boldsymbol{x} \in \mathfrak{R}^n \,\middle\|\, \|\boldsymbol{x}\| < r_0\right\}$，$r_0 > 0$，$\beta$ 是一类 KL 函数。

假设 8.2：带有执行器乘性失效故障的情况

$$\dot{\boldsymbol{x}} = \boldsymbol{f}(\boldsymbol{x}) + \boldsymbol{g}(\boldsymbol{x})\Lambda u \tag{8.92}$$

式中，对角矩阵 $\Lambda = diag(\Lambda_{ii})$ 为失效乘性失效因子，$0 < \varepsilon \leqslant \Lambda_{ii} \leqslant 1$。

将四旋翼无人机反步控制器的容错能力问题表述为：已知系统（8.90）可被闭环控制律 $\boldsymbol{u}_0(t,\boldsymbol{x})$ 所稳定，且假设 8.1 同时成立，为带有执行器失效故障的系统（8.92）设计闭环稳定控制律。下面的定理给出了针对故障系统（8.92）的控制律。

定理 8.2：控制律

$$\boldsymbol{u}(t,\boldsymbol{x}) = \boldsymbol{u}_0(t,\boldsymbol{x}) - \mathrm{sgn}\left(\left(\frac{\partial V}{\partial \boldsymbol{x}}\boldsymbol{g}\right)^{\mathrm{T}}\right) \times \left(\|\boldsymbol{u}_0\| + \|\boldsymbol{u}_0\|\boldsymbol{\beta}/\varepsilon\right) \tag{8.93}$$

可保证由式（8.92）和式（8.93）构成的闭环系统的平衡点在 $\boldsymbol{D}$ 内是一致渐进稳定的，其中 $\beta \geqslant 1$，$\boldsymbol{u}_0$ 满足假设 8.1，V 为系统（8.90）的李雅普诺夫函数，$\mathrm{sgn}(\cdot)$ 为符号函数。

证明 8.2：根据假设 8.1，存在李雅普诺夫函数使得

$$\alpha_1(\|\boldsymbol{x}\|) \leqslant V(t,\boldsymbol{x}) \leqslant \alpha_2(\|\boldsymbol{x}\|),\quad \frac{\partial V}{\partial t} + \frac{\partial V}{\partial \boldsymbol{x}}(\boldsymbol{f} + \boldsymbol{g}\boldsymbol{u}_0) \leqslant -\alpha_3(\|\boldsymbol{x}\|),\quad \frac{\partial V}{\partial \boldsymbol{x}} \leqslant \alpha_4(\|\boldsymbol{x}\|) \tag{8.94}$$

式中，$\alpha_i (i = 1,2,3,4)$ 是 $\boldsymbol{D}$ 域内的 $\boldsymbol{K}$ 函数。则 $\boldsymbol{V}$ 沿闭环故障系统的导数如下：

$$
\begin{aligned}
\frac{\mathrm{d}V}{\mathrm{d}t} &= \frac{\partial V}{\partial \boldsymbol{x}}(\boldsymbol{f}+\boldsymbol{g}\boldsymbol{\Lambda}\boldsymbol{u})+\frac{\partial V}{\partial t}=\frac{\partial V}{\partial \boldsymbol{x}}\boldsymbol{f}+\frac{\partial V}{\partial \boldsymbol{x}}\boldsymbol{g}\boldsymbol{\Lambda}\boldsymbol{u}+\frac{\partial V}{\partial t} \\
&= \frac{\partial V}{\partial \boldsymbol{x}}\boldsymbol{f}+\frac{\partial V}{\partial t}+\frac{\partial V}{\partial \boldsymbol{x}}\boldsymbol{g}\boldsymbol{u}+\frac{\partial V}{\partial \boldsymbol{x}}\boldsymbol{g}\boldsymbol{\Omega}\boldsymbol{u}\Big|_{\boldsymbol{\Omega}=\boldsymbol{I}_{\mathrm{m}\times\mathrm{m}}-\boldsymbol{\Lambda}} \\
&= \frac{\partial V}{\partial \boldsymbol{x}}\boldsymbol{f}+\frac{\partial V}{\partial \boldsymbol{x}}\boldsymbol{g}\boldsymbol{u}_0+\frac{\partial V}{\partial t}+\frac{\partial V}{\partial \boldsymbol{x}}\boldsymbol{g}\boldsymbol{\Omega}\tilde{\boldsymbol{u}}+\frac{\partial V}{\partial \boldsymbol{x}}\boldsymbol{g}\boldsymbol{\Omega}\boldsymbol{u} \\
&\leqslant -\boldsymbol{\alpha}_3(\|x\|)+\left\|\frac{\partial V}{\partial \boldsymbol{x}}\boldsymbol{g}\right\|_1\|\boldsymbol{\Omega}\|_\infty\|\boldsymbol{u}_0\|+\frac{\partial V}{\partial \boldsymbol{x}}\boldsymbol{g}\boldsymbol{\Lambda}\left(-\mathrm{sgn}\left(\left(\frac{\partial V}{\partial \boldsymbol{x}}\boldsymbol{g}\right)^{\mathrm{T}}\right)\times\left(\|\boldsymbol{u}_0\|+\|\boldsymbol{u}_0\|\beta/\varepsilon\right)\right) \\
&\leqslant -\boldsymbol{\alpha}_3(\|x\|)+(1-\|\boldsymbol{\Lambda}\|_{\min})\left\|\frac{\partial V}{\partial \boldsymbol{x}}g\right\|_1\|\boldsymbol{u}_0\|-\beta\left\|\frac{\partial V}{\partial \boldsymbol{x}}g\right\|_1\|\boldsymbol{u}_0\|\|\boldsymbol{\Lambda}\|_{\min}\Big/\varepsilon \\
&\leqslant -\boldsymbol{\alpha}_3(\|x\|)+\left\|\frac{\partial V}{\partial \boldsymbol{x}}\boldsymbol{g}\right\|_1\|\boldsymbol{u}_0\|-\beta\left\|\frac{\partial V}{\partial \boldsymbol{x}}\boldsymbol{g}\right\|_1\|\boldsymbol{u}_0\|\Big|_{0<\varepsilon\leqslant\|\boldsymbol{\Lambda}\|_{\min}\leqslant 1} \\
&\leqslant -\boldsymbol{\alpha}_3(\|x\|)+\left\|\frac{\partial V}{\partial \boldsymbol{x}}\boldsymbol{g}\right\|_1\|\boldsymbol{u}_0\|(1-\boldsymbol{\beta})\leqslant-\boldsymbol{\alpha}_3(\|\boldsymbol{x}\|)\Big|_{\beta\geqslant 1}
\end{aligned}
\tag{8.95}
$$

式中，$\tilde{\boldsymbol{u}}=-\mathrm{sgn}\left(\left(\frac{\partial V}{\partial \boldsymbol{x}}\boldsymbol{g}\right)^{\mathrm{T}}\right)\times\left(\|\boldsymbol{u}_0\|+\|\boldsymbol{u}_0\|\beta/\varepsilon\right)$。

为上述系统设计具有容错能力的控制器的思路是，如果已知标称系统的闭环稳定控制器和对应的李雅普诺夫函数，那么基于标称控制器和李雅普诺夫函数设计的自愈合控制律对于执行器故障系统是有效的。另外，在实际应用中要注意控制律（8.93）的不连续性可能会引起震颤效应，这通常通过用连续函数，如饱和函数，来逼近不连续的函数加以解决。

至此，这里已解决了能够保证四旋翼无人机轨迹跟踪性能的具有一定容错能力的反步控制器的设计问题，所设计的控制器利用观测器的干扰估计项进行扰动补偿，且针对执行器失效故障具有一定的容错能力，具有功能自愈合能力。

8.5 系统仿真验证与分析

为验证本章所提出的自愈合控制方法的有效性，使用 MATLAB/Simulink 平台对系统存在线性外生干扰和执行器故障的情况下进行了仿真。首先，针对无故障的情况进行了仿真，并且分别给出了控制律（8.88）和控制律（8.93）作用下的控制效果。对执行器失效故障的情况进行了仿真，且分别给出了控制律（8.88）和控制律（8.93）作用下的控制效果。需要说明的是，在仿真时使用了连续函数逼近 8.4 节的不连续控制律。另外，反步设计过程中一些未知参数的选取对系统的控制性能有一定的影响，应小心选取，以期取得较好的效果。在仿真过程中，给定的位置和偏航角期望轨迹是$\{\cos(t),\sin(t),0.5t,\sin(0.5t)\}$，涉及系统参数以及控制器设计参数如表 8.1 所示。

表 8.1　四旋翼无人机系统参数及控制器参数

参数	取值	单位	参数	取值
m	2	kg	P_1	$10I_{2\times2}$
d	0.2	m	P_2	$10I_{2\times2}$
0.01	0.01	m	P_3	$10I_{2\times2}$
K_t	$10^{-2}I_{3\times3}$	N·s·m	P_4	$10I_{2\times2}$
I_x	1.24	$\mathrm{N\cdot m\cdot s^2/rad}$	P_5	$20I_{2\times2}$
I_y	1.24	$\mathrm{N\cdot m\cdot s^2/rad}$	P_6	$10I_{2\times2}$
I_z	2.48	$\mathrm{N\cdot m\cdot s^2/rad}$	P_7	$10I_{2\times2}$
K_r	$10^{-3}I_{3\times3}$	N·m·s/rad	P_8	$20I_{2\times2}$

仿真实验一：外部扰动下的控制效果

在这个仿真实验中，研究了外部扰动下的反步控制器和带有容错能力的反步控制器的控制效果。假设存在的外部干扰是恒定速度（0.5m/s）和恒定方向的阵风，其中所设计的反步控制器使用了干扰观测器的估计项，因而能够对外部扰动进行有效的干扰补偿。仿真初始条件设置为$\{x_0,y_0,z_0,\psi_0\}=\{0,1,0,0\}$，反步过程中涉及的参数矩阵如表 8.1 所示。仿真结果在图 8.3~图 8.6 中分别给出。

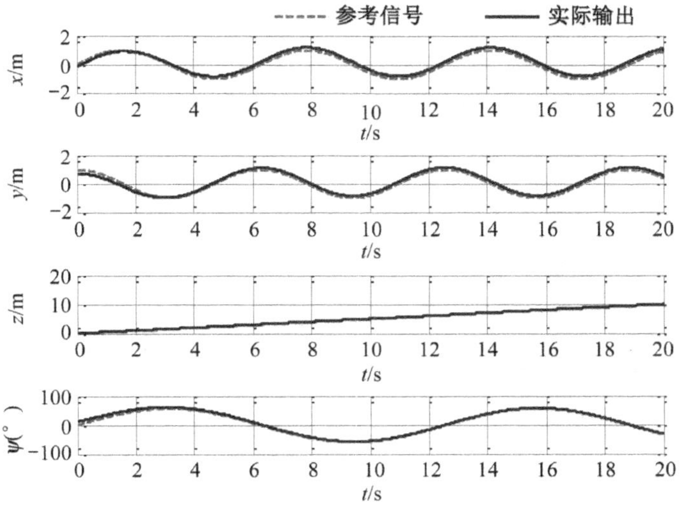

图 8.3　反步控制器下的参考轨迹输出（虚线）和实际输出（实线）

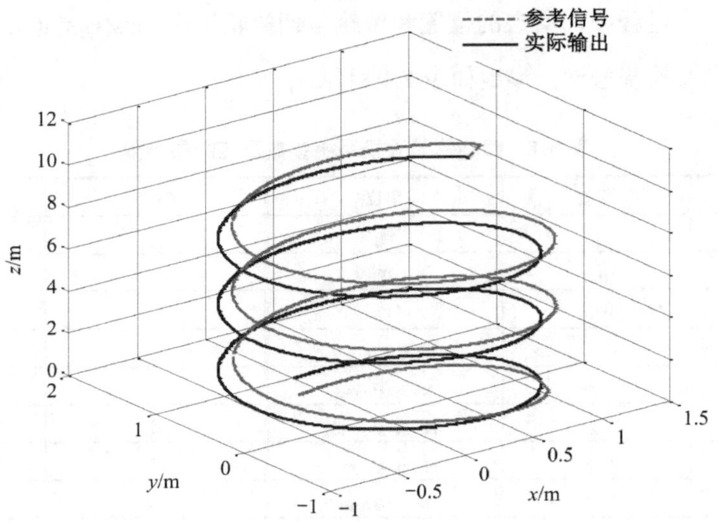

图 8.4　反步控制器作用下轨迹跟踪三维效果图

从图 8.3 和图 8.4 中可看出，进行干扰补偿的反步控制器在外界扰动存在时都能够稳定四旋翼无人机系统，保证轨迹跟踪的效果。这说明所设计的非线性干扰观测器能够估计出系统中存在外部阵风干扰，并在控制设计中进行了有效的补偿。

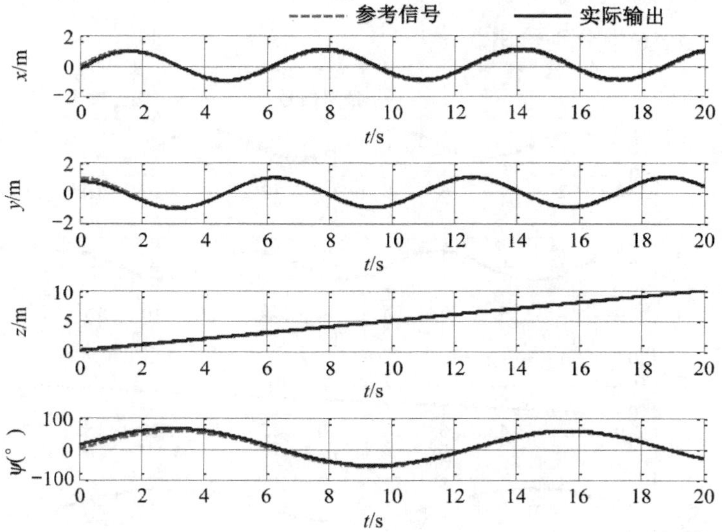

图 8.5　容错反步控制器下的参考轨迹输出（虚线）和实际输出（实线）

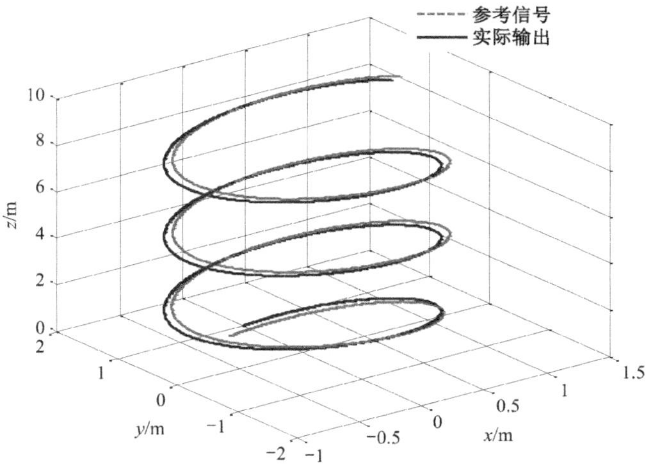

图 8.6　容错反步控制器作用下轨迹跟踪三维效果图

从图 8.5 和图 8.6 可看出针对执行器失效故障设计的容错控制器在系统没有故障时也能良好的工作，控制性能比只进行纯粹的干扰估计和补偿时的控制效果要好。这是因为容错控制器是在干扰补偿的前提下添加额外控制项，这种控制效果是额外控制项所带来的，是牺牲控制能耗换取的。

仿真实验二：执行器失效故障下的控制效果

设计该组实验用来验证系统存在执行器失效故障时反步控制器和容错反步控制器的控制效果。执行器失效故障发生在仿真时间的第 15s，并且失效因子设置为 20%，仿真过程中假设外生线性干扰一直存在。

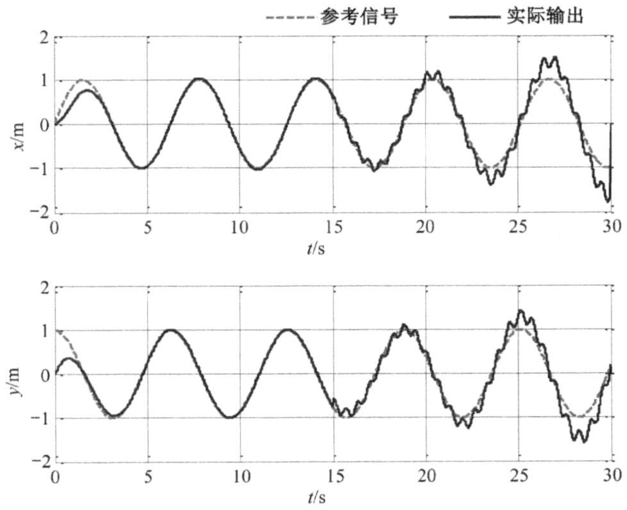

图 8.7　执行器失效故障时反步控制器下的水平轨迹

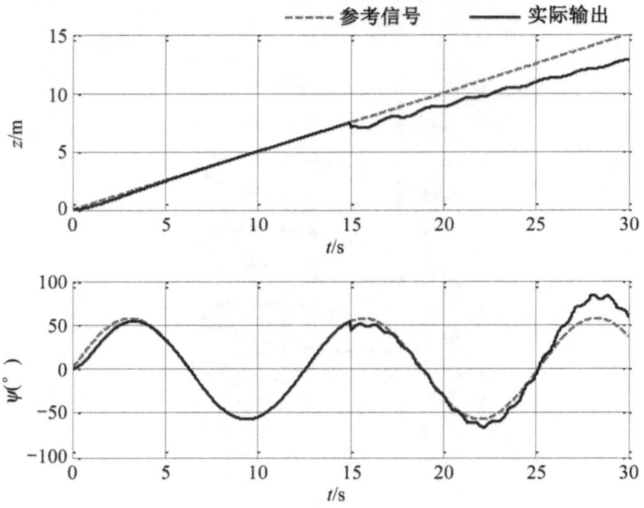

图 8.8　执行器失效故障时反步控制器下的高度和偏航角轨迹

图 8.7 和图 8.8 说明反步控制器已经不能处理执行器失效故障，位置轨迹和偏航角轨迹都偏离了期望的轨迹，并且有着明显的发散趋势。从图 8.8 中可看到四旋翼无人机高度的上升趋势变慢，这是执行器失效故障导致升力降低的直观体现。

图 8.9 和图 8.10 表明在经过一定的调节时间之后，容错控制器实现了对执行器失效率的补偿，且无人机的位置和偏航角也被稳定在期望的轨迹上。在故障发生数秒之后，系统的性能又在一定程度上恢复到了故障前的状态。比较这两组图可得到以下结论，标称控制器在系统发生执行器失效故障时，无法保证系统的轨迹跟踪能力，而容错控制器在一定程度上能够成功处理执行器失效故障。

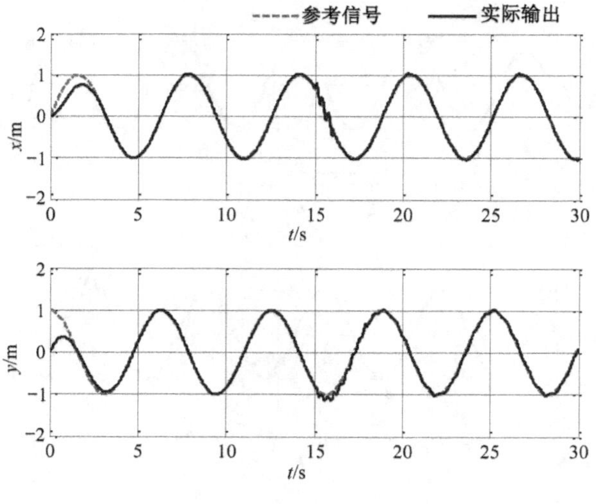

图 8.9　执行器失效故障时容错反步控制器下的高度和偏航角轨迹

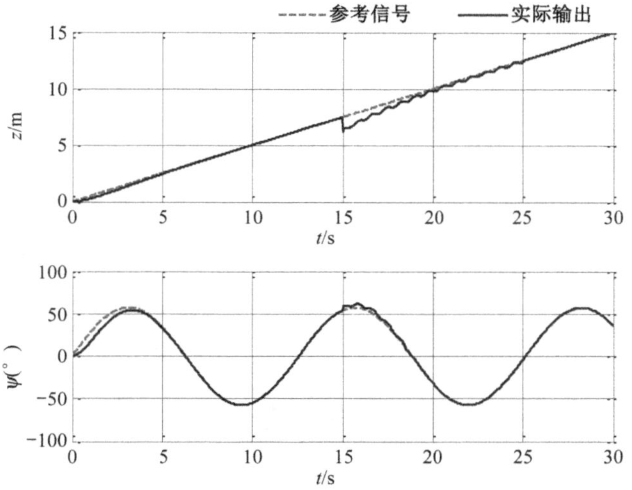

图 8.10　执行器失效故障时容错反步控制器下的高度和偏航角轨迹

8.6　本章小结

本章为四旋翼无人机设计了具有一定容错能力的轨迹跟踪控制器，在构建控制器的过程中，设计了干扰观测器，用来估计模型中建模的干扰块，所得到的扰动估计项继而在反步控制器的设计中被加以利用，实现了对系统扰动的补偿。针对执行器失效故障，对控制器进行了容错能力的设计，从而使得所设计的控制器能够在干扰和故障的情况下保证系统一定程度的性能要求。仿真结果表明了所设计的控制器能够较好地实现轨迹跟踪的控制目标，并且对干扰和故障具有一定的容错能力，达到较好的自愈合控制效果。

第 9 章

四旋翼无人机的鲁棒反步滑模控制设计

9.1 引 言

容错控制技术一般分为主动容错和被动容错[130]。主动容错控制技术，顾名思义，是指控制系统在发生未知的故障时，通过故障检测和故障诊断机制自动识别出故障信息，进而通过重构控制律实现系统的稳定和保证系统的性能。主动容错控制系统一般比较复杂，需要包含故障检测和隔离（Fault Detection and Isolation，FDI）单元用以检测、隔离和表示所发生的故障，还需要包含控制器重构单元，它根据所检测到的故障结果来调整控制器的参数和结构，补偿故障对系统造成的影响。主动容错控制的优点是不需要预先对系统可能发生的故障进行假设，也无需先验知识的支撑，并且能够针对较多种类的故障进行有效处理[131]。但是，主动容错控制技术通常意味着繁重的数学计算、准确的数学模型以及控制器的切换，这对一些复杂的非线性系统来说会是一个不小的挑战，尤其是考虑到这些系统中存在未建模项以及系统的切换稳定性问题。而被动容错控制技术，是指在假设的范围内设计鲁棒控制律，不需要对故障信息进行检测和隔离，且在故障发生后不需要改变控制律的参数和结构。被动容错闭环系统对故障不敏感，能够在假定的故障状况下维持系统稳定和保证系统的动态性能。

本章将利用滑模控制对模型参数以及外部扰动不敏感的特点，为四旋翼无人机设计具有一定鲁棒能力的分层反步滑模控制器。在控制器的设计过程中，不再专门对外部干扰建模，因而干扰观测器的设计工作也不再是必需的。另外，四旋翼无人机系统不需要被人为地划分成全驱动子系统和欠驱动子系统。相反，系统被自然地划分为内环姿态角系统和外环位置系统，并且控制器的设计也是按照内外回路的思想进行的。同时，由于滑模控制本身对扰动不敏感的特点，所设计的反步滑模控制器对外界干扰具有一定的鲁棒能力[132]。

9.2　四旋翼无人机数学模型

考虑四旋翼无人机的非线性数学模型直接来自第 8 章中对无人机的建模，但是又有所不同。在本章中，所考虑的四旋翼无人机模型不再对外部线性扰动建模，另外，模型参数的摄动问题也在建模过程中也不予考虑。希望通过滑模控制本身对外部扰动和模型参数的不敏感特点来实现无人机控制系统的鲁棒能力。

这里考虑的四旋翼无人机具有如下所示的仿射非线性模型：

$$\dot{\boldsymbol{X}} = \boldsymbol{f}(\boldsymbol{X}) + \boldsymbol{g}(\boldsymbol{X})\boldsymbol{U} \tag{9.1}$$

式中，$\boldsymbol{X} = \left[\phi,\dot{\phi},\theta,\dot{\theta},\psi,\dot{\psi},x,\dot{x},y,\dot{y},z,\dot{z}\right]^{\mathrm{T}} \in \mathfrak{R}^{12}$ 是状态向量，ϕ、θ、Ψ 的含义与第 8 章相同，分别为滚转角、俯仰角和偏航角；x、y 和 z 分别为相对地面坐标系的水平位置和高度；$\boldsymbol{U}=[\boldsymbol{U}_1,\boldsymbol{U}_2,\boldsymbol{U}_3,\boldsymbol{U}_4]$ 为系统的控制输入；函数 $\boldsymbol{f}$ 和函数 $\boldsymbol{g}$ 是论域内的光滑函数。系统(9.1)是按照第 8 章的建模过程得到的，但是忽略了对外部扰动以及模型不确定性的考虑，得到的是一个标称的仿射非线性模型。为了便于对姿态角系统和位置系统进行控制设计，将仿射形式（9.1）写成状态空间形式，如下式所示：

$$\begin{cases}
\dot{\boldsymbol{x}}_1 = \boldsymbol{x}_2 \\
\dot{\boldsymbol{x}}_2 = \boldsymbol{a}_1\boldsymbol{x}_4\boldsymbol{x}_6 + \boldsymbol{a}_2\boldsymbol{\varpi}\boldsymbol{x}_4 - \boldsymbol{a}_3\boldsymbol{x}_2 + \boldsymbol{U}_1 \\
\dot{\boldsymbol{x}}_3 = \boldsymbol{x}_4 \\
\dot{\boldsymbol{x}}_4 = \boldsymbol{a}_4\boldsymbol{x}_2\boldsymbol{x}_6 + \boldsymbol{a}_5\boldsymbol{\varpi}\boldsymbol{x}_2 - \boldsymbol{a}_6\boldsymbol{x}_4 + \boldsymbol{U}_2 \\
\dot{\boldsymbol{x}}_5 = \boldsymbol{x}_6 \\
\dot{\boldsymbol{x}}_6 = \boldsymbol{a}_7\boldsymbol{x}_2\boldsymbol{x}_4 - \boldsymbol{a}_8\boldsymbol{x}_6 + \boldsymbol{U}_3 \\
\dot{\boldsymbol{x}}_7 = \boldsymbol{x}_8 \\
\dot{\boldsymbol{x}}_8 = (\boldsymbol{C}_{x_1}\boldsymbol{S}_{x_3}\boldsymbol{C}_{x_5} + \boldsymbol{S}_{x_1}\boldsymbol{S}_{x_5})\boldsymbol{U}_4 - \boldsymbol{a}_9\boldsymbol{x}_8 \\
\dot{\boldsymbol{x}}_9 = \boldsymbol{x}_{10} \\
\dot{\boldsymbol{x}}_{10} = (\boldsymbol{C}_{x_1}\boldsymbol{S}_{x_3}\boldsymbol{S}_{x_5} - \boldsymbol{S}_{x_1}\boldsymbol{S}_{x_5})\boldsymbol{U}_4 - \boldsymbol{a}_{10}\boldsymbol{x}_{10} \\
\dot{\boldsymbol{x}}_{11} = \boldsymbol{x}_{12} \\
\dot{\boldsymbol{x}}_{12} = -\boldsymbol{g} + (\boldsymbol{C}_{x_1}\boldsymbol{C}_{x_3})\boldsymbol{U}_4 - \boldsymbol{a}_{11}\boldsymbol{x}_{12}
\end{cases} \tag{9.2}$$

式中，$\boldsymbol{\varpi}$ 为和电机转速相关的在线可测量，在设计控制器时可直接获取；a_i、（$i=1,2,\cdots,11$）是规范化了的参数，其定义如下

$$\begin{aligned}
&a_1=\frac{\boldsymbol{I}_y-\boldsymbol{I}_z}{\boldsymbol{I}_x},\ a_2=\frac{\boldsymbol{J}_r}{\boldsymbol{I}_x},\ a_3=\frac{\boldsymbol{d}_\phi}{\boldsymbol{I}_x},\ a_4=\frac{\boldsymbol{I}_z-\boldsymbol{I}_x}{\boldsymbol{I}_y}\\
&a_5=\frac{\boldsymbol{J}_r}{\boldsymbol{I}_y},\ a_6=\frac{\boldsymbol{d}_\theta}{\boldsymbol{I}_y},\ a_7=\frac{\boldsymbol{I}_x-\boldsymbol{I}_y}{\boldsymbol{I}_z},\ a_8=\frac{\boldsymbol{d}_\psi}{\boldsymbol{I}_z}\\
&a_9=\frac{\boldsymbol{d}_x}{\boldsymbol{m}},\ a_{10}=\frac{\boldsymbol{d}_y}{\boldsymbol{m}},\ a_{11}=\frac{\boldsymbol{d}_z}{\boldsymbol{m}}
\end{aligned} \tag{9.3}$$

式中，$\boldsymbol{I}_x$、$\boldsymbol{I}_y$ 和 $\boldsymbol{I}_z$ 为四旋翼无人机的绕各个机体坐标轴的转动惯量，和第 8 章中含义相同；$\boldsymbol{J}_r$ 为四旋翼直流无刷电机的转动惯量；$\boldsymbol{d}_x$、$\boldsymbol{d}_y$ 和 $\boldsymbol{d}_z$ 为对应的气动阻力系数，它们的含义和第 8 章中的系数矩阵 $\boldsymbol{K}_r$ 和 $\boldsymbol{K}_t$ 对应。

这样，就得到了四旋翼无人机的常规非线性模型，在后续的章节中将针对模型（9.2）设计基于反步滑模控制技术的轨迹跟踪控制器，实现无人机在外界干扰和模型不确定下有效控制。

9.3 姿态角系统轨迹跟踪滑模控制设计

四旋翼无人机是典型的欠驱动系统，无法同时实现对所有输出的跟踪控制。本章的控制目标是实现对无人机位置轨迹以及偏航角轨迹的跟踪控制，为此，首先给出内环姿态角系统的快速跟踪控制算法，在此基础上再通过内环对外环的驱动，实现外环位置的有效控制。本节将利用滑模控制技术为四旋翼无人机的姿态角系统设计具有快速跟踪能力的姿态角滑模控制器，使得俯仰角和滚转角 $\{\phi(t),\theta(t)\}$ 能够跟踪期望的轨迹 $\{\phi_d(t),\theta_d(t)\}$。在进行姿态角系统控制器设计之前，先简要介绍滑模控制的相关理论。

9.3.1 滑模控制相关知识

在滑模控制系统中，控制器利用不连续的控制信号改变系统的动态性能，从而迫使系统轨迹朝着期望的滑模面滑动，这种沿着限定边界滑动的系统运动被称为滑模运动。在滑模控制中，所设计的状态反馈控制律并不是时间的连续函数，控制律会依据当前空间状态

的不同而在不同的控制结构之间进行切换。因此，滑模控制是一种变结构控制方法。滑模控制器迫使动态系统的轨迹滑向一个受限（降阶）的滑模子空间。在受限子空间里，系统运行的轨迹具有理想的性质。滑模控制最大的优势就是鲁棒性好，允许模型不确定性的存在，而且对参数变化也不敏感。

考虑下面的非线性动力学系统：

$$\dot{\boldsymbol{x}}(t)=\boldsymbol{f}(\boldsymbol{x},t)+\boldsymbol{B}(\boldsymbol{x},t)\boldsymbol{u}(t) \tag{9.4}$$

式中，$\boldsymbol{u}(t)=(u_1(t),u_2(t),\cdots,u_{m-1}(t),u_m(t))^{\mathrm{T}}\in\boldsymbol{R}^m$ 是 m 维输入向量，是为系统设计的反馈控制律；$\boldsymbol{x}(t)=(\boldsymbol{x}_1(t),\boldsymbol{x}_2(t),\cdots,\boldsymbol{x}_{n-1}(t),\boldsymbol{x}_n(t))^{\mathrm{T}}\in\boldsymbol{R}^n$ 是 n 维状态向量；函数 $\boldsymbol{f}:\boldsymbol{R}^n\times\boldsymbol{R}\rightarrow\boldsymbol{R}^n$，$\boldsymbol{B}:\boldsymbol{R}^n\times\boldsymbol{R}\rightarrow\boldsymbol{R}^m$ 是连续且足够光滑的函数。

在使用滑模方法进行控制时，假设系统状态空间存在某一个子空间，在该子空间内运行时系统具有理想的动态性能。那么滑模控制的目的就是迫使系统轨迹进入这个子空间并且停留在这个子空间。这个低阶子空间，通常被称为滑模超平面，利用反馈控制能够保证闭环系统轨迹沿着这个滑模超平面滑动。滑模控制方法包含以下两个步骤：

（1）选择滑模超平面，并且使得在这个超平面上系统轨迹具有理想的动态性能。

（2）寻找反馈增益使得系统轨迹能够进入并且停留在这个选定的超平面上。

滑模控制的切换函数 $\boldsymbol{\sigma}:\boldsymbol{R}^n\rightarrow\boldsymbol{R}^m$ 的定义如下：

（1）当状态变量 $\boldsymbol{x}$ 不在滑模面上时，$\sigma(\boldsymbol{x})\neq 0$。

（2）当状态变量 $\boldsymbol{x}$ 在滑模面上时，$\sigma(\boldsymbol{x})=0$。

滑模控制律根据切换函数 $\sigma(\boldsymbol{x})$ 的符号进行切换，使得 $\sigma(\boldsymbol{x})$ 始终朝着 $\sigma(\boldsymbol{x})=0$ 的目标运动，且期望的状态轨迹 $\boldsymbol{x}(t)$ 会因控制律的不连续性而在有限时间内到达滑模面。

对系统（9.4）来说，滑模超平面维度是 $n\times m$，其中 n 是状态变量 $\boldsymbol{x}$ 的分量数目，m 是输入向量 $\boldsymbol{u}$ 的分量数目。对于任意控制分量 $\boldsymbol{u}_k$，存在对应的 $n\times 1$ 维度的如下滑模面：

$$\left\{\boldsymbol{x}\in\boldsymbol{R}^n:\sigma_k(\boldsymbol{x})=0\right\} \tag{9.5}$$

滑模控制的关键就是选择合适的控制律，使得滑动模态（由 $\sigma(\boldsymbol{x})=0$ 刻画）存在且可达。为迫使系统状态变量 $\boldsymbol{x}$ 满足 $\sigma(\boldsymbol{x})=0$，必须确保以下两点：

（1）对系统来说，从任何初始状态出发最终都能到达 $\sigma(\boldsymbol{x})=0$ 滑模面。

（2）系统轨迹一旦到达 $\sigma(\boldsymbol{x})=0$，控制作用必须能将系统维持在 $\sigma(\boldsymbol{x})=0$ 滑模面。

下面给出滑模控制中比较重要的几个定理。

定理 9.1： 滑动模态的存在性定理

选取系统（9.4）的李雅普诺夫函数如下：

$$V[\sigma(\boldsymbol{x})]=\frac{1}{2}\boldsymbol{\sigma}^{\mathrm{T}}(\boldsymbol{x})\boldsymbol{\sigma}(\boldsymbol{x})=\frac{1}{2}\|\boldsymbol{\sigma}(\boldsymbol{x})\|_2^2 \tag{9.6}$$

式中，$\|\cdot\|_2$ 是欧里几何范数。对于系统（9.4）和给定的滑模面（9.5），滑模运动存在的充分条件在滑模面 $\sigma(\boldsymbol{x})=0$ 的一个邻域内满足

$$\boldsymbol{\sigma}^{\mathrm{T}}\dot{\boldsymbol{\sigma}}<0 \tag{9.7}$$

概略地讲，为了满足 $\boldsymbol{\sigma}^{\mathrm{T}}\dot{\boldsymbol{\sigma}}<0$，必须选择反馈控制律 $\boldsymbol{u}(\boldsymbol{x})$ 使得 $\boldsymbol{\sigma}$ 和 $\dot{\boldsymbol{\sigma}}$ 符号相反，也就是当 $\boldsymbol{\sigma}(\boldsymbol{x})$ 符号为正时，$\boldsymbol{u}(\boldsymbol{x})$ 使得 $\dot{\boldsymbol{\sigma}}(\boldsymbol{x})$ 符号为负；当 $\boldsymbol{\sigma}(\boldsymbol{x})$ 符号为负时，$\boldsymbol{u}(\boldsymbol{x})$ 使得 $\boldsymbol{u}(\boldsymbol{x})$ 符号为正。

注意到有

$$\dot{\boldsymbol{\sigma}}=\frac{\partial\boldsymbol{\sigma}}{\partial\boldsymbol{x}}\dot{\boldsymbol{x}}=\frac{\partial\boldsymbol{\sigma}}{\partial\boldsymbol{x}}\underbrace{(\boldsymbol{f}(\boldsymbol{x},t)+\boldsymbol{B}(\boldsymbol{x},t)\boldsymbol{u}(t))}_{\dot{\boldsymbol{x}}} \tag{9.8}$$

因而，反馈控制律 $\boldsymbol{u}(\boldsymbol{x})$ 直接影响到 $\dot{\boldsymbol{\sigma}}$。

定理 9.2： 有限时间内可达性

为了保证有限时间内到达滑模面 $\sigma(\boldsymbol{x})=0$，$\mathrm{d}V/\mathrm{d}t$ 必须要有界远离原点，即满足

$$\frac{\mathrm{d}V}{\mathrm{d}t}\leqslant-\mu(\sqrt{V})^{\alpha} \tag{9.9}$$

式中，$\mu>0$，$0<\alpha\leqslant1$ 是常数。考虑到李雅普诺夫函数和切换函数 $\boldsymbol{\sigma}(\boldsymbol{x})$ 的关系，式（9.9）可写成

$$\boldsymbol{\sigma}^{\mathrm{T}}\dot{\boldsymbol{\sigma}}\leqslant-\mu(\|\sigma\|_2)^{\alpha} \tag{9.10}$$

在这里简单讨论一下 σ 是标量的情况，这种情况下有限时间可达性的条件就变成

$$\sigma\dot{\sigma}\leqslant-\mu|\sigma|^{\alpha} \tag{9.11}$$

取 $\alpha=1$，则上式变成

$$\mathrm{sgn}(\sigma)\dot{\sigma}\leqslant-\mu \tag{9.12}$$

进一步等价于

$$\mathrm{sgn}(\sigma)\neq\mathrm{sgn}(\dot{\sigma}),\quad |\dot{\sigma}|\geqslant\mu>0 \tag{9.13}$$

也就是说，系统会朝着滑模面 $\sigma=0$ 运动，且运动速度具有非零的下界。所以，即使 σ 随着状态量到达滑模面 $\sigma(\boldsymbol{x})=0$ 的过程而渐渐趋近于零，$\dot{\sigma}$ 仍然会一定程度地远离于零。因而，滑模控制律会因在滑模面两侧的来回切换而导致不连续。

定理 9.3：吸引域定理

对于系统（9.4）和滑模面（9.5），能够到达滑模面 $\{x \in R^n : \sigma(x) = 0\}$ 的初始状态子空间（吸引域）由下式给出

$$\{\boldsymbol{x} \in \boldsymbol{R}^n : \boldsymbol{\sigma}^{\mathrm{T}}(\boldsymbol{x})\boldsymbol{\sigma}(\boldsymbol{x}) < 0\} \tag{9.14}$$

也就是说当初始状态落在上述子空间时，状态变量 x 最终会移动到滑模面 $\sigma(\boldsymbol{x}) = 0$ 上。更进一步，如果定理 9.1 中可达性条件也能满足的话，系统会在有限时间内到达滑模面上。

定理 9.4：滑模运动

假设 $(\partial\sigma/\partial\boldsymbol{x})\boldsymbol{B}(\boldsymbol{x},t)$ 是非奇异的，则系统的可控性会确保存在控制量迫使系统轨迹靠近滑模面。一旦到达滑模面，系统就会保持在滑模面 $\sigma(\boldsymbol{x}) = 0$ 上，也就是 $\sigma(\boldsymbol{x})$ 是一个常数，所以滑模轨迹可以有一个一阶微分方程 $\dot{\boldsymbol{\sigma}} = 0$ 来刻画，亦即

$$\frac{\partial\sigma}{\partial\boldsymbol{x}}\underbrace{(\boldsymbol{f}(\boldsymbol{x},t) + \boldsymbol{B}(\boldsymbol{x},t)\boldsymbol{u}(t))}_{\dot{\boldsymbol{x}}} = 0 \tag{9.15}$$

那么，等价控制律 $\boldsymbol{u}$ 就可通过求解上述方程获得

$$\boldsymbol{u} = -\left(\frac{\partial\sigma}{\partial\boldsymbol{x}}\boldsymbol{B}(\boldsymbol{x},t)\right)^{-1}\frac{\partial\sigma}{\partial\boldsymbol{x}}\boldsymbol{f}(\boldsymbol{x},t) \tag{9.16}$$

尽管实际控制律 $\boldsymbol{u}$ 是不连续的，但滑模面两侧的快速切换使得系统表现出在连续控制量作用下的效果。同样地，在等价控制律作用下，系统轨迹具有下面形式：

$$\begin{aligned}\dot{\boldsymbol{x}} &= \underbrace{\boldsymbol{f}(\boldsymbol{x},t) - \boldsymbol{B}(\boldsymbol{x},t)\left(\frac{\partial\sigma}{\partial\boldsymbol{x}}\boldsymbol{B}(\boldsymbol{x},t)\right)^{-1}\frac{\partial\sigma}{\partial\boldsymbol{x}}\boldsymbol{f}(\boldsymbol{x},t)}_{\boldsymbol{f}(\boldsymbol{x},t)+\boldsymbol{B}(\boldsymbol{x},t)\boldsymbol{u}(t)} \\ &= \boldsymbol{f}(\boldsymbol{x},t)\left(\boldsymbol{I} - \boldsymbol{B}(\boldsymbol{x},t)\left(\frac{\partial\sigma}{\partial\boldsymbol{x}}\boldsymbol{B}(\boldsymbol{x},t)\right)^{-1}\frac{\partial\sigma}{\partial\boldsymbol{x}}\right)\end{aligned} \tag{9.17}$$

这个形式使得（9.15）成立，也就是 $\dot{\boldsymbol{\sigma}}(\boldsymbol{x}) = (\partial\sigma/\partial\boldsymbol{x})\dot{\boldsymbol{x}} = 0$ 成立。

由上述定理可知，滑模运动对进入控制通道的某些扰动具有不敏感的特点。在扰动作用下，只要控制作用足以保证 $\boldsymbol{\sigma}^{\mathrm{T}}\dot{\boldsymbol{\sigma}} < 0$，且 $|\dot{\sigma}|$ 具有不为零的下界，则系统仍然会趋向滑模面，不受扰动的影响。滑模控制这种对干扰和模型不确定的不敏感性，是它最具吸引力的地方。滑模控制表现出了很好的鲁棒性。

考虑系统（9.4）在单输入情况下的控制设计问题。选择的切换函数由状态向量各个分量的线性组合而成

$$\boldsymbol{\sigma}(\boldsymbol{x})=\boldsymbol{s}_1\boldsymbol{x}_1+\boldsymbol{s}_2\boldsymbol{x}_2+\cdots+\boldsymbol{s}_{n-1}\boldsymbol{x}_{n-1}+\boldsymbol{s}_n\boldsymbol{x}_n \tag{9.18}$$

式中，$s_i>0$，$i=1,2,\cdots,n$ 为权系数，滑模面选择为 $\boldsymbol{\sigma}(\boldsymbol{x})=0$。当系统轨迹到达并停留在滑模面时，$\dot{\boldsymbol{\sigma}}(\boldsymbol{x})=0$，下式同时成立：

$$\boldsymbol{s}_1\dot{\boldsymbol{x}}_1+\boldsymbol{s}_2\dot{\boldsymbol{x}}_2+\cdots+\boldsymbol{s}_{n-1}\dot{\boldsymbol{x}}_{n-1}+\boldsymbol{s}_n\dot{\boldsymbol{x}}_n=0 \tag{9.19}$$

系统（9.19）是降阶系统，其阶数为 $n-1$，因为系统被限制在 $n-1$ 维度的滑模面上。对式（9.6）所选取的李雅普诺夫函数求导

$$\dot{V}\left[\boldsymbol{\sigma}(\boldsymbol{x})\right]=\boldsymbol{\sigma}^{\mathrm{T}}(\boldsymbol{x})\dot{\boldsymbol{\sigma}}(\boldsymbol{x}) \tag{9.20}$$

为了保证 $\dot{V}$ 是负定矩阵，反馈控制律 $\boldsymbol{u}(\boldsymbol{x})$ 必须使得下式成立：

$$\begin{cases}\dot{\boldsymbol{\sigma}}<0, & \boldsymbol{\sigma}>0\\ \dot{\boldsymbol{\sigma}}>0, & \boldsymbol{\sigma}<0\end{cases} \tag{9.21}$$

考虑到

$$\begin{aligned}\dot{\boldsymbol{\sigma}}(x)&=\frac{\partial\boldsymbol{\sigma}}{\partial\boldsymbol{x}}\dot{\boldsymbol{x}}=\frac{\partial\boldsymbol{\sigma}}{\partial\boldsymbol{x}}\underbrace{(\boldsymbol{f}(\boldsymbol{x},t)+\boldsymbol{B}(\boldsymbol{x},t)\boldsymbol{u}(t))}_{\dot{x}}\\&=\underbrace{\left[\boldsymbol{s}_1,\boldsymbol{s}_2,\cdots,\boldsymbol{s}_n\right]}_{\partial\sigma/\partial\boldsymbol{x}}\underbrace{(\boldsymbol{f}(\boldsymbol{x},t)+\boldsymbol{B}(\boldsymbol{x},t)\boldsymbol{u}(t))}_{\dot{\boldsymbol{x}}}\end{aligned} \tag{9.22}$$

需要将控制律 $\boldsymbol{u}(\boldsymbol{x})$ 选取如下

$$\boldsymbol{u}(\boldsymbol{x})=\begin{cases}\boldsymbol{u}^+(\boldsymbol{x}), & \boldsymbol{\sigma}>0\\ \boldsymbol{u}^-(\boldsymbol{x}), & \boldsymbol{\sigma}<0\end{cases} \tag{9.23}$$

式中，$\boldsymbol{u}^+$ 使得式（9.22）在 $\boldsymbol{x}$ 处为负，$\boldsymbol{u}^-$ 使得式（9.22）在 $\boldsymbol{x}$ 处为正。这样系统轨迹会朝着滑模面 $\boldsymbol{\sigma}(\boldsymbol{x})=0$ 运动。

以上给出滑模控制的基本概念和滑模面的存在性、可达性以及吸引域定理，并对简单的一阶系统的滑模控制器的设计进行了说明。在之后的章节，将利用滑模控制技术和反步控制技术，为四旋翼无人机设计出具有被动容错能力的反步滑模控制器。

9.3.2 姿态角滑模跟踪控制设计

四旋翼无人机模型的严反馈形式表明外环位置动态方程依赖内环姿态角动态方程，而内环姿态角系统可以通过系统输入加以控制。内环姿态角系统的跟踪控制是外环位置跟踪

控制的基础，因此有必要给出姿态角系统的快速跟踪控制方法。为了方便描述姿态角控制方案，将姿态角子系统的动态方程重写如下：

$$\begin{cases}\dot{\chi}_1=\chi_2\\ \dot{\chi}_2=a_1\chi_4\chi_6+a_2\varpi\chi_4-a_3\chi_2+U_{S1}\\ \dot{\chi}_3=\chi_4\\ \dot{\chi}_4=a_4\chi_2\chi_6+a_5\varpi\chi_2-a_6\chi_4+U_{S2}\\ \dot{\chi}_5=\chi_6\\ \dot{\chi}_6=a_7\chi_2\chi_4-a_8\chi_6+U_{S3}\end{cases} \tag{9.24}$$

式中，$\chi=\left[\phi,\dot{\phi},\theta,\dot{\theta},\psi,\dot{\psi}\right]^{\mathrm{T}}\in\mathfrak{R}^6$ 是状态变量。针对系统（9.24），控制目标是设计滑模控制律 $U_S=[U_{S1},U_{S2},U_{S3}]^{\mathrm{T}}$，使得姿态角向量 $\{\phi(t),\theta(t),\psi(t)\}$ 能够跟踪期望轨迹 $\{\phi_d(t),\theta_d(t),\psi_d(t)\}$。

首先针对滚转角进行设计，为滚转角控制选取滑模面如下

$$s_1=\dot{\varepsilon}_1+c_1\varepsilon_1 \tag{9.25}$$

式中，$\varepsilon_1=\chi_{1d}-\chi_1$ 是引入的跟踪误差；c_1 是可选正实数；χ_{1d} 是期望的滚转角轨迹。对式（9.25）求一阶时间导数，可得

$$\begin{aligned}\dot{s}_1&=\ddot{\varepsilon}_1+c_1\dot{\varepsilon}_1\\&=\ddot{\chi}_{1d}-\ddot{\chi}_1+c_1\dot{\varepsilon}_1\\&=\ddot{\chi}_{1d}+c_1\dot{\varepsilon}_1-(a_1\chi_4\chi_6+a_2\varpi\chi_4-a_3\chi_2)-U_{S1}\\&=\ddot{\chi}_{1d}+c_1\dot{\chi}_{1d}-(a_1\chi_4\chi_6+a_2\varpi\chi_4-a_3\chi_2-c_1\chi_2)-U_{S1}\end{aligned} \tag{9.26}$$

式中，$\dot{\chi}_{1d}$ 和 $\ddot{\chi}_{1d}$ 分别是期望滚转角的一阶时间导数和二阶时间导数，在一些实际应用中，可通过一阶微分器和二阶微分器获得。假设系统（9.24）中的状态是可测的，则可以为滚转角控制设计反馈滑模控制律如下

$$U_{S1}=\ddot{\chi}_{1d}+c_1\dot{\varepsilon}_1-(a_1\chi_4\chi_6+a_2\varpi\chi_4-a_3\chi_2)+k_1\mathrm{sign}(s_1) \tag{9.27}$$

式中，$\mathrm{sign}(\cdot)$ 是符号函数；k_1 是可选正实数，通常 k_1 的选取和控制性能的要求有关。

为了验证滑模面的可达性，选取李雅普诺夫函数如下

$$V_{S1}=\frac{1}{2}s_1^{\ 2} \tag{9.28}$$

对上式求导，将所设计的滑模控制律（9.27）代入，可得

$$\begin{aligned}\dot{V}_{S1} &= s_1\dot{s}_1 \\ &= s_1\left(\ddot{\chi}_{1d} + c_1\dot{\varepsilon}_1 - (a_1\chi_4\chi_6 + a_2\varpi\chi_4 - a_3\chi_2) - U_{S1}\right) \\ &= -s_1 \cdot k_1\text{sign}(s_1) \\ &= -k_1|s_1| \leqslant 0\end{aligned} \tag{9.29}$$

因此，所设计的滑模面是可达的，并且滚转角的跟踪误差是收敛的，也就是通过设计控制律（9.27），能够保证滚转角的跟踪控制。

类似地，为俯仰角的跟踪控制所设计的滑模面如下

$$s_3 = \dot{\varepsilon}_3 + c_3\varepsilon_3 \tag{9.30}$$

为俯仰角控制设计的滑模控制律如下

$$U_{S3} = \ddot{\chi}_{3d} + c_3\dot{\varepsilon}_3 - (a_4\chi_2\chi_6 + a_5\varpi\chi_2 - a_6\chi_4) + k_3\text{sign}(s_3) \tag{9.31}$$

式中，$\varepsilon_3 = \chi_{3d} - \chi_3$ 是引入的俯仰角跟踪误差；c_3 和 k_3 是可选正实数；$\ddot{\chi}_{3d}$ 是俯仰角期望轨迹的二阶时间导数。为了验证滑模面（9.30）的有限时间可达性，选取李雅普诺夫函数

$$V_{S2} = \frac{1}{2}s_3^{\ 2} \tag{9.32}$$

对上式求一阶时间导数并将滑模控制律（9.31）代入如下

$$\begin{aligned}\dot{V}_{S3} &= s_3\dot{s}_3 \\ &= s_3\left(\ddot{\chi}_{3d} + c_3\dot{\varepsilon}_3 - (a_4\chi_2\chi_6 + a_5\varpi\chi_2 - a_6\chi_4) - U_{S3}\right) \\ &= -s_3 \cdot k_3\text{sign}(s_3) \\ &= -k_3|s_3| \leqslant 0\end{aligned} \tag{9.33}$$

式（9.32）和式（9.33）共同说明了为俯仰角跟踪控制所设计的滑模面是可达的，从而保证了俯仰角的跟踪性能。

同样地，为偏航角的跟踪控制设计了如下的滑模面

$$s_5 = \dot{\varepsilon}_5 + c_5\varepsilon_5 \tag{9.34}$$

和滑模控制律

$$U_{S3} = \ddot{\chi}_{5d} + c_5\dot{\varepsilon}_5 - (a_7\chi_2\chi_4 - a_8\chi_6) + k_5\text{sign}(s_5) \tag{9.35}$$

选取李雅普诺夫函数如下

$$V_{S5}=\frac{1}{2}\boldsymbol{s}_5^{\ 2} \tag{9.36}$$

对其求导，并代入控制律（9.35）可得

$$\begin{aligned}\dot{V}_{S5}&=\boldsymbol{s}_5\dot{\boldsymbol{s}}_5\\&=\boldsymbol{s}_5\left(\ddot{\chi}_{5d}+c_5\dot{\boldsymbol{\varepsilon}}_5-(\boldsymbol{a}_7\chi_2\chi_4-\boldsymbol{a}_8\chi_6)-\boldsymbol{U}_{S3}\right)\\&=-\boldsymbol{s}_5\cdot\boldsymbol{k}_5\mathrm{sign}(\boldsymbol{s}_5)\\&=-k_5\left|\boldsymbol{s}_5\right|\leqslant 0\end{aligned} \tag{9.37}$$

结合式（9.36）和式（9.37），可以说明滑模面（9.34）是有限时间内可达的，即偏航角能够有效跟踪期望的偏航角轨迹。至此，完成了针对姿态角子系统的滑模控制律的设计。下面对闭环系统的稳定性进行验证。为系统（9.24）选取李雅普诺夫函数如下

$$V_S=\frac{1}{2}(\boldsymbol{s}_1^{\ 2}+\boldsymbol{s}_3^{\ 2}+\boldsymbol{s}_5^{\ 2}) \tag{9.38}$$

对其求导，并利用式（9.29）、式（9.33）和式（9.37）可得

$$\begin{aligned}\dot{V}_S&=\sum_{i=1}^{3}\boldsymbol{s}_{2i-1}\dot{\boldsymbol{s}}_{2i-1}\\&=\sum_{i=1}^{3}-\boldsymbol{s}_{2i-1}\cdot k_{2i-1}\mathrm{sign}(\boldsymbol{s}_{2i-1})\\&=\sum_{i=1}^{3}-k_{2i-1}\left|\boldsymbol{s}_{2i-1}\right|\leqslant 0\end{aligned} \tag{9.39}$$

因此，系统式（9.24）在控制律式（9.27）、式（9.31）和式（9.35）作用下是闭环稳定的，且反馈滑模控制律能够保证姿态角的跟踪性能。通过调节可选正实参数 k_i 和 c_i（$i=1,3,5$），可以调节系统的收敛速度，实现姿态角的快速跟踪，这一点对外环位置的控制设计来说非常重要。在下一节中，将利用内环姿态角系统的快速收敛特性，为外环的位置轨迹跟踪控制设计反步滑模控制器。

9.4　位置轨迹跟踪的反步滑模控制设计

9.3 节直接利用滑模控制为四旋翼无人机的姿态角子系统设计了轨迹跟踪控制器，但是这种直接设计的方法对位置控制并不合适。观察四旋翼无人机的欠驱动系统（9.2），注意到控制输入 U_4 同时作用于状态变量 x、y 和 z，因此，按照 3.3 节的方法为位置 x、y 和

z 直接设计跟踪控制律并不可行。针对这样的现实情况，本章的控制思路是对整个系统进行分层控制。由于位置状态变量依赖于姿态角变量，因而可通过姿态角对位置进行控制。于是，可以利用滑模控制技术设计控制律 $\boldsymbol{U}_1$、$\boldsymbol{U}_2$ 和 $\boldsymbol{U}_3$，首先实现对姿态角的控制，使其快速跟踪到期望的轨迹，从而间接地实现对位置的跟踪控制。实现上述思路的控制结构框图如图 9.1 所示。具体的控制思路可以描述如下，针对位置变量 $\{x(t),y(t),z(t)\}$，利用反步控制和滑模控制设计了虚拟控制律 $\{v_2,v_4,v_6\}$，使得系统位置 $\{x(t),y(t),z(t)\}$ 在虚拟控制律 $\{v_2,v_4,v_6\}$ 的作用下能够跟踪参考轨迹 $\{x_r(t),y_r(t),z_r(t)\}$。继而使用算术转换的思想，获得了实际控制律 $\boldsymbol{U}_4$，同时得到了姿态角的对应期望值 $\{\phi_d(t),\theta_d(t),\psi_d(t)\}$。最后，根据 9.3 节提出的针对姿态角系统的滑模控制方法，设计了系统的实际控制律 $\{U_1,U_2,U_3\}$。

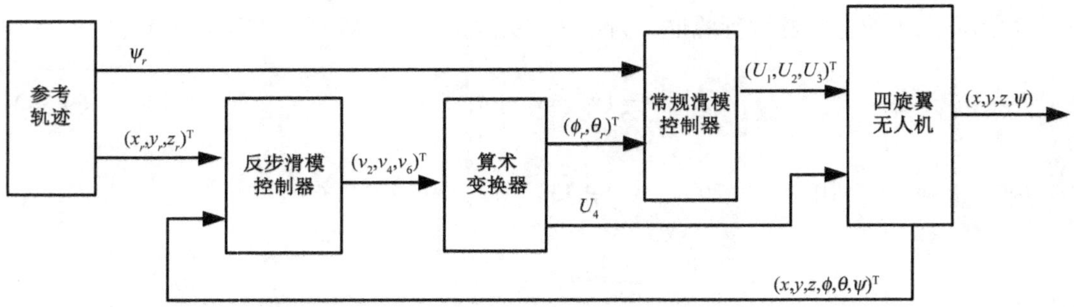

图 9.1 四旋翼无人机位置轨迹跟踪控制框图

下面首先给出关于水平位置 x 的反步滑模控制设计过程：

四旋翼无人机位置轨迹跟踪控制器的设计从水平位置 $\boldsymbol{x}$（状态变量 $\boldsymbol{x}_7$）开始，首先引入关于 $\boldsymbol{x}_8$ 的滑模面如下

$$\boldsymbol{s}_{g1}=\boldsymbol{v}_1-\boldsymbol{x}_8 \tag{9.40}$$

式中，$\boldsymbol{v}_1$ 是待确定的未知函数（虚拟控制量）；期望 $\boldsymbol{x}_8$ 能够跟踪虚拟函数 $\boldsymbol{v}_1$。选取如下的李雅普诺夫候选函数

$$V_1=\frac{1}{2}\boldsymbol{z}_7^{\ 2} \tag{9.41}$$

式中，$\boldsymbol{z}_7=\boldsymbol{x}_{7r}-\boldsymbol{x}_7$ 是水平位置 $\boldsymbol{x}$ 对参考轨迹 $\boldsymbol{x}_{7r}$ 的跟踪误差。对上式求导可得

$$\dot{V}_1=\boldsymbol{z}_7\dot{\boldsymbol{z}}_7=\boldsymbol{z}_7(\dot{\boldsymbol{x}}_{7r}-\boldsymbol{x}_8)=\boldsymbol{z}_7(\dot{\boldsymbol{x}}_{7r}-\boldsymbol{v}_1+\boldsymbol{s}_{p1}) \tag{9.42}$$

将虚拟函数 $\boldsymbol{v}_1$ 选取成

$$\boldsymbol{v}_1=\dot{\boldsymbol{x}}_{7r}+\rho_1\boldsymbol{z}_7 \tag{9.43}$$

式中，ρ_1 是可选正实数。将式（9.43）代入式（9.42）可得

$$\dot{V}_1 = z_7\dot{z}_7 = z_7(-\rho_1 z_7 + s_{g1}) = -\rho_1 {z_7}^2 + z_7 s_{g1} \tag{9.44}$$

根据式（9.40）和式（9.43）就可得到跟踪误差 z_7 的动态方程如下

$$\dot{z}_7 = \dot{x}_{7r} - x_8 = v_1 - \rho_1 z_7 - x_8 = -\rho_1 z_7 + s_{g1} \tag{9.45}$$

同时考虑跟踪误差 z_7 的收敛性和滑模面（9.40）的可达性，选取如下的李雅普诺夫候选函数

$$V_2 = \frac{1}{2}({z_1}^2 + {s_{g1}}^2) \tag{9.46}$$

另外，由于实际控制输入 U_4 所具有的自由度以及内环姿态角所具有的自由度，假设虚拟控制量 v_2 具有如下形式

$$v_2 = (C_{x_1}S_{x_3}C_{x_5} + S_{x_1}S_{x_5})U_4 \tag{9.47}$$

这样，对式（9.46）求一阶时间导数并将式（9.47）代入，可得

$$\begin{aligned}\dot{V}_2 &= z_7\dot{z}_7 + s_{g1}\dot{s}_{g1} \\ &= z_7(-\rho_1 z_7 + s_{g1}) + s_{g1}(\dot{v}_1 - \dot{x}_8) \\ &= -\rho_1 {z_7}^2 + s_{g1}\left[z_7 + \dot{v}_1 - (C_{x_1}S_{x_3}C_{x_5} + S_{x_1}S_{x_5})U_4 + a_9 x_8\right] \\ &= -\rho_1 {z_7}^2 + s_{g1}(\dot{v}_1 + z_7 + a_9 x_8 - v_2)\end{aligned} \tag{9.48}$$

通过合理设计实际控制律 U_4 和控制内环姿态角的角度，所得到的虚拟控制量 v_2 就能够保证式（9.48）的非正性，在这里将虚拟控制量 v_2 设计成反馈控制律的形式如下

$$v_2 = \dot{v}_1 + z_7 + a_9 x_8 + \rho_2 s_{g1} \tag{9.49}$$

式中，ρ_2 是可选正实数，上式中其他项都是可测的或是已知的信息量。将式（9.49）代入式（9.48）可得

$$\begin{aligned}\dot{V}_2 &= -\rho_1 {z_7}^2 + s_{g1}(\dot{v}_1 + z_7 + a_9 x_8 - v_2) \\ &= -\rho_1 {z_7}^2 - \rho_2 {s_{g1}}^2 \\ &\leqslant 0\end{aligned} \tag{9.50}$$

以上是关于水平位置 x 的轨迹跟踪控制设计过程，通过设计虚拟控制量 v_1 和 v_2，上述过程能够保证跟踪误差 z_7 的收敛性以及滑模面 s_{g1} 的可达性。按照相似的步骤，给出针对水平位置 y 轨迹跟踪的控制设计。

引入跟踪误差

$$z_9 = x_{9r} - x_9 \tag{9.51}$$

另外，选取关于状态变量 x_{10} 的滑模面如下

$$s_{g2} = v_3 - x_{10} \tag{9.52}$$

式中，x_{9r} 是水平位置 y 的参考轨迹；v_3 是待设计的虚拟函数，设计滑模面（9.52）的目的是期望状态变量 x_{10} 能够跟踪虚拟控制量 v_3。考虑跟踪误差 z_9 的收敛性，选取如下的李雅普诺夫函数

$$V_3 = \frac{1}{2} z_9^{\ 2} \tag{9.53}$$

对其求导并将式（9.52）代入有

$$\dot{V}_3 = z_9 \dot{z}_9 = z_9(\dot{x}_{9r} - x_{10}) = z_9(\dot{x}_{9r} - v_3 + s_{g2}) \tag{9.54}$$

选取虚拟函数 v_3 如下

$$v_3 = \dot{x}_{9r} + \rho_3 z_9 \tag{9.55}$$

那么，式（9.54）可写成

$$\dot{V}_3 = z_9(\dot{x}_{9r} - v_3 + s_{g2}) = -\rho_3 z_9^{\ 2} + z_9 s_{g2} \tag{9.56}$$

与式（9.45）相似，利用式（9.52）和式（9.55）能够得到关于跟踪误差 z_9 的动态方程如下

$$\dot{z}_9 = \dot{x}_{9r} - x_{10} = v_3 - \rho_3 z_9 - x_{10} = -\rho_3 z_9 + s_{g2} \tag{9.57}$$

同时考虑水平位置 x 和 y 的跟踪控制以及滑模面 s_{g1} 和 s_{g2} 的收敛性，选取如下的增广李雅普诺夫候选函数

$$V_4 = \frac{1}{2}(z_7^2 + s_{g1}^2 + z_9^2 + s_{g2}^2) \tag{9.58}$$

引入关于控制律 U_4 以及内环姿态角的虚拟控制量

$$v_4 = (C_{x_1} S_{x_3} S_{x_5} - S_{x_1} S_{x_5}) U_4 \tag{9.59}$$

对式（9.58）求导并将式（9.59）代入，可得

$$\begin{aligned}\dot{V}_4 &= z_7\dot{z}_7 + s_{g1}\dot{s}_{g1} + z_9\dot{z}_9 + s_{g2}\dot{s}_{g2} \\ &= \dot{V}_2 + z_9(-\rho_3 z_9 + s_{g2}) + s_{g2}(\dot{v}_3 - \dot{x}_{10}) \\ &= \dot{V}_2 - \rho_3 {z_9}^2 + s_{g2}(z_9 + \dot{v}_3 - (C_{x_1}S_{x_3}S_{x_5} - S_{x_1}S_{x_5})U_4 + a_{10}x_{10}) \\ &= \dot{V}_2 - \rho_3 {z_9}^2 + s_{g2}(z_9 + \dot{v}_3 - v_4 + a_{10}x_{10})\end{aligned} \tag{9.60}$$

为了保证上式非正性，将虚拟控制量 v_4 设计成如下的反馈控制律的形式

$$v_4 = \dot{v}_3 + z_9 + a_{10}x_{10} + \rho_4 s_{g2} \tag{9.61}$$

式中，ρ_4 是可选正实数，其他状态量都是可测或者是已知的，并将其代入式（9.60）可得

$$\begin{aligned}\dot{V}_4 &= \dot{V}_2 - \rho_3 z_9^2 + s_{g2}(z_9 + \dot{v}_3 - v_4 + a_{10}x_{10}) \\ &= \dot{V}_2 - \rho_3 z_9^2 - \rho_4 s_{g2}^2 \leqslant 0\end{aligned} \tag{9.62}$$

这样，通过合理选取虚拟控制量 v_3 和 v_4，就保证了上述设计的滑模面的有限时间可达性以及跟踪误差的收敛性。接下来，为四旋翼无人机的高度跟踪控制进行反步滑模设计，并在得到选取全部虚拟控制量之后，通过算术求解思想获取系统最终的反步滑模控制律。

为四旋翼无人机高度跟踪控制引入跟踪误差

$$z_{11} = x_{11r} - x_{11} \tag{9.63}$$

以及滑模面

$$s_{g3} = v_5 - x_{12} \tag{9.64}$$

式中，x_{11r} 是四旋翼无人机高度的参考轨迹；v_5 是待设计的未知虚拟函数。为跟踪误差的收敛性问题选取李雅普诺夫函数如下

$$V_5 = \frac{1}{2}{z_{11}}^2 \tag{9.65}$$

并对其求导可得

$$\dot{V}_5 = z_{11}\dot{z}_{11} = z_{11}(\dot{x}_{11r} - x_{12}) = z_{11}(\dot{x}_{11r} - v_5 + s_{g3}) \tag{9.66}$$

选取虚拟函数 v_5 如下

$$v_5 = \dot{x}_{11r} + \rho_5 z_{11} \tag{9.67}$$

并将其代入式（9.66）可得

$$\dot{V}_5 = z_{11}(\dot{x}_{11r} - v_5 + s_{g3}) = -\rho_5 {z_{11}}^2 + z_{11}s_{g3} \tag{9.68}$$

联合式（9.64）和式（9.67），能够得到关于高度跟踪误差 $\boldsymbol{z}_{11}$ 的动态方程

$$\dot{\boldsymbol{z}}_{11}=\dot{\boldsymbol{x}}_{11r}-\boldsymbol{x}_{12}=\boldsymbol{v}_5-\rho_5\boldsymbol{z}_{11}-\boldsymbol{x}_{12}=-\rho_5\boldsymbol{z}_{11}+\boldsymbol{s}_{g3} \tag{9.69}$$

最后，考虑整个系统的稳定性问题、滑模面的可达性问题以及跟踪误差的收敛性问题，为四旋翼无人机系统（9.5）选取李雅普诺夫函数

$$V_6=\frac{1}{2}(\boldsymbol{z}_7^2+\boldsymbol{s}_{g1}^2+\boldsymbol{z}_9^2+\boldsymbol{s}_{g2}^2+\boldsymbol{z}_{11}^2+\boldsymbol{s}_{g3}^2) \tag{9.70}$$

引入关于内环姿态角和控制律 $\boldsymbol{U}_4$ 虚拟控制量

$$\boldsymbol{v}_6=(C_{x_1}C_{x_3})\boldsymbol{U}_4 \tag{9.71}$$

对式（9.70）求一阶时间导数并将式（9.41）代入，可得

$$\begin{aligned}\dot{V}_6&=\boldsymbol{z}_7\dot{\boldsymbol{z}}_7+\boldsymbol{s}_{g1}\dot{\boldsymbol{s}}_{g1}+\boldsymbol{z}_9\dot{\boldsymbol{z}}_9+\boldsymbol{s}_{g2}\dot{\boldsymbol{s}}_{g2}+\boldsymbol{z}_{11}\dot{\boldsymbol{z}}_{11}+\boldsymbol{s}_{g3}\dot{\boldsymbol{s}}_{g3}\\&=\dot{V}_4+\boldsymbol{z}_{11}(-\rho_5\boldsymbol{z}_{11}+\boldsymbol{s}_{g3})+\boldsymbol{s}_{g3}(\dot{\boldsymbol{v}}_5-\dot{\boldsymbol{x}}_{12})\\&=\dot{V}_4-\rho_5{\boldsymbol{z}_{11}}^2+\boldsymbol{s}_{g3}(\boldsymbol{z}_{11}+\dot{\boldsymbol{v}}_5+\boldsymbol{g}+a_{12}\boldsymbol{x}_{12}-\boldsymbol{v}_6)\end{aligned} \tag{9.72}$$

将虚拟控制量 $\boldsymbol{v}_4$ 设计反馈控制律如下

$$\boldsymbol{v}_6=\dot{\boldsymbol{v}}_5+\boldsymbol{z}_{11}+\boldsymbol{g}+a_{11}\boldsymbol{x}_{12}+\rho_6\boldsymbol{s}_{g3} \tag{9.73}$$

式中，ρ_6 是可选正实数，并将式（9.73）代入式（9.72）可得

$$\begin{aligned}\dot{V}_6&=\dot{V}_4+\dot{V}_5+\boldsymbol{s}_3(\boldsymbol{z}_{11}+\dot{\boldsymbol{v}}_5+\boldsymbol{g}+a_{12}\boldsymbol{x}_{12}-\boldsymbol{v}_6)\\&=\dot{V}_4-\rho_5{\boldsymbol{z}_{11}}^2-\rho_6{\boldsymbol{s}_{g3}}^2\leqslant 0\end{aligned} \tag{9.74}$$

至此，完成了对虚拟控制量的全部设计。通过合理地选取虚拟控制量 $\boldsymbol{v}_i(i=1,2,\cdots,6)$ 以及可选参数 $\rho_i(i=1,2,\cdots,6)$，得到了式（9.70）和式（9.74）。根据李雅普诺夫稳定性理论，整个系统是稳定的，所设计的滑模面式（9.40）、式（9.52）和式（9.64）是可达的，同时式（9.74）也保证了系统对参考轨迹的跟踪能力。

为获得系统的实际控制律，结合式（9.47）、式（9.59）和式（9.71）可得

$$\begin{aligned}\boldsymbol{v}_2&=(C_{x_1}S_{x_3}C_{x_5}+S_{x_1}S_{x_5})\boldsymbol{U}_4\\\boldsymbol{v}_4&=(C_{x_1}S_{x_3}S_{x_5}-S_{x_1}S_{x_5})\boldsymbol{U}_4\\\boldsymbol{v}_6&=(C_{x_1}C_{x_3})\boldsymbol{U}_4\end{aligned} \tag{9.75}$$

需要指出，上式中包含姿态角和实际控制量共有四个自由维度，即 x_1、x_3、x_5 和 $\boldsymbol{U}_4$。考虑到进行四旋翼无人机控制时，通常会给定偏航角参考轨迹 x_5^*，因此通过上一节提出滑模控制方法可以保证偏航角对参考轨迹的快速跟踪，可以用 x_5^* 来代替 x_5 进行算术计算，

这样式（9.75）就减少一个维度的自由度。对式（9.75）算术求解，可得

$$
\begin{cases}
x_{1d} = \arctan\left(\dfrac{ac\boldsymbol{v}_6 - d\boldsymbol{v}_4}{a\boldsymbol{v}_6\sqrt{c^2+d^2}}\right) \\
x_{3d} = \arctan\left(\dfrac{c}{d}\right) \\
\boldsymbol{U}_4 = \dfrac{a^2(c^2+d^2)\boldsymbol{v}_6{}^2 + (ac\boldsymbol{v}_6 - d\boldsymbol{v}_4)^2}{ad}
\end{cases}
\tag{9.76}
$$

式中，$\boldsymbol{U}_4$ 是为系统设计的实际控制律；x_{1d}、x_{3d} 是内环姿态角 ϕ 和 θ 的期望值，观察系统（9.2），四旋翼无人机系统自然地划分为内环姿态角系统和外环位置系统，并且位置轨迹受实际控制律 $\boldsymbol{U}_5$ 和姿态角状态的共同影响。上述的 x_{1d}、x_{3d} 就是驱使位置轨迹趋近参考轨迹的期望的姿态角度。上式其他符号含义如下

$$
\begin{cases}
a = \cos(x_{5r}),\quad b = \sin(x_{5r}) \\
c = (\boldsymbol{v}_2 + \boldsymbol{v}_4)/\boldsymbol{v}_6,\quad d = a + b
\end{cases}
\tag{9.77}
$$

这里需要讨论一下式（9.76）的奇异性问题，实际上主要是讨论 $\boldsymbol{U}_4$ 的奇异性问题。可以通过将偏航角轨迹限制在 $(-\pi/2, \pi/2)$ 内加以奇异性规避，也可以对 $\boldsymbol{U}_4$ 进行奇异性检测加以规避，或者进行有界控制，即不能无限增大控制律 $\boldsymbol{U}_4$，而能够将其限制在一定范围内。

到目前为止，已经得到了实际控制律 $\boldsymbol{U}_4$ 和期望的姿态角轨迹 x_{1d}、x_{3d}、x_{5d}（也就是 x_5^*，这里出于一致性的考虑记为 x_{5d}）。利用上节提出的针对内环姿态角的滑模控制方法，可以为四旋翼无人机系统设计实际的滑模控制律如下

$$
\begin{cases}
\boldsymbol{U}_1 = \ddot{\boldsymbol{x}}_{1d} + c_1\dot{\boldsymbol{z}}_1 - (a_1\boldsymbol{x}_4\boldsymbol{x}_6 + a_2\boldsymbol{\varpi}\boldsymbol{x}_4 - a_3\boldsymbol{x}_2) + k_1\mathrm{sign}\left[\boldsymbol{s}_1(\boldsymbol{z}_1)\right] \\
\boldsymbol{U}_2 = \ddot{\boldsymbol{x}}_{3d} + c_3\dot{\boldsymbol{z}}_3 - (a_4\boldsymbol{x}_2\boldsymbol{x}_6 + a_5\boldsymbol{\varpi}\boldsymbol{x}_2 - a_6\boldsymbol{x}_4) + k_3\mathrm{sign}\left[\boldsymbol{s}_3(\boldsymbol{z}_3)\right] \\
\boldsymbol{U}_3 = \ddot{\boldsymbol{x}}_{5d} + c_5\dot{\boldsymbol{z}}_5 - (a_7\boldsymbol{x}_2\boldsymbol{x}_4 - a_8\boldsymbol{x}_6) + k_5\mathrm{sign}\left[\boldsymbol{s}_5(\boldsymbol{z}_5)\right]
\end{cases}
\tag{9.78}
$$

式中，$s_i(z_i) = \dot{z}_i + c_i z_i (i = 1,3,5)$ 是上一节中针对姿态角 ϕ、θ 和 $\varPsi$ 所设计的滑模面。结合式（9.76）和式（9.78），可以得到系统的实际控制律如下

$$
\begin{cases}
\boldsymbol{U}_1 = \ddot{\boldsymbol{x}}_{1d} + c_1\dot{\boldsymbol{z}}_1 - (a_1\boldsymbol{x}_4\boldsymbol{x}_6 + a_2\boldsymbol{\varpi}\boldsymbol{x}_4 - a_3\boldsymbol{x}_2) + k_1\mathrm{sign}\left[\boldsymbol{s}_1(\boldsymbol{z}_1)\right] \\
\boldsymbol{U}_2 = \ddot{\boldsymbol{x}}_{3d} + c_3\dot{\boldsymbol{z}}_3 - (a_4\boldsymbol{x}_2\boldsymbol{x}_6 + a_5\boldsymbol{\varpi}\boldsymbol{x}_2 - a_6\boldsymbol{x}_4) + k_3\mathrm{sign}\left[\boldsymbol{s}_3(\boldsymbol{z}_3)\right] \\
\boldsymbol{U}_3 = \ddot{\boldsymbol{x}}_{5d} + c_5\dot{\boldsymbol{z}}_5 - (a_7\boldsymbol{x}_2\boldsymbol{x}_4 - a_8\boldsymbol{x}_6) + k_5\mathrm{sign}\left[\boldsymbol{s}_5(\boldsymbol{z}_5)\right] \\
\boldsymbol{U}_4 = \dfrac{a^2(c^2+d^2)\boldsymbol{v}_6{}^2 + (ac\boldsymbol{v}_6 - d\boldsymbol{v}_4)^2}{ad}
\end{cases}
\tag{9.79}
$$

至此，利用滑模控制的思想，通过反步控制技术逐步得到了系统的实际控制律（9.79），且通过李雅普诺夫稳定性分析，说明了系统的闭环系统的稳定性。另外，在控制律（9.79）作用下，内环姿态角系统能够实现期望轨迹的快速跟踪，从而和控制律U_4共同作用于位置子系统，保证了位置跟踪误差的收敛性。在下一小节，将对本节所设计的反步滑模控制器进行仿真实验以验证其有效性。

9.5 系统仿真验证与分析

基于 MATLAB/Simulink 平台的仿真实验，分别针对标称情况、扰动情况、不确定情况等展开了研究，仿真参数如表 9.1 所示，验证了本章提出的基于反步滑模控制方案的有效性。另外，在相同的仿真条件下，比较了使用滑模技术的反步控制器和常规反步控制器作用下系统的控制效果，借以说明本章所设计的控制器的有效性。在仿真实验中，设定位置和偏航角的参考轨迹为$\{\cos(t),\sin(t),0.5t,\sin(0.5t)\}$。有一点需要指出，为了避免滑模控制的颤振效应，在仿真实验中使用了低阶滤波器对控制信号进行了平滑滤波，以消除信号切换对系统带来的不利影响。

表 9.1 不同仿真情况下的四旋翼无人机模型参数及系统参数表

符号	情况一	情况二	情况三	控制参数	取值
m/kg	2	2	2	ρ_1	10
d/m	0.2	0.2	0.2	ρ_2	10
c/m	0.01	0.01	0.01	ρ_3	10
$d_\phi/10^{-2}\mathrm{N\cdot s\cdot rad^{-1}}$	1.02	1.02	1.02	ρ_4	10
$d_\theta/10^{-2}\mathrm{N\cdot s\cdot rad^{-1}}$	1.02	1.02	1.02	ρ_5	10
$d_\psi/10^{-2}\mathrm{N\cdot s\cdot rad^{-1}}$	1.02	1.02	1.02	ρ_6	10
$J_x/\mathrm{N\cdot s^2\cdot rad^{-1}}$	1.24	0.98	1.25	c_1,k_1	5
$J_y/\mathrm{N\cdot s^2\cdot rad^{-1}}$	1.24	0.98	1.25	c_2,k_2	5
$J_z/\mathrm{N\cdot s^2\cdot rad^{-1}}$	2.48	1.96	3.63	c_3,k_3	5

情况一：标称情况下（无不确定性、无外界干扰）的跟踪控制

在没有模型不确定性和外界干扰的情况下，分别对反步滑模控制器和标准反步控制器

进行了仿真验证，仿真初始条件设置为 $\{x_0, y_0, z_0, \psi_0\} = \{0,0,0,0\}$，四旋翼无人机的模型参数如表 9.1 中的情况一所示。

仿真结果如图 9.2 和图 9.3 所示，在图中实线表示参考轨迹，虚线表示使用滑模控制时系统位置和偏航角的跟踪轨迹，点画线表示使用标准反步控制时系统位置和偏航角的跟踪轨迹。从图中可看出，在正常情况下，标准反步控制器和反步滑模控制器均能够满足控制性能的要求，实现位置轨迹和偏航角轨迹的跟踪控制。

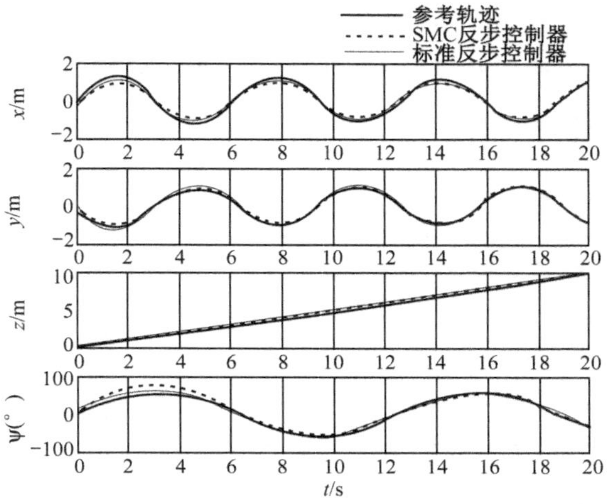

图 9.2　标称情况下标准反步控制及反步滑模控制效果

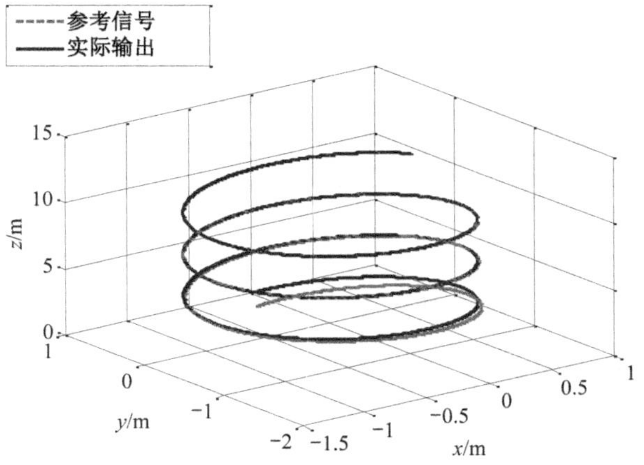

图 9.3　标称情况下反步滑模控制三维效果

情况二：四旋翼无人机转动惯量存在不确定性时的轨迹跟踪控制

在这种仿真情形下，考虑了四旋翼无人机存在建模不确定性时反步滑模控制器的控制效果。假设沿机体坐标轴的转动惯量存在20%的建模不确定性，即如表9.1中情况二所示。该情况考虑了与情况一不同的初始条件，将期望轨迹设定为$\{x_0, y_0, z_0, \psi_0\} = \{1,1,0,0\}$。

图9.4给出了转动惯量存在20%的建模不确定性时，控制信号经过平滑滤波的控制效果图。在图中实线表示参考轨迹，虚线表示使用滑模控制时系统位置和偏航角的跟踪轨迹，点画线表示使用标准反步控制时系统位置和偏航角的跟踪轨迹。从图9.4中可看出反步滑模控制器能够应对建模不确定性情况，实现系统对参考轨迹的良好跟踪。但是，标准反步控制器已经不能够实现控制目标。

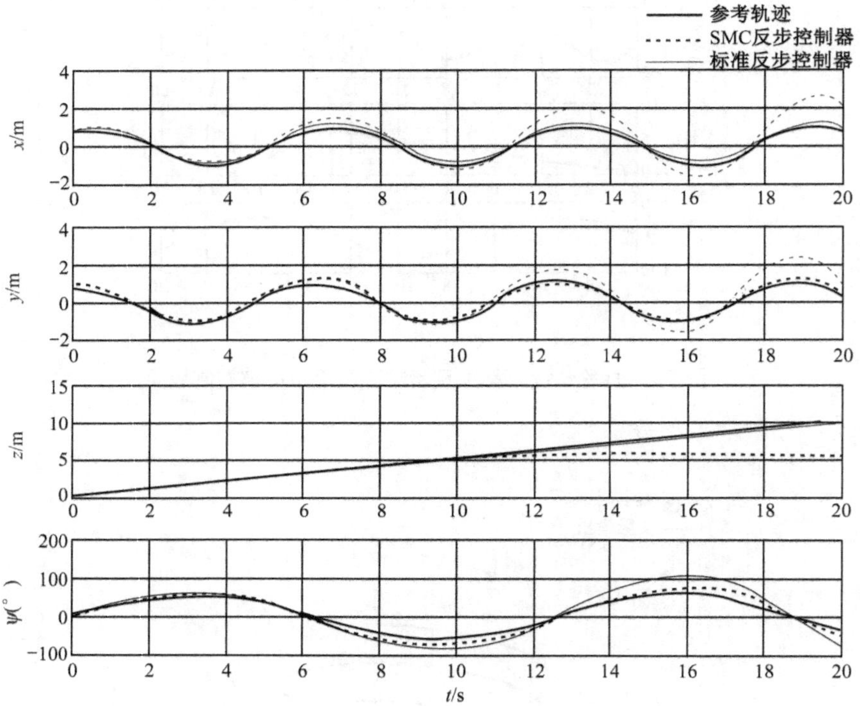

图9.4　带有模型不确定性时轨迹跟踪控制输出比较

情况三：同时存在转动惯量不确定性和外部干扰时的跟踪控制

在这种情况下，考虑存在比较严重的模型不确定性时（30%）反步滑模控制器的控制效果，同时考虑了系统中实际存在的高斯噪声。仿真结果如图9.5所示。从图中可看出，反步滑模控制器仍然能在一定程度上满足轨迹跟踪的控制要求，体现出了控制器对模型不确定性以及外部扰动的鲁棒性。

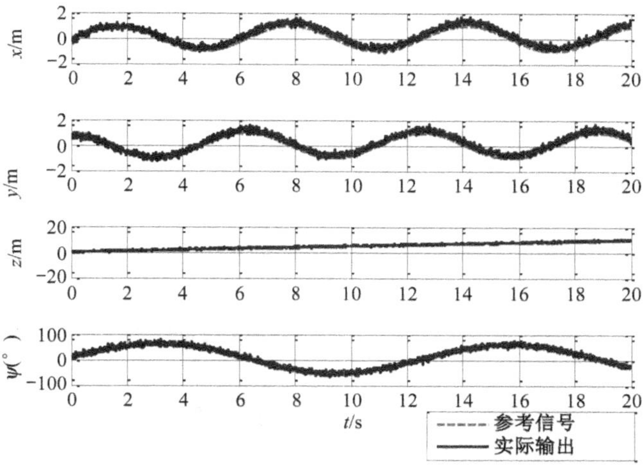

图 9.5　扰动作用下反步滑模控制器的控制效果

9.6　本章小结

本章为四旋翼无人机设计了基于滑模控制的反步控制器，实现了系统对干扰和模型不确定性的鲁棒能力。针对姿态角所设计的常规滑模控制器能够实现角度的快速跟踪，利用反步控制技术和滑模控制技术为四旋翼无人机的位置子系统设计了虚拟控制器和对应的滑模面，实现位置的轨迹跟踪控制。基于李雅普诺夫稳定性定理的分析保证了系统的稳定性。针对模型不确定性以及干扰的仿真实验表明了所提出的控制方法具有良好的跟踪精度和容错能力，达到较好的自愈合控制效果。

第 10 章

高超声速飞行器的多故障鲁棒自适应控制

10.1 引 言

高超声速飞行器是非线性多变量动态系统，其飞行控制设计的挑战在于动力学模型的参数耦合、建模不确定性、各种外部扰动以及多故障形成的复杂飞行条件。此外，高速运行和机动性的要求增加了故障的可能性。

在面对复杂的系统时，许多控制策略使用线性化后的模型。非线性动态逆（DI）技术和反馈线性化技术[133-135]被广泛应用于非线性模型向线性模型的转换，使系统成为具有不确定性的线性系统。另一方面，许多非线性控制策略是直接利用非线性模型获得更好的控制性能，如自适应控制、鲁棒控制、滑模控制、反演控制、H^{∞}控制、神经网络（NN）、支持向量机（SVM）、模糊逻辑控制和线性变参数控制等，这些方法均在高超声速飞行器上得到了应用的[136-138]。虽然大部分上述方法从不同方面能满足一定的跟踪性能，但这些控制器在多故障发生时并不能获得理想效果。

为了保证高超声速飞行器在多故障下的跟踪性能，许多故障检测（FDD）和容错控制（FTC）方法被提出[139-143]。按照故障发生的时间不同，飞机执行机构故障可分为突变故障和缓变故障[144]。突变故障是易观测、难预料的故障种类，主要是由系统硬件损毁引起的，常见的突变故障如执行器饱和、卡死故障。此类故障必须进行实时处理，使系统快速恢复性能，否则会严重影响系统稳定，甚至引起灾难性事故。目前，已有一些有效的方法来解决这一问题[145-146]。而缓变故障是指不易察觉、随时间推移而逐渐产生的故障，主要是由系统硬件磨损、老化引起，典型缓变故障包括元件老化衰退、参数漂移和随机噪声。此类故障短期内对系统影响不大，但会逐渐影响飞行性能，长时间不处理则可能导致严重后果。由于缓变故障与系统不确定性造成的系统故障具有相同的形式，容错控制器可以将缓变故障类比为系统参数未知进行动态控制器的设计。

突变故障和缓变故障的主要区别在于控制的连续性。突变故障更容易观察，由于模式和发生时间未知，突变故障造成的突然变化可能会导致巨大的性能下降或灾难性的事故，故通常需要额外的容错控制方法维持所需的控制要求。而缓变故障不易察觉，由于复杂的非线性系统对不确定性和高频率干扰较为敏感，这种缓慢的变化这可能会导致严重的飞行颤振。尽管许多论文讨论过突变故障或缓变故障的特点，但未有论文处理同时具有两种故障时的情况。因此，原先的控制器在遇到多故障时很难迅速作出反应，尽管可能以相对缓慢的方式通过被动容错来保证其鲁棒性。

支持向量机是一种数据驱动控制的子空间识别技术，支持向量机已经应用于系统辨识、非线性系统预测，并得到了良好的结果[147]。由于其泛化能力，它相对于神经网络方法更适用于控制系统设计与可靠性要求高的领域[148]。

本章提出了一种基于 DI 的自适应容错控制方案，结合了自适应控制的容错能力和支持向量机的学习能力来进行高超声速飞行器的自愈合控制。一方面，针对突变故障，基于可靠性原理设计自适应观测器[149,150]进行系统性能补偿，使系统能够在执行器故障时，观测故障模式和大小，并在线调整其容错控制律。另一方面，针对缓变故障，利用支持向量机，提出了一种针对缓变故障的补偿器，并训练支持向量机的自适应算法在线调整参数。此外，由于该补偿器同时补偿了系统模型的动态逆误差，保证了系统的鲁棒性和故障下的自适应快速跟踪能力。存在系统不确定性和多故障的情况下，整个系统可以保证快速地恢复状态。

10.2　高超声速飞行器的非线性纵向模型

以纵向动力学模型为例进行自愈合控制研究，其模型可写成：[151]

$$\dot{V}=\frac{T\cos\alpha-D}{m}-\frac{\mu\sin\gamma}{r^2} \tag{10.1}$$

$$\dot{\gamma}=\frac{L+T\sin\alpha}{mV}-\frac{(\mu-V^2r)\cos\gamma}{Vr^2} \tag{10.2}$$

$$\dot{h}=V\sin\gamma \tag{10.3}$$

$$\dot{\alpha}=q-\dot{\gamma} \tag{10.4}$$

$$\dot{q}=M_{yy}/I_{yy} \tag{10.5}$$

式中，$T=\frac{1}{2}\rho V^2SC_T, L=\frac{1}{2}\rho V^2SC_L, D=\frac{1}{2}\rho V^2SC_D$，$C_L=0.6203\alpha$，$Cm(\delta e)=c_e(\delta_e-\alpha)$，$C_D=0.6450\alpha^2+0.0043378\alpha+0.003772$，$M_{yy}=\frac{1}{2}\rho V^2S\overline{c}[Cm(\alpha)+Cm(\delta e)+Cm(q)]$，$r=h+Re$，$Cm(\alpha)=-0.035\alpha^2+0.036617\alpha+5.3261\times10^{-6}$，$Cm(q)=(\overline{c}/2V)q(-6.796\alpha^2+0.3015\alpha-0.2289)$，$\delta_e=d_1\delta_{e1}+d_2\delta_{e2}$，$C_T=\begin{cases}0.02576\beta, & \beta<1\\ 0.0224+0.00336\beta, & 其他\end{cases}$。

式（10.1）~式（10.5）中，V、γ、h、α 和 q 分别为速度、航迹角、高度、迎角和俯仰率；m、S、ρ、I_{yy}、μ 和 R_e 分别为质量、机翼参考面积、空气密度、转动惯量、万有引力常数和地球的半径；T、L、D 和 M_{yy} 分别为推力、升力、阻力和俯仰力矩；$\overline{c}$ 和 c_e 为常数；δ_e 为俯仰角两个舵面的总偏转角；δ_{e1}、δ_{e2} 为俯仰角两舵面各自的偏转角；d_1、d_2 和 d_3 为三个偏转角的增益；β 为油门控制量。发动机的动力学模型为下列二阶系统

$$\ddot{\beta}=-2\zeta\omega_n\dot{\beta}-\omega_n{}^2\beta+\omega_n{}^2\beta_c \tag{10.6}$$

总偏转角 δ_e 和油门控制量 β 为输入，高度 h 和速度 V 为输出。由式（10.1）~式（10.5）可得，h 主要由 δ_e 决定，V 主要由 β 决定。

为了设计控制器，进行了如下假设：

假设 10.1：在通常情况下，迎角 α 为-10°～20°，并假设 $T\sin\alpha$ 远小于升力 L。则在式（10.2）中，$T\sin\alpha$ 可以被忽略。

假设 10.2：参考信号 $V_d(t)$ 和 $h_d(t)$ 有界且各阶导数有界。此假设保证了参考信号可观测，以便合理地设计控制律。

10.3　针对完全失效故障的自适应观测器设计

由于飞行器在飞行过程中易受到多种故障，如系统元部件老损导致的系统缓变故障、执行器卡死导致的失效故障等，针对上述两种故障，设计了基于自适应和支持向量机的容错控制方案。控制器由三个部分组成：一个线性比例微分（PD）反馈部分、非线性动态逆（DI）部分和两个自适应容错控制器。PD 控制器保证系统的动态特性；DI 控制器旨在消除非线性和时变的特点；自适应观测器旨在补偿突变故障，另一个自适应支持向量机补偿器，消除缓变故障及系统不确定性造成的状态跟踪误差。图 10.1 为整个控制律结构。

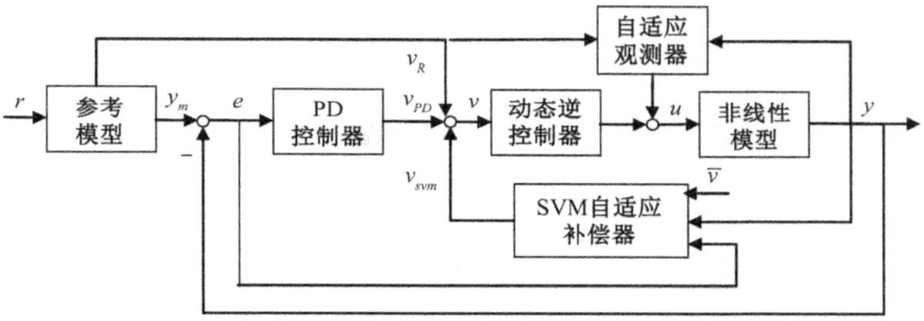

图 10.1　高超声速飞行器容错控制器结构

定义 $\boldsymbol{x}=[x_1,x_2,x_3,x_4]^{\mathrm{T}}=[h,\gamma,\theta_p,q]^{\mathrm{T}}$，其中 $\theta_p=\alpha+\gamma$，则纵向动力学模型变为

$$\begin{cases}\dot{x}_1=V\sin x_2\\ \dot{x}_2=f_1(x_2,V)+g_1(V)x_3\\ \dot{x}_3=f_2+g_2x_4\\ \dot{x}_4=f_3(x_2,x_3,x_4,V)+g_3(V)u\\ y=x_1\end{cases} \tag{10.7}$$

式中，$f_1(x_2,V)=-(\mu-V^2r)\cos\gamma/Vr^2-0.6203\overline{q}S/(mV)\times\gamma$，$g_1(V)=0.6203\overline{q}S/(mV)$，$f_2=0$，$g_2=1$，$f_3(x_2,x_3,x_4,V)=\overline{q}S\overline{c}\left[C_M(\alpha)+C_M(q)-c_e\alpha\right]/I_{yy}$，$g_3(V)=\overline{q}S\overline{c}c_e/I_{yy}$，$u=\delta_e$。

对模型进行反馈线性化处理。对 y 求四阶导数，可得

$$y^{(4)}=l_1+l_2g_1+l_3g_1^{\;2}+l_4g_1^{\;3}+V\cos x_2g_1f_3+V\cos x_2g_1g_3u \tag{10.8}$$

式中，$l_1=-V\cos x_2z_1^{\;3}\text{-}3V\sin x_2z_1^{\;2}z_2+V\cos x_2(z_3+z_1z_4+z_1^{\;2}z_5+z_1z_2z_5+z_2z_5)$，

$$l_2 = \left[3V\cos x_2 z_1^2 + 6V\sin x_2 z_1 z_2 - V\cos x_2(z_2 z_5 + z_3 + 2z_1 z_5)\right](x_2 - x_3)$$
$$+ 3V\sin x_2 z_1^2 + V\cos x_2(-z_1 z_5 + z_5 x_4 - z_1 z_2 - z_6),$$
$$l_3 = (-3V\cos x_2 z_1 - 3V\sin x_2 z_2 + V\cos x_2 z_5)(x_2 - x_3)^2$$
$$+\left[-6V\sin x_2 z_1 + V\cos x_2(z_2 + z_7)\right](x_2 - x_3) + V\cos x_2(z_1 - x_4),$$
$$l_4 = V\cos x_2(x_2 - x_3)^3 + 3V\sin x_2(x_2 - x_3)^2 - V\cos x_2(x_2 - x_3),$$
$$z_1 = \frac{V^2 r - \mu}{Vr^2}\cos x_2,\quad z_2 = (\frac{\mu}{Vr} - V)\frac{\sin x_2}{r},\quad z_3 = \frac{V\sin 2x_2 \sin x_2}{r^3}(-\frac{3\mu}{r} + V^2)\frac{\sin^2 x_2}{r^2},$$
$$z_4 = -\frac{\mu}{r^3}\sin^2 x_2 + (\frac{\mu}{Vr} - \frac{V}{2})\frac{2V\cos 2x_2}{r^2},\quad z_5 = (\frac{\mu}{Vr^2} - \frac{V}{r})\cos x_2,$$
$$z_6 = (\frac{\mu}{V} - \frac{V^2}{2})\frac{\sin 2x_2}{r^2},\quad z_7 = (\frac{\mu}{Vr^2} - \frac{V}{r})\sin x_2。$$

令高度跟踪广义误差为 $e = [y - h_d, \dot{y} - \dot{h}_d, \ddot{y} - \ddot{h}_d, \dddot{y} - \dddot{h}_d]$，则：

$$\dot{\boldsymbol{e}} = \boldsymbol{A}\boldsymbol{e} + \boldsymbol{B}(y - h_d^{(4)}) \tag{10.9}$$

式中，$\boldsymbol{A} = [0,1,0,0;0,0,1,0;0,0,0,1;0,0,0,0]$，$\boldsymbol{B} = [0,0,0,1]^{\mathrm{T}}$。

将式（10.8）带入，则

$$u = (g_1^{-1}g_3^{-1}(-\boldsymbol{K}\boldsymbol{e} - l_1 + h_d^{(4)}) - g_3^{-1}l_2 - g_1 g_3^{-1}l_3 - g_1^2 g_3^{-1}l_4 - g_3^{-1}f_3 V\cos x_2)/(V\cos x_2) \tag{10.10}$$

针对飞机的突变故障，特别是常见的执行器故障，当故障发生在一个组件时，为维持系统性能，其他组件可以部分或完全补偿故障组件的作用。在本节中，设计了一种针对执行器故障的自适应控制策略，增强系统在突变故障下的鲁棒性和自愈合能力。

假设 10.3：飞机的操纵面有冗余，可补偿由于执行器卡死故障造成的动力和动力矩缺失。

执行器卡死故障的模型如下[151,149]：

$$u_j(t) = \bar{u}_j\ (t \geqslant t_j, j = 1, 2) \tag{10.11}$$

式中，故障输入 $\bar{u}_j$ 的大小及故障发生的时间 t_j 均未知。考虑到执行器故障，控制输入 $\boldsymbol{u}(t)$ 定义为：

$$u_j(t) = v_j(t) + \sigma_j\left[\bar{u}_j - v_j(t)\right]\ (j = 1, 2) \tag{10.12}$$

式中，$u_j(t) = \delta_{ej}$ 为俯仰角控制信号；$v_j(t)$ 为设计的执行器控制输入；$\bar{u}_j$ 为故障后的输入。

式（10.7）变为：

$$\begin{cases}\dot{x}_1 = f_1(x_1,V)+g_1(V)x_2\\ \dot{x}_2 = f_2+g_2x_3\\ \dot{x}_3 = f_3(x_1,x_2,x_3,V)+g_3(V)\boldsymbol{d\sigma\bar{u}}+g_3(V)\boldsymbol{d}(\boldsymbol{I}-\boldsymbol{\sigma})\boldsymbol{v}\\ y=x_1\end{cases} \tag{10.13}$$

式中，$\boldsymbol{d}=[d_1,d_2]$，$\bar{\boldsymbol{u}}=[\bar{u}_1,\bar{u}_2]^{\mathrm{T}}$，$\boldsymbol{v}=[v_1,v_2]^{\mathrm{T}}$，$\boldsymbol{\sigma}=diag(\sigma_1,\sigma_2)$。

定义观测器为

$$\boldsymbol{v}_j = k_{1j}v_0+k_{2j}\ (j=1,2) \tag{10.14}$$

式中，$k_{1j}\in R$，$k_{2j}\in R$。

为了保证故障时系统误差可被完全补偿，需满足如下等式：

$$\begin{cases}[k_{11}\ k_{12}](\boldsymbol{I}-\boldsymbol{\sigma})\boldsymbol{d}^{\mathrm{T}}=1\\ [k_{21}\ k_{22}](\boldsymbol{I}-\boldsymbol{\sigma})\boldsymbol{d}^{\mathrm{T}}=-\boldsymbol{d\sigma\bar{u}}\end{cases} \tag{10.15}$$

由式（10.15)，在已知$\boldsymbol{d}$和执行器故障σ的情况下，可找到相应的观测器参数k_{1j}和k_{2j}。

在飞行中，很难预测故障模式$\boldsymbol{\sigma}$，故设计自适应观测器，实时观测故障。

$$v_j = \hat{k}_{1j}v_0+\hat{k}_{2j}(t)\quad (j=1,2) \tag{10.16}$$

在式（10.16）中，$\hat{k}_{1j}$和$\hat{k}_{2j}$为k_{1j}和k_{2j}的估计值。为了得到$\hat{k}_{1j}$和$\hat{k}_{2j}$的自适应律，定义参数误差：

$$\tilde{k}_{1j}=\hat{k}_{1j}-k_{1j},\quad \tilde{k}_{2j}=\hat{k}_{2j}-k_{2j}\quad (j=1,2) \tag{10.17}$$

令李雅普诺夫函数为：

$$V=\frac{1}{2g_1g_3}\boldsymbol{e}^{\mathrm{T}}\boldsymbol{Pe}+\sum_{j\neq j_p}\frac{|d_j|}{2}\boldsymbol{\varGamma}_{1j}{}^{-1}\tilde{k}_{1j}{}^2+\sum_{j\neq j_p}\frac{|d_j|}{2}\boldsymbol{\varGamma}_{2j}{}^{-1}\tilde{k}_{2j}{}^2 \tag{10.18}$$

式中，$\boldsymbol{P}$是正定矩阵，满足$\boldsymbol{P(A\text{-}BK)}+\boldsymbol{(A\text{-}BK)}^{\mathrm{T}}\boldsymbol{P}=-\boldsymbol{I}$，则：

$$\dot{V}=\frac{1}{2g_1g_3}(\dot{\boldsymbol{e}}^{\mathrm{T}}\boldsymbol{Pe}+\boldsymbol{e}^{\mathrm{T}}\boldsymbol{P}\dot{\boldsymbol{e}})+\sum_{j\neq j_p}|d_j|\boldsymbol{\varGamma}_{1j}{}^{-1}\tilde{k}_{1j}\dot{\hat{k}}_{1j}+\sum_{j\neq j_p}|d_j|\boldsymbol{\varGamma}_{2j}{}^{-1}\tilde{k}_{2j}\dot{\hat{k}}_{2j} \tag{10.19}$$

将式（10.8）和式（10.9）代入，则由李雅普诺夫定律得到$\hat{k}_{1j}$和$\hat{k}_{2j}$的值为：

$$\dot{\hat{k}}_{1j}=-\mathrm{sgn}(d_j)\boldsymbol{\varGamma}_{1j}\boldsymbol{e}^{\mathrm{T}}\boldsymbol{PBV}\cos x_2v_0 \tag{10.20}$$

$$\dot{\hat{k}}_{2j}=-\mathrm{sgn}(d_j)\boldsymbol{\varGamma}_{1j}\boldsymbol{e}^{\mathrm{T}}\boldsymbol{PBV}\cos x_2 \tag{10.21}$$

式中，$\boldsymbol{\varGamma}_{1j}$和$\boldsymbol{\varGamma}_{2j}$为可调参数；$\boldsymbol{P}$为正定矩阵；$\mathrm{sgn}(d_j)$为$d_j$的符号函数。

10.4 针对缓变故障和模型不确定性的支持向量机补偿控制器设计

由于上述控制器不能处理缓变故障，在本节中，提出了支持向量机自适应补偿器来补偿缓变误差和模型不确定性造成的误差。首先介绍支持向量机，然后设计支持向量机补偿器并采用自适应算法在线调整参数。

支持向量机（SVM）是一种数据驱动控制的子空间识别技术。它由有限样本统计学习理论为依据，在 1995 年被 Vapnik 提出，最初用于二进制分类[152]。由于其良好的泛化能力，它可作为智能分类器使用，尤其是对高维特征空间具有少量样本的数据有巨大优势。支持向量机通过学习样本的输入输出集来补偿故障。与其他数据驱动的方法如神经网络相比，由于其稀疏特性，利用一小部分数据，支持向量机也能显示出令人满意的逼近性能。

假设给定的样本集为n，样本数量为N，则样本集可写成$\{x_i,y_i\}_{i=1}^N$，$x_i\in R^n$、$y_i\in R$分别代表输入和输出数据。当样本为非线性时，输入向量x映射到一个高维特征空间，形成最优超平面空间，来获得决策函数，由此构造成为分类器或回归控制器。超平面可以写为：

$$w\cdot\phi(x)+b=0 \tag{10.22}$$

最优函数估计问题可写为：

$$\begin{aligned}&\min: && \frac{1}{2}\|w\|^2+C\sum_{i=1}^N\zeta_i\\&\text{s.t.} && y_i(w\cdot\phi(x)+b)\geqslant 1-\zeta_i,\zeta_i\geqslant 0,(i=1,2,\cdots,N)\end{aligned} \tag{10.23}$$

利用拉格朗日乘数法解决如上的二次规划问题，其对偶函数为：

$$\begin{aligned}\max:\quad W(\alpha)&=\sum_{i=1}^N\alpha_i-\frac{1}{2}\sum_{i,j=1}^N y_iy_j\alpha_i\alpha_j\varphi(x_i)\cdot\varphi(x_j)\\&=\sum_{i=1}^N\alpha_i-\frac{1}{2}\sum_{i,j=1}^N y_iy_j\alpha_i\alpha_jK(x_i,x_j)\\\text{s.t.}\quad & 0\leqslant\alpha_i\leqslant C,\sum_{i=1}^N\alpha_iy_i=0\end{aligned} \tag{10.24}$$

式中，α_i为每个样本的拉格朗日乘子；$K(x_i,x_j)=\phi(x_i)\cdot\phi(x_j)$为核函数。在解决最优问题、计算决策函数时，计算核函数的内积可以用于避免维度灾难。

在获得全局最优的方案α^*后，可得到决策函数：

$$\tilde{f}(x)=\mathrm{sgn}(\sum_{i=1}^{N} y_i\alpha^* K(x_i,x)+b) \tag{10.25}$$

在式（10.25）中，如果$y_i(w\cdot\phi(x_i)+b)-1\neq 0$，则$\alpha_i=0$。只有在样本$\boldsymbol{x}_i$为支持向量时，$\alpha_i\neq 0$。这意味着决策函数仅依赖于支持向量，支持向量机分类器和回归控制器可由极少数的训练数据生成。

由于各种不确定因素，如传动装置故障、建模误差及缓变故障，自适应控制律不能补偿原系统的非线性影响。原非线性方程可以改写为：

$$\begin{cases}\dot{\boldsymbol{x}}=\bar{\boldsymbol{f}}(\boldsymbol{x},\dot{\boldsymbol{x}},u)+\tilde{\boldsymbol{f}}(\boldsymbol{x},\dot{\boldsymbol{x}},u)\\ \boldsymbol{y}=\boldsymbol{C}\boldsymbol{x}\end{cases} \tag{10.26}$$

式中，$\boldsymbol{x}\in\boldsymbol{R}^n$为状态向量；$\boldsymbol{u}$为控制输入；$\boldsymbol{y}$为输出；$\boldsymbol{C}$为输出矩阵；$\bar{\boldsymbol{f}}$为状态向量的标称量；$\tilde{\boldsymbol{f}}$为多故障及不确定性造成的不确定项；定义：

$$\boldsymbol{f}=\bar{\boldsymbol{f}}+\tilde{\boldsymbol{f}} \tag{10.27}$$

渐进稳定参考模型定义为：

$$\begin{cases}\dot{\boldsymbol{x}}_m=-k_{m1}\boldsymbol{x}_m+k_{m2}\boldsymbol{r}\\ \boldsymbol{y}_m=\boldsymbol{C}_m\boldsymbol{x}_m\end{cases} \tag{10.28}$$

令

$$\bar{\boldsymbol{f}}(x,\dot{x},u)=\boldsymbol{v} \tag{10.29}$$

则

$$\dot{\boldsymbol{x}}=\boldsymbol{v}+\tilde{\boldsymbol{f}} \tag{10.30}$$

存在误差

$$\bar{\boldsymbol{f}}=\boldsymbol{f}-\tilde{\boldsymbol{f}} \tag{10.31}$$

原系统可改写为：

$$\dot{\boldsymbol{x}}=\boldsymbol{v}+\tilde{\boldsymbol{f}} \tag{10.32}$$

由于支持向量机具有泛化性能强、精度高等优点，克服了神经网络的一些缺点，如容易陷入局部最小值、收敛速度慢等。该方法可应用于系统需要高可靠性的情况。

定义一个伪控制变量：

$$\boldsymbol{v}=\boldsymbol{v}_{pd}+\boldsymbol{v}_{m}-\boldsymbol{v}_{svm} \tag{10.33}$$

其中

$$\boldsymbol{v}_{pd}=k_p(\boldsymbol{x}_m-\boldsymbol{x})+k_d(\dot{\boldsymbol{x}}_m-\dot{\boldsymbol{x}}) \tag{10.34}$$

$$\boldsymbol{v}_m=\dot{\boldsymbol{x}}_m \tag{10.35}$$

式（10.34）中，k_p 和 k_d 为比例和积分、系数；$\boldsymbol{v}_{pd}$ 为线性控制器输出；$\boldsymbol{v}_m$ 为参考模型输出；$\boldsymbol{v}_{svm}$ 为容错补偿器的输出。

定义：

$$\boldsymbol{e}=\boldsymbol{x}_m-\boldsymbol{x} \tag{10.36}$$

将式（10.36）带入式（10.33）中，可得：

$$\dot{\boldsymbol{e}}=\boldsymbol{A}\boldsymbol{e}+(\boldsymbol{v}_{svm}-\tilde{\boldsymbol{f}}) \tag{10.37}$$

式中，$\boldsymbol{A}=-\dfrac{1-k_p}{k_d}$。根据式（10.37），如果 SVM 项能够完全补偿误差，则：

$$\tilde{\boldsymbol{f}}=\boldsymbol{v}_{svm} \tag{10.38}$$

那么跟踪误差渐进收敛于零。

定义重构误差为 ε，SVM 输入为 $\bar{\boldsymbol{u}}=[\boldsymbol{x}^{\mathrm{T}}\ \dot{\boldsymbol{x}}^{\mathrm{T}}\ \boldsymbol{e}^{\mathrm{T}}\ \dot{\boldsymbol{e}}^{\mathrm{T}}\ \boldsymbol{v}^{\mathrm{T}}]^{\mathrm{T}}$，由式（2.3.3）、式（2.3.4）、式（2.4.7）得到。定义 SVM 输出矩阵为 $\boldsymbol{v}_{svm}$，则非线性输入输出关系为：

$$\boldsymbol{v}_{svm}=\boldsymbol{w}^{\mathrm{T}}\boldsymbol{\beta} \tag{10.39}$$

式中，$\boldsymbol{w}^{\mathrm{T}}=[\alpha_1,\alpha_2,\cdots,\alpha_N,b]^{\mathrm{T}}$；$\boldsymbol{\beta}=[k(x_1,\bar{u}),k(x_2,\bar{u}),\cdots,k(x_N,\bar{u}),1]^{\mathrm{T}}$；$N+1$ 为隐藏节点个数。

支持向量机可以任意精度逼近连续的非线性函数，故存在一个最优权向量 $\boldsymbol{w}^{*}$，使得

$$\left|\boldsymbol{w}^{*\mathrm{T}}\boldsymbol{\beta}-\tilde{\boldsymbol{f}}\right|\leqslant\varepsilon,\varepsilon>0 \tag{10.40}$$

则跟踪误差可改写为：

$$\dot{\boldsymbol{e}}=\boldsymbol{A}\boldsymbol{e}+(\boldsymbol{w}-\boldsymbol{w}^{*})^{\mathrm{T}}\boldsymbol{\beta}+(\boldsymbol{w}^{*\mathrm{T}}\cdot\boldsymbol{\beta}-\tilde{\boldsymbol{f}}) \tag{10.41}$$

SVM 有精确的非线性映射能力，可以任意精度逼近连续的非线性函数。支持向量机可获得良好控制性能，能够全面考虑系统的非线性参数不确定性、连续变化故障。故处理

缓变故障具有一定的优势，但当故障是不连续时，并不能保证精度。所以在处理不连续函数，即突变故障时，上文提出的自适应观测器可以实现可靠自愈合控制的目标。

定理 10.1：如果 SVM 的权重调整规则为：

$$\dot{\boldsymbol{w}} = -\Gamma \boldsymbol{e}^{\mathrm{T}} \boldsymbol{P} \boldsymbol{\beta} \tag{10.42}$$

式中，Γ 为自适应增益，$\boldsymbol{P}$ 为满足下列等式的正定矩阵：

$$\boldsymbol{A}^{\mathrm{T}} \boldsymbol{P} + \boldsymbol{P}\boldsymbol{A} = -\boldsymbol{I} \tag{10.43}$$

则闭环系统是全局稳定的,所有信号均为有界,跟踪误差收敛到零。

证明 10.1：对于给定的参考模型，由式（10.32）得：

$$(1+k_p)(\boldsymbol{x}_m - \boldsymbol{x}) + k_d(\dot{\boldsymbol{x}}_m - \dot{\boldsymbol{x}}) - \boldsymbol{v}_{svm} + \tilde{\boldsymbol{f}} = 0 \tag{10.44}$$

将式（10.28）带入式（10.44），得：

$$\dot{\boldsymbol{x}} = (\frac{1+k_p}{k_d} - k_{m1})\boldsymbol{x}_m - \frac{1+k_p}{k_d}\boldsymbol{x} - \boldsymbol{k}_{m2}\boldsymbol{r} \tag{10.45}$$

选择 k_p、k_d 满足

$$\frac{1+k_p}{k_d} = k_{m1} \tag{10.46}$$

则

$$\dot{\boldsymbol{x}} = -k_{m1}\boldsymbol{x} - k_{m2}\boldsymbol{r} \tag{10.47}$$

选择李雅普诺夫函数为：

$$\boldsymbol{V} = \frac{1}{2}\mathrm{e}^{\mathrm{T}} \boldsymbol{p}\boldsymbol{e} + \frac{1}{2\Gamma}(\boldsymbol{w} - \boldsymbol{w}^*)^{\mathrm{T}}(\boldsymbol{w} - \boldsymbol{w}^*) \tag{10.48}$$

得到

$$\dot{\boldsymbol{V}} = \frac{1}{2}\boldsymbol{e}^{\mathrm{T}}(\boldsymbol{A}^{\mathrm{T}}\boldsymbol{P} + \boldsymbol{P}\boldsymbol{A})\boldsymbol{e} + \boldsymbol{e}^{\mathrm{T}}\boldsymbol{P}(\boldsymbol{w} - \boldsymbol{w}^*)\boldsymbol{\beta} + \frac{1}{\Gamma}(\boldsymbol{w} - \boldsymbol{w}^*)^{\mathrm{T}}(\boldsymbol{w} - \boldsymbol{w}^*) \tag{10.49}$$

将式（10.42）和式（10.43）带入式（10.49），得到：

$$\dot{\boldsymbol{V}} = -\frac{1}{2}\boldsymbol{e}^{\mathrm{T}}\boldsymbol{e} \tag{10.50}$$

所以 $\dot{V}$ 为半负定矩阵。由于 $\boldsymbol{e}$ 和 $\boldsymbol{w} - \boldsymbol{w}^*$ 有界，则 $\dot{\boldsymbol{e}}$ 有界。由于 $\boldsymbol{V}$ 为非增函数且 $\boldsymbol{V} \geqslant 0$，则：

$$-\int_{t_0}^{\infty}\dot{V}\mathrm{d}\tau=\int_{t_0}^{\infty}\frac{1}{2}\boldsymbol{e}^{\mathrm{T}}\boldsymbol{e}\mathrm{d}\tau=\boldsymbol{V}(t_0)-\boldsymbol{V}(\infty)<\infty \tag{10.51}$$

这说明$\boldsymbol{e}$平方可积。由 Barbalat 定理可得：

$$\lim_{t\to\infty}\boldsymbol{e}(t)\to 0 \tag{10.52}$$

因此，在上述调整规律下，误差项渐近趋近于零，整个闭环系统渐近稳定，所有状态变量有界。

10.5 系统仿真验证与分析

针对参数不确定、高频噪声和执行装置故障等情况，验证本章提出的支持向量机和自适应容错控制方案的有效性。选择高超声速飞行器作为控制对象，初始为巡航状态。初始条件：$h=110\,000\mathrm{ft}$, $V=15\,060\mathrm{ft/h}$, $[\gamma,\theta_p,q]=[0\mathrm{rad},0.01\mathrm{rad},0\mathrm{rad/s}]$。

对于第一个控制器：$\varGamma=0.001$，$K_p=3.7$，$K_d=0.9$。

对于第二个控制器：$k_{1j}(0)=0.81$, $k_{2j}(0)=-0.082$, $\varGamma_{1\mathrm{j}}=0.0051$, $\varGamma_{2\mathrm{j}}=0.0051$ $(j=1,2)$。

下列一阶滤波器为参考的高度指令：

$$\frac{h_d}{h_c}=\frac{1}{2s+1} \tag{10.53}$$

下列一阶滤波器为参考的速度指令：

$$\frac{V_d}{V_c}=\frac{1}{2s+1} \tag{10.54}$$

控制目标为，在具有模型不确定性及多故障情况下，使高度和速度跟踪参考信号。为了验证该方法的性能，首先评估了支持向量机的学习能力。然后，进行了几个比较仿真，不确定性的引入包括模型参数误差、飞行中高频噪声和执行器卡死故障。

1. 支持向量机的训练过程

第一步是学习状态误差。设置仿真执行时间为 100s，取样时间 0.01s。应用不同频率的参考模型，从控制器式（10.10）和式（10.39）响应中提取输入-输出数据对。使用 RBF

核函数的支持向量机，数据的长度为 20 000 个。此过程利用 MATLAB 中 LIBSVM 工具箱完成。

在 20 000 个数据对中，由于支持向量机的稀疏特性，支持向量的个数仅为 379 个。图 10.2 显示了训练误差的结果，显示出了满意的近似性能。此训练结果可用来设计伪控制变量式（10.39）。然而，在实际系统中出现故障时，由于训练样本对不能准确描述其动态运动，存在一定的动态误差，故使用自适应在线调整方法确保实时效果。

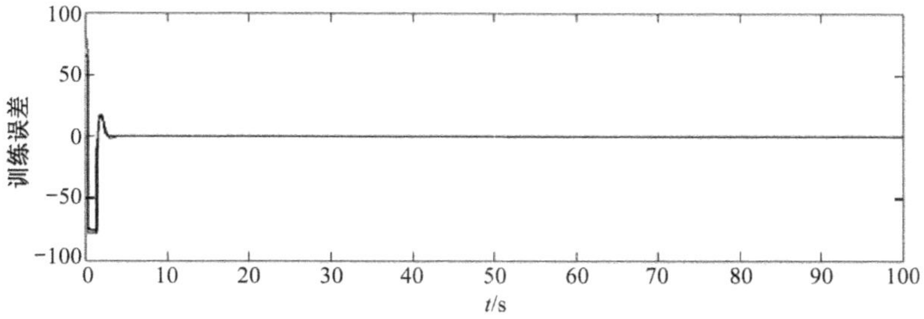

图 10.2　SVM 训练输出

2．不同情况下的容错控制效果

情况 1：无不确定性时的跟踪控制

原动态逆控制器和提出的自适应控制器的高度输出比较如图 10.3 和图 10.4 所示。高度命令分别为 1 000ft 和 2 000ft 。

从这些数据可看出，在正常运行情况下，自适应控制器具有更好的跟踪性能。动态逆控制器有一个 0.3%的超调，而自适应控制器能够实现响应快、无超调。这些结果可以体现基于自适应补偿器的快速响应的优点。

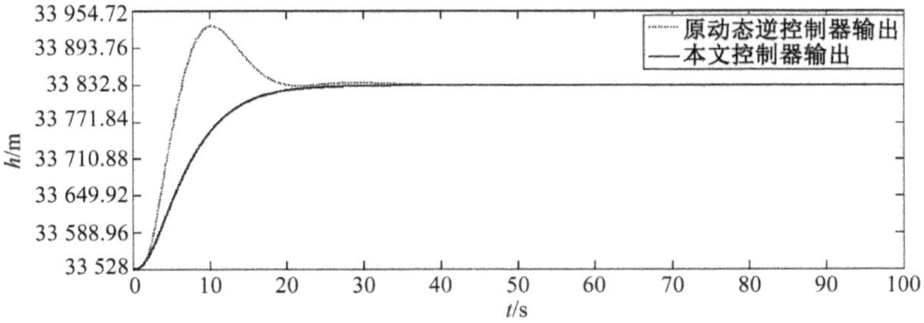

图 10.3　高度指令为 1 000ft 下的输出比较

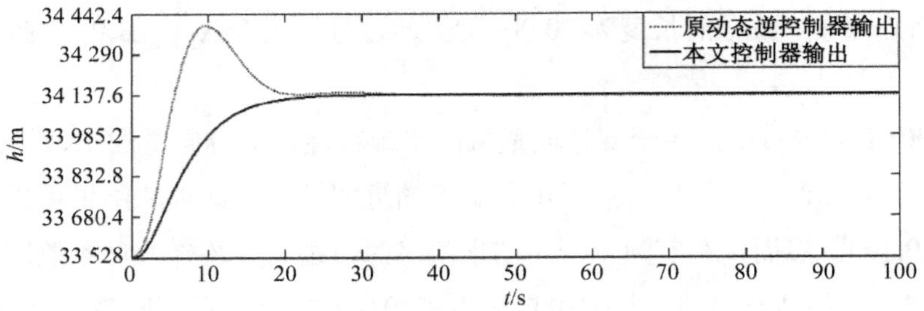

图 10.4　高度指令为 2 000ft 下的输出比较

情况 2： 参数不确定和缓变故障下的跟踪控制

假设缓变故障发生在 50s，输入形式为 $200\sin(t)$ 的正弦噪声。继而考虑参数不确定性，不确定参数设置为式（10.1）~式（10.5）的 30%。图 10.5 和图 10.6 为所提方案的速度和高度跟踪曲线，这说明：参数不确定和缓变故障下，控制器取得了较好的效果。

图 10.5 和图 10.6 说明，在参数不确定和缓变故障下，与原有的动态逆控制器相比，系统响应变化小，性能损失降低。这是由于所提出的支持向量机自适应补偿器能够在线调整自适应参数，提高超声速飞机的整体性能，尤其是在发生缓变故障时。

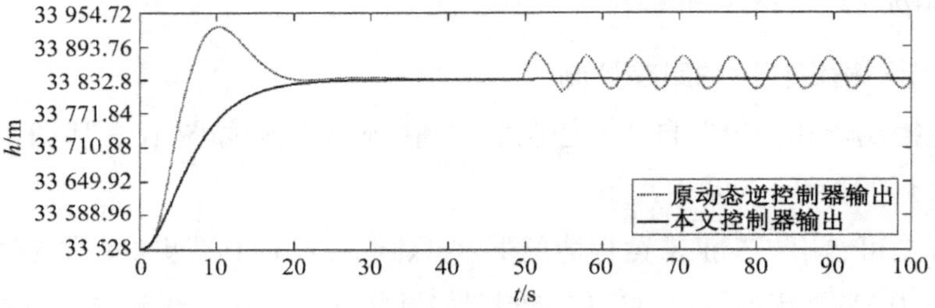

图 10.5　含未知参数和缓变故障下的高度响应

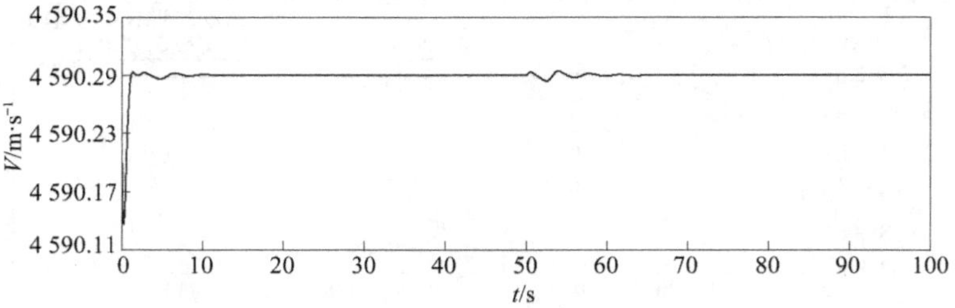

图 10.6　含未知参数和缓变故障下的速度响应

情况 3： 参数不确定、高频噪声和执行装置故障下的跟踪控制

假设不确定参数设置为式（10.1）~式（10.5）的 30%。缓变故障发生在第 50s，形式

为 0.01Hz 的白噪声。同时，执行器卡死故障模式为：

$$u_1(t) = v_1(t)$$
$$u_2(t) = \begin{cases} v_2(t) & (0 < t < 50) \\ 0.1\text{rad} & (t \geqslant 50) \end{cases} \tag{10.55}$$

图 10.7～图 10.9 分别为高度响应、速度响应和俯仰舵偏角输出。

在 10.7～图 10.9 中，当同时发生多故障，冗余系统能够补偿突变故障造成的误差，整个系统工作良好。图 10.7 和图 10.8 表明，输出控制器能够及时跟踪输入命令，无任何稳态误差。图 10.9 表明，冗余执行器的俯仰舵偏角响应速度很快，这保证了飞行速度和高度的快速稳定。即使在输入颤振的情况下，自适应方法仍可以达到很好的容错性能和准确响应。这些结果说明容错观测器应对突变故障的有效性。

图 10.2～图 10.9 可说明，该系统可补偿多故障引起的各种不确定性。所有的闭环信号有界，输出跟踪期望信号。

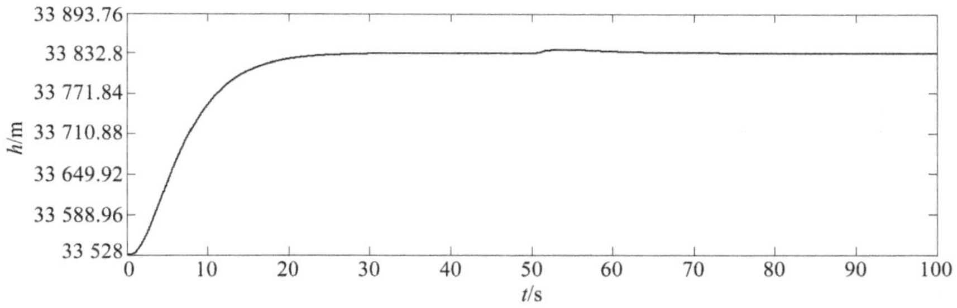

图 10.7　含未知参数、缓变故障和突变故障下的高度响应

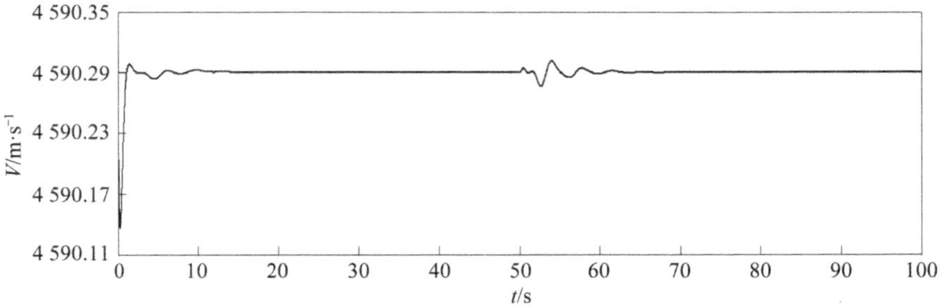

图 10.8　含未知参数、缓变故障和突变故障下的速度响应

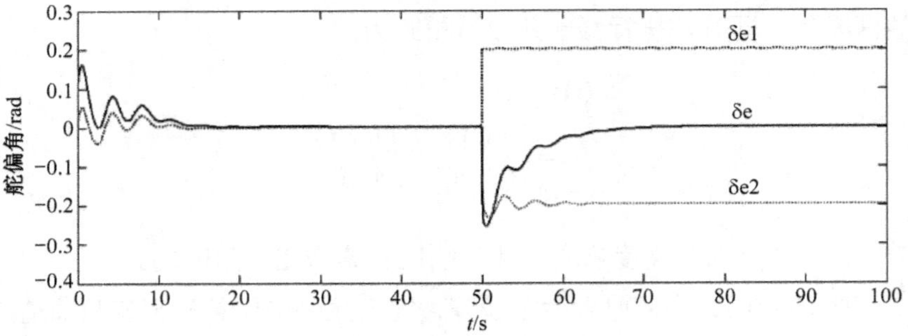

图 10.9　含未知参数、缓变故障和突变故障下的俯仰舵偏角输出

10.6　本章小结

本章设计了高超声速飞行器的多故障自适应容错控制器。介绍了具有不确定性的纵向动力学模型，利用动态逆控制器作为其基础控制器，应用自适应控制和支持向量机控制理论，设计其自愈合控制方案。考虑到突变故障和缓变故障的不同特点，分别设计了自适应控制器和支持向量机自适应补偿器。基于李雅普诺夫稳定性理论证明了系统的稳定性。仿真结果表明，提出的控制方法可以达到良好的跟踪精度和容错性能。

参考文献

[1] BELCASTRO C M, FOSTER J V. Aircraft loss-of-control accident analysisc[J]. Proceedings of 2010 AIAA Guidance, Navigation, and Control Conference, Toronto, Canada, 2010,8: 1-39.

[2] CHEN J, PATTON R J. Robust model-based fault diagnosis for dynamics systems[M]. Boston: Kluwer Academic Publishers, 1999.

[3] 周东华, 叶银忠. 现代故障诊断与容错控制[M]. 北京：清华大学出版社, 2000.

[4] BLANKE M, KINNAERT M, LUNZE J, et al. Diagnosis and Fault-Tolerant Control[M]. Berlin Heidelberg: Springer Verlag, 2003.

[5] 任章, 廉成斌, 熊子豪. 高超声速飞行器强鲁棒自适应控制器设计新方法[J]. 导航定位与授时, 2014, 1（1）: 22-30.

[6] 宗群, 田栢苓, 窦立谦. 基于 Gauss 伪谱法的临近空间飞行器上升段轨迹优化[J]. 宇航学报, 2010, 31（7）: 1776-1781.

[7] YAO X L, TAO G, QI R Y. An adaptive actuator failure compensation and disturbance rejection scheme for spacecraft[J]. Journal of Systems Engineering and Electronics, 2014, 25（4）: 648-659.

[8] 宋超, 赵国荣, 刘旭. 高超声速飞行器的自适应容错控制[J]. 固体火箭技术, 2012, 35（5）: 593-596.

[9] 王青, 吴振东, 董朝阳, 等. 高超声速飞行器抗饱和鲁棒自适应切换控制[J]. 北京航空航天大学学报, 2013, 11（11）: 1470-1474.

[10] SHEN Q K, JIANG B, COCQUEMPOT V. Fault-tolerant control for T-S fuzzy systems with application to near-space hypersonic vehicle with actuator faults[J]. IEEE Transactions on Fuzzy Systems, 2012, 20（4）: 652-665.

[11] SUN H B, LI S H, SUN C Y. Adaptive fault-tolerant controller design for airbreathing hypersonic vehicle with input saturation[J]. Journal of Systems Engineering and Electronics, 2013, 24（3）: 488- 499.

[12] WANG H, DALEY S. Actuator fault diagnosis: An adaptive observer-based technique[J]. IEEE Transaction on Automatic Control, 1996, 41（7）: 1073-1078.

[13] WANG H, HUANG Z J, DALEY S. On the use of adaptive updating rules for actuator and sensor fault diagnosis[J]. Automatica, 1997, 33（2）: 217-225.

[14] EL-FARRA N H, GHANTASALA S. Actuator fault isolation and reconfiguration in

transport- reaction processes[J]. AIChE Journal, 2007, 53（6）: 1518-1537.

[15] YANG Y, YANG G H, SOH Y C. Reliable control of discrete-time systems with actuator failure[J]. IEEE Proceedings: Control Theory and Application, 2001, 147（4）: 424-432.

[16] ZHAO Q, JIANG J. Reliable state-feedback control systems against actuator failures[J]. Automatica, 1998, 30（10）: 1267-1272.

[17] BOSKOVIC J D, MEHRA R K. An adaptive scheme for compensation of loss of effectiveness of flight control effectors[J]. Proceedings of the 40th IEEE Conference on Decision Control, Orlando, FL, 2001: 2448-2453.

[18] BOSKOVIC J D, YU S H, MEHRA R K. A stable scheme for automatic control reconfiguration in the presence of actuator failures[J]. Proceedings of the 1998 American Control Conference, 1998: 2455-2459.

[19] BOSKOVIC J D, BERGSTROM S E, MEHRA R K. Adaptive accommodation of failures in second-order flight control actuators with measurable rates[J]. Proceedings of the 2005 American Control Conference, Portland, OR, USA, 2005, 6（8-10）: 1033-1038.

[20] JIANG B, CHOWDHURY F. Fault estimation and accommodation for linear MIMO discrete time systems[J]. IEEE Transactions on Control Systems Technology, 2005, 13（3）: 493-499.

[21] SCHWAGER M, ANNASWAMY A M, LAVRETSKY E. Adaptation-based recon figuration in the presence of actuator failures and saturation[J]. Proceedings of the 2005 American Control Conference, Portland, OR, USA, 2005, 6（8-10）: 2640-2645.

[22] ZHANG Z, CHEN W. Adaptive output feedback control of nonlinear systems with actuator failures[J]. Information Sciences, 2009, 179（24）: 4249-4260.

[23] FANG H J, YE H, ZHONG M Y. Fault diagnosis of networked control systems[J]. Annual Reviews in Control, 2007, 31（1）: 55-68.

[24] LI P, YANG G H. Backstepping adaptive fuzzy control of uncertain nonlinear systems against actuator faults[J]. Journal of Control Theory and Applications, 2009, 7（3）: 248-256.

[25] TAO G, JOSHI S M, MA X L. Adaptive state feedback and tracking control of systems with actuator failures[J]. IEEE Transactions on Automatic Control, 2006, 46(1): 78-95.

[26] TAO G, CHEN S H, JOSHI S M. An adaptive actuator failure compensation controller using output feedback[J]. IEEE Transactions on Automatic Control, 2002, 47（3）: 506-511.

[27] BOSKOVIC J D, MEHRA R K. Multiple-model adaptive flight control scheme for accommodation of actuator failures[J]. Journal of Guidance, Control, and Dynamics,

2002, 25（4）: 712-724.

[28] BOSKOVIC J D, JACKSON J, MEHRA R, et al. Multiple-model adaptive fault-tolerant control of a planetary lander[J]. Journal of Guidance Control and Dynamics, 2009, 32（6）: 1812 -1826.

[29] GUO Y Y, JIANG B. Multiple model-based adaptive reconfiguration control for actuator fault[J]. Acta Automatica Ainica, 2009, 35（11）: 1452-1458.

[30] ZHANG Y M, JIANG J. Integrated active fault-tolerant control using IMM approach[J]. IEEE Transactions on Aerospace and Electronic Systems, 2001, 37（4）: 1221-1235.

[31] 郭晨, 汪洋, 孙富春, 等. 欠驱动水面船舶运动控制研究综述[J]. 控制与决策, 2009, 24（3）: 321-329.

[32] 潘永平, 黄道平, 孙宗海. 欠驱动船舶航迹 Backstepping 自适应模糊控制[J]. 控制理论与应用, 2011, 28（7）: 907-914.

[33] 张庆杰, 朱华勇, 沈林成. 无人直升机欠驱动飞行控制系统设计与仿真[J]. 系统仿真学报, 2007, 19（18）: 4257-4260.

[34] MEZA-SANCHEZ I M, AGUILAR L T, SHIRIAEV A, et al. Periodic motion planning and nonlinear tracking control of a 3-DOF underactuated helicopter[J]. International Journal of Systems Science, 2011, 42（5）: 829-838.

[35] HUANG M, XIAN B, DIAO C, et al. Adaptive tracking control of underactuated quadrotor unmanned aerial vehicles via backstepping[J]. American Control Conference, 2010: 2076-2081.

[36] NGUYEN N, KRISHNAKUMAR K, KANESHIGE J, et al. Dynamics and adaptive control for stability recovery of damaged asymmetric aircraft[J]. Proceedings of AIAA Guidance, Navigation, and Control Conference, Colorado, 2006: 1-24.

[37] BACON B J, GREGORY I M. General equations of motion for a damaged asymmetric aircraft[J]. Proceedings of AIAA Guidance, Navigation, and Control Conference, South Carolina, 2007: 1-13.

[38] LOMBAERTS T J J, CHU Q P, MULDER J A, et al. Real time damaged aircraft model identification for reconfiguring flight control[J]. Proceedings of AIAA Atmospheric Flight Mechanics Conference, South Carolina, 2007: 1-25.

[39] NGUYEN N T, BAKHTIARI-NEJAD M, HUANG Y. Hybrid adaptive flight control with bounded linear stability analysis[J]. Proceedings of AIAA Guidance, Navigation, and Control Conference, South Carolina, 2007: 1-22.

[40] NGUYEN N, KRISHNAKUMAR K, KANESHIGE J, et al. Flight dynamics and hybrid adaptive control of damaged aircraft[J]. Journal of Guidance, Control, and

Dynamics, 2008, 31（3）: 751-764.

[41] LIU Y, TAO G. Multivariable MRAC for aircraft with abrupt damages[J]. Proceedings of 2008 American Control Conference, Seattle, WA, 2008,6（11-13）: 2981-2986.

[42] LIU Y, TAO G. Multivariable MRAC using Nussbaum gains for aircraft with abrupt damages[J]. Proceedings of 47th IEEE Conference on Decision and Control, Cancun, Mexico, 2008,11（9-11）: 2600-2605.

[43] GUO J X, TAO G, LIU Y. Adaptive actuator failure and structural damage compensation of NASA generic transport model[J]. Journal of Dynamic Systems, Measurement and Control, 2014, 136（3）: 1-10.

[44] KRSTIC M, KANELLAKOPOULOS I, KOKOTOVIC P V. Nonlinear and Adaptive Control Design[M]. New York: John Wiley & Sons , 1995.

[45] SASTRY S, BODSON M. Adaptive Control: Stability, Convergence and Robustness[M]. Englewood Cliffs, NJ: Prentice-Hall, 1989.

[46] MARINO R, TOMEI P. Global adaptive output feedback control nonlinear systems, Part II: Nonlinear parameterization[J]. IEEE Transactions on Automatic Control, 1993, 38: 33-48.

[47] 于琦. 纵列式直升机与单旋翼直升机的对比分析[J]. 直升机技术, 2008: 2.

[48] 徐尤松, 方丽颖, 彭军, 等. 纵列式双旋翼重型直升机操纵系统及飞控系统方案研究[J]. 航空科学技术, 2012, 4: 009.

[49] 姚宇峰. 纵列式直升机模型跟随飞行控制研究[D]. 南昌：南昌航空航天大学, 2012.

[50] 杨一栋. 直升机飞行控制[M]. 北京：国防工业出版社, 2007.

[51] 胡春华. 纵列式无人直升机建模及非线性控制[D]. 北京：清华大学, 2004.

[52] 张亚飞. 纵列式直升机飞行动力学建模及平衡，稳定性和操纵性计算[D]. 南京：南京航空航天大学, 2009.

[53] QUANSER. 3-DOF Helicopter - User Manual, 2010.

[54] ZHANG K, JIANG B, COCQUEMPOT V. Adaptive observer-based fast fault estimation[J]. International Journal of Control Automation and Systems, 2008, 6（3）: 320.

[55] 何静. 基于观测器的非线性系统鲁棒故障检测与重构方法研究[D]. 长沙: 国防科学技术大学, 2009.

[56] 鞠旋. 自适应滑模观测器的研究与应用[D]. 无锡：江南大学, 2011.

[57] WALCOTT B L, ZAK S H. Combined observer-controller synthesis for uncertain dynamical systems with applications[J]. Systems, Man and Cybernetics, IEEE Transactions on, 1988, 18（1）: 88-104.

[58] WALCOTT B L, ZAK S H. Observation of dynamical systems in the presence of bounded nonlinearities/uncertainties[C]//Decision and Control. 1986 25th IEEE Conference on. IEEE, 1986, 25: 961-966.

[59] EDWARDS C, SPURGEON S K. On the development of discontinuous observers[J]. International Journal of control, 1994, 59（5）: 1211-1229.

[60] TAN C P, EDWARDS C. Sliding mode observers for detection and reconstruction of sensor faults[J]. Automatica, 2002, 38（10）: 1815-1821.

[61] EDWARDS C, SPURGEON S K, PATTON R J. Sliding mode observers for fault detection and isolation[J]. Automatica, 2000, 36（4）: 541-553.

[62] JIANG B, WANG J L, SOH Y C. An adaptive technique for robust diagnosis of faults with independent effects on system outputs[J]. International Journal of Control, 2002, 75（11）: 792-802.

[63] 俞立. 鲁棒控制——线性矩阵不等式处理方法[M]. 北京：清华大学出版社，2002.

[64] TAN C P, EDWARDS C. Sliding mode observers for robust detection and reconstruction of actuator and sensor faults[J]. International Journal of Robust and Nonlinear Control, 2003, 13（5）: 443-463.

[65] TAN C P, EDWARDS C. Robust fault reconstruction in uncertain linear systems using multiple sliding mode observers in cascade[J]. Automatic Control, IEEE Transactions on, 2010, 55（4）: 855-867.

[66] NG K Y, TAN C P, EDWARDS C, et al. New results in robust actuator fault reconstruction for linear uncertain systems using sliding mode observers[J]. International Journal of Robust and Nonlinear Control, 2007, 17（14）: 1294-1319.

[67] NG K Y, TAN C P, EDWARDS C, et al. New result in robust actuator fault reconstruction with application to an aircraft[C]//Control Applications, 2007. CCA 2007. IEEE International Conference on. IEEE, 2007: 801-806.

[68] 曹建福, 韩崇昭, 方洋旺. 非线性系统理论及应用[M]. 西安:西安交通大学出版社，2006.

[69] 韩京清, 王伟. 非线性跟踪一微分器[J]. 系统科学与数学, 1994, 14（2）: 177-183.

[70] 王新华, 陈增强, 袁著祉. 全程快速非线性跟踪——微分器[J]. 控制理论与应用，2003, 20（6）: 875-878.

[71] LEVANT A. Higher-order sliding modes, differentiation and output-feedback control[J]. International journal of Control, 2003, 76（9-10）: 924-941.

[72] SHTESSEL Y B, BAEV S, EDWARDS C, et al. HOSM observer for a class of non-minimum phase causal nonlinear MIMO systems[J]. Automatic Control, IEEE

Transactions on, 2010, 55（2）: 543-548.

[73] 杨俊起，陈滟涛，朱芳来. 基于滑模观测器的不确定系统传感器故障重构[J]. 河南理工大学学报：自然科学版, 2012, 31（4）: 447-452.

[74] LYSHEVSKI, EDWARD S. Nonlinear identification and control of aircraft[J]. International Journal of Systems Science, 2000, 31（8）: 923-935.

[75] PEACUTEREZ D C, VIGOUROUX D, Medina M W. Development of a low cost inertial measurement unit for UAV applications with Kalman Filter based attitude determination[J]. 2011 IEEE Conference on Technologies for Practical Robot Applications, 2011: 178-183.

[76] CHEN F Y, JIANG B, TAO G. Fault self-repairing flight control of a small helicopter via fuzzy feedforward and quantum control techniques[J]. Cognitive Computation, 2012, 4（4）: 543-548.

[77] MEZA-SÁNCHEZ I M, AGUILAR L T, SHIRIAEV A, et al. Periodic motion planning and nonlinear H^{∞} tracking control of a 3-DOF underactuated helicopter[J]. International Journal of Systems Science, 2011, 42（5）: 829-838.

[78] NISHI M, ISHITOBI M, NAKASAKI K. Nonlinear adaptive control system design and experiment for a 3-DOF model helicopter[J]. Artificial Life and Robotics, 2008, 13（1）: 50-53.

[79] MEZA S, ILIANA M, ORLOV Y, et al. Periodic motion stabilization of a virtually constrained 3-DOF underactuated helicopter using second order sliding modes[J]. Proceedings of IEEE International Workshop on Variable Structure Systems, 2012: 422-427.

[80] BOUKHNIFER M, CHAIBET A, LAROUCI C. H-infinity robust control of 3-DOF helicopter[J]. International Multi-Conference on Systems, Signals and Devices, 2012.

[81] RAPTIS I A, VALAVANIS K P, MORENO W A. A novel nonlinear back-stepping controller design for helicopters using the rotation matrix[J]. IEEE Transactions on Control Systems Technology, 2011, 19: 465-473.

[82] YANG K, KANG Y, SUKKARIEH S. Adaptive Nonlinear Model Predictive Path-Following Control for a Fixed-wing Unmanned Aerial Vehicle[J]. Int. J. of Control, Automation and Systems, 2013, 11（1）:65-74.

[83] WE A R, WANG Y Z. Disturbance Tolerance and H^{∞}Control of Port-Controlled Hamiltonian Systems in the Presence of Actuator Saturation[J]. Int. J. of Control, Automation and Systems, 2014, 12（2）: 309-315.

[84] FU J, WU Q X, MAO Z H. Chattering-Free SMC with Unidirectional Auxiliary

Surfaces for Nonlinear System with State Constraints[J]. Int. J. Innov. Comput., Inf. Control, 2013, 9（12）: 4793-4809.

[85] XU D, JIANG B, SHI P. Global robust tracking control of non-affine nonlinear systems with application to yaw control of UAV helicopter[J]. Int. J. of Control, Automation and Systems, 2013, 11（5）: 957-965.

[86] LIU M, CAO X, SHI P. Fuzzy-model-based fault-tolerant design for nonlinear stochastic systems against simultaneous sensor and actuator faults[J]. IEEE Trans on Fuzzy Systems, 2013, 21（5）: 789-799.

[87] HU L M, YUE D Q, LI J D. Availability Analysis and Design Optimization for a Repairable Series-Parallel System with Failure Dependencies[J]. International Journal of Innovative Computing, Information and Control, 2012, 8（1）: 6693-6705.

[88] ISHIDA Y, TANABE K. Dynamics of Self-Repairing Networks: Transient State Analysis on Several Repair Types[J]. International Journal of Innovative Computing, Information and Control, 2014, 10（1）: 389-403.

[89] LIU M, CAO X, SHI P. Fault estimation and tolerant control for fuzzy stochastic systems[J]. IEEE Trans on Fuzzy Systems,2013, 21（2）: 221-229.

[90] LIU M, SHI P. Sensor fault estimation and tolerant control for stochastic systems with simultaneous input and output disturbances[J]. Automatica, 2013, 49（5）: 1242-1250.

[91] HSIA T C, GAO L S. Robot manipulator control using decentralized linear time-invariant time-delayed controller[J]. IEEE International Conference on Robotics and Automation, 1990: 2070-2075.

[92] SAMI M, PATTON R J. Active Fault Tolerant Control for Nonlinear Systems with Simultaneous Actuator and Sensor Faults[J]. Int. J. of Control, Automation and Systems, 2013, 11（6）: 1149-1161.

[93] BESNARD L, SHTESSEL Y B, LANDRUM B. Quadrotor vehicle control via sliding mode controller driven by sliding mode disturbance observer[J]. Journal of the Franklin Institute, 2012, 349（2）: 658-684.

[94] SADEGHZADEH I, ZHANG Y M. A review on fault-tolerant control for unmanned aerial vehicles （UAVs）[J]. Infotech@ Aerospace, St. Louis, MO, 2011.

[95] AMOOZGAR M H, CHAMSEDDINE A, ZHANG Y M. Fault-tolerant fuzzy gain scheduled PID for a quadrotor helicopter testbed in the presence of actuator faults[J]. IFAC Conference on Advances in PID Control, Brescia, Italy, 2012.

[96] ZHOU Q L, ZHANG Y, RABBATH C, et al. Design of feedback linearization control and reconfigurable control allocation with application to a quadrotor UAV[J]. Control

and Fault-Tolerant Systems, 2010 Conference on. IEEE, 2010: 371-376.

[97] FREDDI A, LANZON A, LONGHI S. A feedback linearization approach to fault tolerance in quadrotor vehicles[J]. Proceedings of The 2011 IFAC World Congress, Milan, Italy, 2011.

[98] KRUGER T, SCHNETTER P, PLACZEK R, et al. Fault-tolerant nonlinear adaptive flight control using sliding mode online learning[J]. Neural Networks, 2012, 32: 267-274.

[99] ALWI H, EDWARDS C, STROOSMA O, et al. Fault tolerant sliding mode control design with piloted simulator evaluation[J]. Journal of guidance, control, and dynamics, 2008, 31（5）: 1186-1201.

[100] SHARIFI F, MIRZAEI M, GORDON B W, et al. Fault tolerant control of a quadrotor UAV using sliding mode control[C]. Control and Fault-Tolerant Systems, 2010 Conference on IEEE, 2010: 239-244.

[101] QIAN M, JIANG B, XU D. Fault tolerant control scheme design for the formation control system of unmanned aerial vehicles[J]. Proceedings of the Institution of Mechanical Engineers, Part I: Journal of Systems and Control Engineering, 2013, 227（8）: 626-634.

[102] LI T, ZHANG Y, GORDON B W. Passive and active nonlinear fault-tolerant control of a quadrotor unmanned aerial vehicle based on the sliding mode control technique[J]. Proceedings of the Institution of Mechanical Engineers, Part I: Journal of Systems and Control Engineering, 2013, 227（1）: 12-23.

[103] LIAO F, WANG J L, YANG G H. Reliable robust flight tracking control: an LMI approach[J]. Control Systems Technology, IEEE Transactions on, 2002, 10（1）: 76-89.

[104] ZUO Z. Trajectory tracking control design with command-filtered compensation for a quadrotor[J]. Control Theory & Applications, 2010, 4（11）: 2343-2355.

[105] LUAN W L, CHEN F Y, HOU R. A direct adaptive control scheme for a faulty helicopter using the outer loop compensation technique[J]. In: 2nd International Conference on Intelligent Control and Information Processing, 2011, 1：351-354.

[106] YANG H L, JIANG B, CHEN F Y, et al. Direct self-repairing control for four-rotor helicopter attitude system[J]. Control Theory & Applications. IEEE, 2013: 2963-2968.

[107] FAN L L, SONG Y D. Fault-tolerant control and disturbance attenuation of a class of nonlinear systems with actuator and component failures[J]. Acta Automatica Sinica, 2011, 37（5）: 623-628.

[108] CHEN W, CHOWDHURY F N. Analysis and detection of incipient faults in post-fault

systems subject to adaptive fault-tolerant control[J]. International Journal of Adaptive Control and Signal Processing, 2008, 22（9）: 815-832.

[109] ITZHAK B. Comments on Design of Strictly Positive Real Systems Using Constant Output Feedback[J]. IEEE Transactions on Automatic Control, 2004, 49（11）: 2091-2093.

[110] BELKHARRAZ A I, KENNETH S. Direct adaptive control for aircraft control surface failures during gust conditions[J]. Collection of Technical Papers, AIAA Guidance, Navigation and Control Conference, 2004, 1: 534-547.

[111] ITZHAK B. Gain conditions and convergence of simple adaptive control[J]. International Journal of Adaptive Control and Signal Processing, 2005, 19（1）: 13-40.

[112] JUNG B, KIM Y, HA C, et al. Nonlinear reconfigurable flight control system using multiple model adaptive control[J]. ACA 2007, 17th IFAC Symposium on Automatic Control in Aerospace-Proceedings, 2007, 17（1）: 171-176.

[113] JUNG B, KIM Y, HA C. Fault tolerant flight control system design using a multiple model adaptive controller[J]. Proceedings of the Institution of Mechanical Engineers, Part G: Journal of Aerospace Engineering, 2009, 223: 39-50.

[114] NARENDRA K S, BALAKRISHNAN J. Adaptive Control Using Multiple Models[J]. IEEE Transactions on Automatic Control, 1997, 42（2）: 171-187.

[115] SHI Z B, DONG H F. Reconfiguration and optimization of flight control system based on multiple model[J]. Journal of Computer Applications, 2013, 33（3）: 874-877, 881.

[116] LI X, ZHI X, ZHANG Y. Multiple-model estimation with variable structure-Part III: model-group switching algorithm[J]. IEEE Transactions on Aerospace and Electronic Systems, 1999, 35（1）: 225-241.

[117] ANDERSON B D O, BRINSMEAD T S, BRUYNE F D, et al. Multiple Model Adaptive Control. Part I: Finite Controller Coverings[J]. International Journal of Robust and Nonlinear Control, 2000, 10: 909-929.

[118] AGUILAR-SIERRA H, FLORES G. Fault Estimation for a Quad-Rotor MAV Using a Polynomial Observer[J]. Journal of Intelligent & Robotic Systems, 2014, 73,（1-4）: 455-468.

[119] WANG Y, GUO Z W, PENG C. Actuator fault identification and reconfigurable control for aircraft[J]. Journal of Southeast University: natural Science Edition, 2010: 1-7.

[120] AGUILAR-SIERRA H, FLORES G, SALAZAR S, et al. Fault estimation for a quad-rotor MAV using a polynomial observer[J]. 2013 International Conference on

Unmanned Aircraft Systems, ICUAS 2013-Conference Proceedings, 2013:717-724.

[121] JIANG B, WANG J L, SOH Y C. An adaptive technique for robust diagnosis of faults with independent effects on system outputs[J]. International Journal of Control, 2002, 75（11）: 792-802.

[122] HAMMOURI H, KINNAERT M, EL Y, et al. Observer-based approach to fault detection and isolation for nonlinear systems[J]. Automatic Control, IEEE Transactions on, 1999, 44（10）: 1879-1884.

[123] 王新生. 线性矩阵不等式与 H^{∞} 控制设计[D]. 哈尔滨：哈尔滨工业大学，2002.

[124] MARWAHA M, VALASEK J. Fault-tolerant control allocation for Mars entry vehicle using adaptive control[J]. International Journal of Adaptive Control and Signal Processing, 2011, 25（2）: 95-113.

[125] COIFMAN B, MCCORD M, MISHALANI R G, et al. Surface Transportation Surveillance from Unmanned Aerial Vehicles[J]. Surface Transportation Surveillance from Unmanned Aerial Vehicles-ResearchGate, 2004, 168（2）: 1554-1557.

[126] ANGEL A, HICKMAN M, MIRCHANDANI P, et al. Methods of analyzing traffic imagery collected from aerial platforms[J]. Intelligent Transportation Systems IEEE Transactions on, 2003, 4（2）: 99-107.

[127] CAO X, WU C, LAN J, et al. Vehicle Detection and Motion Analysis in Low-Altitude Airborne Video Under Urban Environment[J]. IEEE Transactions on Circuits & Systems for Video Technology, 2011, 21（10）: 1522-1533.

[128] WANG L, SU J. Robust Disturbance Rejection Control for Attitude Tracking of an Aircraft[J]. IEEE Transactions on Control Systems Technology, 2015, 23（6）: 1-10.

[129] TON C T, MACKUNIS W. Robust attitude tracking control of a quadrotor helicopter in the presence of uncertainty[J]. Decision and Control（CDC）, 2012 IEEE 51st Annual Conference on. IEEE, 2012: 937-942.

[130] BLANKE M, IZADI-ZAMANABADI R, BØGH S A, et al. Fault-tolerant control systems-A holistic view[J]. Control Engineering Practice, 1997, 5（5）: 693-702.

[131] ZHANG Y, JIANG J. Bibliographical review on reconfigurable fault-tolerant control systems[J]. Annual Reviews in Control, 2008, 32（2）: 229-252.

[132] MADANI T, BENALLEGUE A. Backstepping Sliding Mode Control Applied to a Miniature Quadrotor Flying Robot[J]. IEEE Industrial Electronics, IECON 2006-32nd Annual Conference on. IEEE, 2006: 700-705.

[133] PEDRO J O, PANDAY A, DALA L. A nonlinear dynamic inversion-based neurocontroller for unmanned combat aerial vehicles during aerial refuelling[J].

International Journal of Applied Mathematics and Computer Science, 2013, 23（1）: 75-90.

[134] LEONTIEF W. The dynamic inverse[J]. International Library of Critical Writings in Economics, 1998, 92: 194-223.

[135] LUNGU R, LUNGU M, GRIGORIE L T. ALSs with Conventional and Fuzzy Controllers Considering Wind Shears and Gyro Errors[J]. Journal of Aerospace Engineering, 2012, 1: 156-158.

[136] SUN H, LI S, SUN C. Adaptive fault-tolerant controller design for airbreathing hypersonic vehicle with input saturation[J]. Systems Engineering and Electronics, 2013, 24（3）: 488-499.

[137] YANG J, LI S, SUN C, et al. Nonlinear-disturbance-observer-based robust flight control for airbreathing hypersonic vehicles[J]. Aerospace and Electronic Systems, 2013, 49（2）: 1263-1275.

[138] YIN S, LUO H, DING S. Real-time implementation of fault-tolerant control systems with performance optimization[J]. Industrial Electronics, 2013, 61（5）: 2402-2411.

[139] HU X，KARIMI H R，WU L，et al. Model Predictive Control-Based Non-Linear Fault Tolerant Control for Air-Breathing Hypersonic Vehicles[J]. IET Control Theory Appl. 2014，8（13）: 1147-1153.

[140] BLANKE M. Diagnosis and fault-tolerant control[M]. New York: Springer, 2003.

[141] ZHANG Y, JIANG J. Bibliographical review on reconfigurable fault-tolerant control systems[J]. Annual Reviews in Control, 2008, 32（2）: 229-252.

[142] SUN H, LI S, SUN C. Robust adaptive integral-sliding-mode fault-tolerant control for airbreathing hypersonic vehicles[J]. Journal of Systems and Control Engineering, 2012, 226（10）: 1344-1355.

[143] BOSKOVIC J D, MEHRA R K. Multiple-model adaptive flight control scheme for accommodation of actuator faults[J]. Journal of Guidance, Control, and Dynamics, 2002, 25（4）: 712-724.

[144] JIANG J, YU X. Fault-tolerant control systems: A comparative study between active and passive approaches[J]. Annual reviews in control, 2012,36（1）: 60-72.

[145] LI H, WU L, SI Y, et al. Multi-objective fault-tolerant output tracking control of a flexible air-breathing hypersonic vehicle[J]. Proceedings of the Institution of Mechanical Engineers, 2010, 224（6）: 647-667.

[146] JIANG B, GAO Z, SHI P, et al. Adaptive fault-tolerant tracking control of near-space vehicle using Takagi-Sugeno fuzzy models[J]. IEEE Transactions on Fuzzy Systems, 2010, 18（5）: 1000-1007.

[147] SHIN J, JIN K H, KIM Y. Adaptive support vector regression for UAV flight control[J]. Neural Networks, 2011, 24（1）: 109-120.

[148] LI L J, SU H Y, CHU J. Generalized predictive control with online least squares support vector machines[J]. Acta Automatica Sinica, 2007, 33（11）: 1182-1188.

[149] TANG X, TAO G, JOSHI S M. Adaptive actuator fault compensation for parametric strict feedback systems and an aircraft application[J]. Automatica, 2003, 39（11）: 1975-1982.

[150] TAO G. Adaptive control design and analysis[M]. Hoboken: Wiley, 2003.

[151] TAO G, JOSHI S M, MA X. Adaptive state feedback and tracking control of systems with actuator faults[J]. Automatic Control, 2001, 46（1）: 78-95.

[152] VAPNIK V. The nature of statistical learning theory[M]. New York: Springer, 2000.

反侵权盗版声明

举报电话：（010）88254396；（010）88258888

传　　真：（010）88254397

E-mail:　dbqq@phei.com.cn

通信地址：北京市万寿路 173 信箱

电子工业出版社总编办公室

邮　　编：100036